JN441481

Introduction to
Chemical Safety & Environment

화학안전환경 입문

이근원 · 정승호 편저

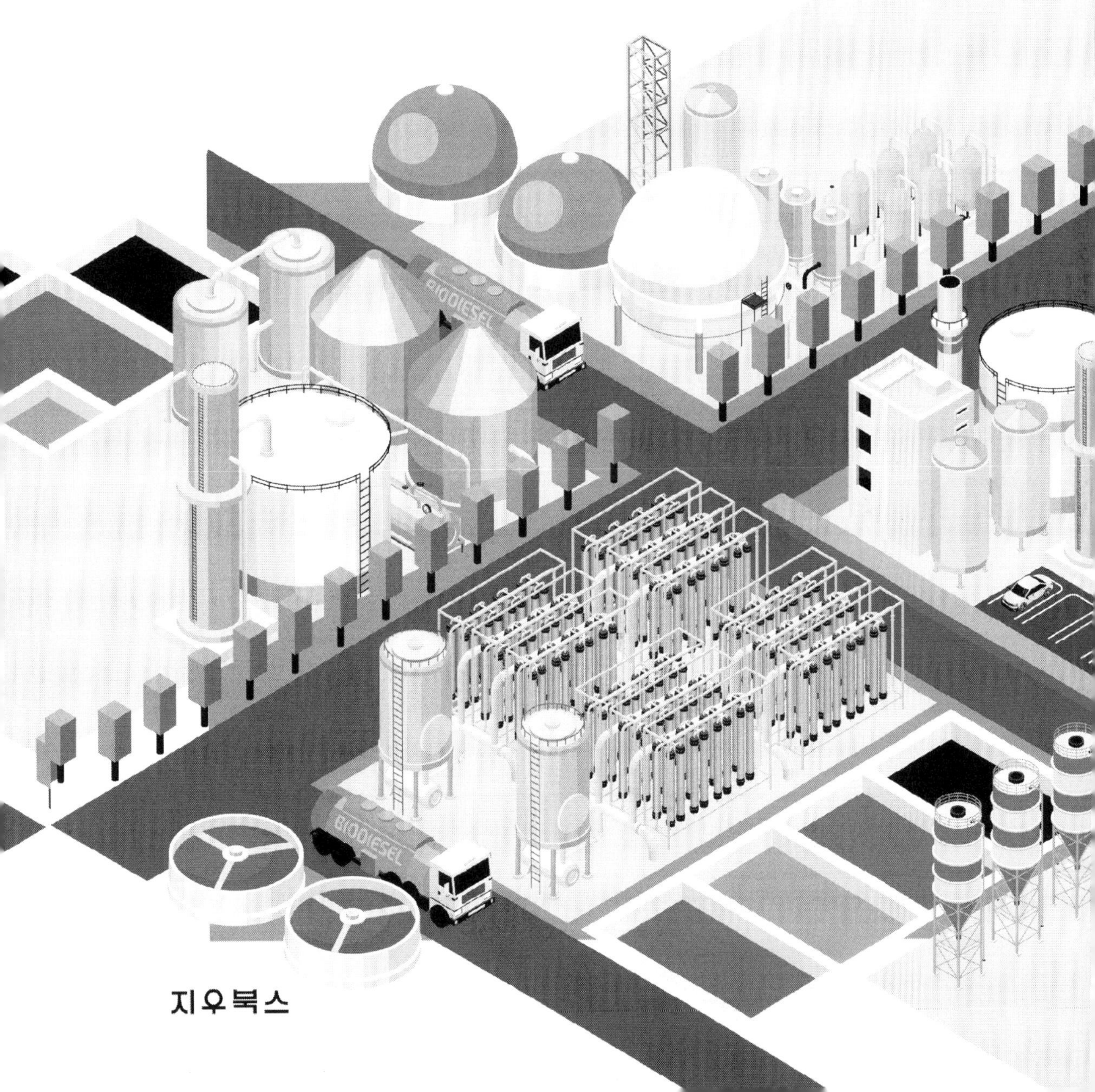

지우북스

머리말

화학물질을 사용하여 물리적, 화학적 조작을 거쳐 우리 생활에 유용한 원료와 제품을 얻는 산업이 화학산업이다. 화학산업을 통해 우리는 더욱 윤택하고 풍족한 생활을 하고 있다. 화학산업의 다양한 종류의 화학물질과 공정을 거치는 과정에서 안전과 환경을 무시할 수 없다. 또한, 화학물질과 공정상 유해·위험물질의 누출로 인한 화학사고의 위험을 고려하여 안전과 환경 대책을 수립하여야 한다.

본 교재는 산업미세먼지저감과 화학안전관리 전문인력 양성사업의 일부로 안전환경 분야 전문 세미나와 집중교육을 실시하면서 작성하였다. 세미나와 집중교육 초청 연사들의 원고와 발표한 자료를 모아서 대학(원)생들에게 화학산업의 안전과 환경 입문서로 활용할 수 있도록 구성하였다. 지난해 아주대 출판부에서 출판한 "화학산업의 안전과 환경관리"교재를 화학산업에서 꼭 필요한 안전환경 분야를 보완하여 시중에 출판하게 되었다. 독자 여러분들이 교재 내용에 대하여 많은 고견과 지도 편달이 있기를 바란다.

교재의 구성은 화학산업의 안전과 환경관리 분야에 활용할 수 있도록 화학물질 안전, 화학공장 안전, 화학물질 및 화학사고 예방제도, 산업미세먼지 관련 제도 및 화학산업의 대기 기술과 사고사례 등 총 10개의 단원으로 되어있다. 제1장에는 산업안전보건법에서 규제하고 있는 화학물질 관리제도 중 물질안전보건자료, 공정안전관리 및 유해인자 관리에 대해서 자세히 다루었다. 제2장은 화학공장의 공정별 위험요인과 안전을 고려한 공정장치 설계대책에 다루었다. 제3장에서는 국내외 화학사고예방 제도를 살펴보고, 제4장에는 화학물질관리법에 따른 화학사고예방 관리계획서에 대해 실무적인 관점에서 상세히 기술하였다. 제5장에는 화학취급시설의 안전기준에 대해서 자세히 다루었고, 제6장에는 화학산업이 폐수처리시설의 안전과 주요 사고사례를 중심으로 사고예방 대책을 논의하였다. 제7장에는 화학산업의 대기환경 관리기술과 환경설비의 사고사례를 알아보고, 제8장에는 대기환경 사업장의 미세먼지 관리에 관한 배출현황과 배출 저감을 위한 관리방안을 기술하였다. 제9장에는 정량적 위험성평가 사례를 통해 위험성평가 방법과 위험성평가 상용 프로그램에 대해 설명하였고, 제10장에는 화학공장의 사고사례를 통해 사고원인 분석과 사고 예방 대책을 기술하였다.

우리나라 화학산업은 세계적으로 선두 그룹에 속하지만 안전과 환경관리는 아직도 미흡한 부분도 상당하다. 그러나, 대학에서 화학산업의 안전과 환경관리에 관한 학습을 통해 안전환경 지식을 쌓아서 졸업 후 안전한 화학산업을 만드는 데 조금이나마 도움이 되기를 바란다. 이 교재가 화학산업에 종사하는 엔지니어나 화공안전 기술사를 준비하는 학습서로써 활용되기를 바란다. 또한, 「중대재해처벌법」으로 화학산업의 안전과 환경관리가 더욱 중요해지는 시점에서 대학(원)이나 화학산업 현장의 엔지니어들에게 안전과 환경에 대한 이론 지식과 실무 함양에 조금이나마 도움이 되기를 기대한다.

끝으로, 이 책을 출판하기까지 원고를 집필해 주시고 자료를 제공하여 주신 김태옥 교수님, 강찬규 교수님, 김원성 박사님, 윤준헌 과장님, 최영보 교수님, 조지훈 기술사님 및 강대일 연구관님께 감사드린다. 그리고, 원고 편집과 교정에 수고하여 주신 지우북스 서철종 대표님과 편집실, 아주대학교 환경연구소 윤정희 선생님 등 관계자 여러분께 감사드린다.

2024.01

혜강관 연구실에서 편저자 일동

목차

CHAPTER

01

화학산업의 화학물질 관리

학습목표

1. 산업안전보건법에서 화학공장의 화학물질에 관한 주요 규제를 학습한다.
2. 물질안전보건자료(Material Safe Data Sheets, MSDS)를 이해한다.
3. 공정안전관리(PSM : process safety management)제도를 이해한다.
4. 유해인자의 분류 및 관리에 대하여 설명한다.

1 화학물질 관리 제도

1.1 개요

화학물질이란 물리적 위험성과 화학적 위험성, 즉 화재 및 폭발, 중독 위험성을 갖는 화학물질들을 말한다. 또한 물질이 가지고 있는 고유의 위험성과 독성으로 인하여 인간 및 자연에 피해를 주는 잠재적인 위험성이 높은 물질이라고 정의할 수 있다. 일반적으로 물리적 위험성 또는 건강상 유해성을 갖는 모든 물질이라고 말할 수 있다. 화학물질의 사용량은 미국의 경우 65,000여 종, 일본과 한국의 경우 약 45,000여 종의 화학물질을 사용한다고 한다. 매년 전 세계적으로 약 1,000여 종, 국내는 약 400여 종의 물질이 새로 개발되거나 수입되는데 혼합제품까지 포함하면 약 300,000여 종의 화학물질이 사용된다고 추정한다. 이러한 화학물질 중 각종 법규에서 관리되고 있는 화학물질의 종류는 약 1,000여 종으로써 산업안전보건법, 위험물안전관리법, 화학물질관리법 등에 의해 규제를 받고 있다. 화학공장 등에서 사용하고 있는 화학물질을 규제하고 있는 관련된 소관 부처별 관련 법령 및 내용을 〈표 1.1〉에 나타내었다.

본 교재에서는 산업안전보건법에서 화학공장의 화학물질에 관한 주요 규제에 대한 물질안전보건자료(MSDS), 공정안전관리제도(PSM) 및 화학공장에 적용되는 유해인자 관리 등을 주요 내용으로 다루고자 한다.

표 1.1 국내 화학물질 관련 법령 및 주요 내용

소관 부처	관련 법령	주요 내용
고용노동부	산업안전보건법	• 근로자의 안전·보건유지 및 증진 • 관리대상 유해물질 173종 등 유해·위험 물질 2,200여종 • 화학물질로 인한 유해성·위험성 조사 • 공정안전관리제도(PSM)에 의한 관리 • 화학물질 관련 사업장 내 화학물질 화재·폭발 및 독성물질 누출 사고 관리
산업통상자원부	고압가스안전관리법 액화석유가스의 안전관리 및 사업법	• 고압가스 및 액화석유가스로 인한 위해를 고려 • 고압가스, 독성가스 등 유해화학물질로 인한 위해성 관리 • 안전성향상계획(SMS)에 의한 관리 • 에너지·유류·가스사고·독성가스누출로 인근 지역 오염피해 발생 시 대처

소관 부처	관련 법령	주요 내용
환경부	화학물질관리법, 화학물질 등록 및 평가에 관한 법률	• 국민건강 및 환경의 피해를 고려 • 유독물질 1,147종, 사고대비물질 97종 등 • 화학물질 유해성 심사 및 평가 제도 • 화학물질의 유출로 인한 환경오염 피해의 정도가 광범위한 대형 사고 • 화학사고예방관리계획서 작성, 제출
행정안전부 소방청	위험물안전관리법	• 인명, 재산측면의 피해를 고려 • 위험물(제1류~6류) 2천여 종, 지정수량 관리 • 위험물의 저장·취급 및 운반과 이에 따른 안전관리

2 물질안전보건자료(MSDS)

2.1 개요

물질안전보건자료(Material Safe Data Sheets, MSDS)는 미국 노동성 산하 노동안전위생국(Occupational Safety & Health Administration, OSHA)이 1983년 약 600여 종의 화학물질이 작업장에서 일하는 근로자에게 유해하다고 여겨서 이들 물질의 유해 기준을 마련하고자 한 것으로부터 기인하고 있다. 이 기준은 1985년에 발효되었으며 때마침 주나 지방 근로자의 알권리(right-to-know)에 대한 연방 법안에 동조하는 대규모 화학 회사들이 지지하고 나서서 MSDS에 대한 시안이 마련되었는데 이 보건자료에는 화학명 CAS(Chemical Abstracts Service), 등록번호, 위해한 물리·화학적 특성 그리고 알려진 급·만성 건강자료가 포함되어 있다. 그러나 화학회사들은 노동안전위생국에게 정확한 위해정보를 양도하는 것을 원하지 않았기 때문에 그들 자신의 기관인 화학제조업자협회(Chemical Manufacturers Association, CMA)가 미국 표준연구서(ANSI)의 공인을 얻어서 4년 동안의 작업 끝에 1992년 통일된 MSDS 안을 제정하여 공포하게 되었다.

우리나라에서도 1991년부터 근로자에게 건강장해를 일으킬 수 있는 유해 또는 위험한 물질에 대하여 유해화학물질에 대한 명칭, 성분비 등을 제품의 용기나 포장에 표시하도록 하는 유해물질의 표시 규정을 산업안전보건법에 신설하였으며, 1995년에는 잠재적인 유해성과 위험성을 가지고 있는 화학물질에 대해 물질안전보건자료를 작성하고 이를 비치하도록 하는 규정을 신설하였고, 이를 근거로 1996년 4월 9일 노동부 고시 제1996-12호의 물질안전보건자료의 작성과 비치 등에 관한 기준을 제정하여 1996년 7월 1일부터 실시하고 있다. 2013년 7월 1일부터 단일 화학물질뿐만 아니라 혼합물에 대해서도 MSDS 경고표지 제도를 실시하고 있다.

2.2 물질안전보건자료의 작성 및 제출

1) 작성 및 제출

화학물질 또는 이를 함유한 혼합물로써 산업안전보건법 제104조에 따른 분류기준에 해당하는 것(대통령령으로 정하는 것은 제외한다. 이하 "물질안전보건자료대상물질"이라 한다)을 제조하거나 수입하려는 자는 다음 각 호의 사항을 적은 자료(이하 "물질안전보건자료"라 한다)를 고용노동부령으로 정하는 바에 따라 작성하여 고용노동부 장관에게 제출하여야 한다. 이 경우 고용노동부 장관은 고용노동부령으로 물질안전보건자료의 기재 사항이나 작성 방법을 정할 때 「화학물질관리법」 및 「화학물질의 등록 및 평가 등에 관한 법률」과 관련된 사항에 대해서는 환경부 장관과 협의하여야 한다.

① 제품명
② 물질안전보건자료 대상 물질을 구성하는 화학물질 중 제104조에 따른 분류기준에 해당하는 화학물질의 명칭 및 함유량
③ 안전 및 보건상의 취급 주의 사항
④ 건강 및 환경에 대한 유해성, 물리적 위험성
⑤ 물리·화학적 특성 등 고용노동부령으로 정하는 사항

물질안전보건자료 대상 물질을 제조하거나 수입하려는 자는 물질안전보건자료 대상 물질을 구성하는 화학물질 중 제104조(유해인자 분류기준)에 따른 분류기준에 해당하지 아니하는 화학물질의 명칭 및 함유량을 고용노동부 장관에게 별도로 제출하여야 한다. 물질안전보건자료 대상 물질(이하 "물질안전보건자료 대상 물질"이라 한다)을 제조·수입하려는 자가 물질안전보건자

료를 작성하는 경우는 그 물질안전보건자료의 신뢰성이 확보될 수 있도록 인용된 자료의 출처를 함께 적어야 한다.

[참고] 유해인자의 유해성·위험성 분류기준

1. 화학물질의 분류기준

가. 물리적 위험성 분류기준

1) 폭발성 물질 : 자체의 화학반응에 따라 주위 환경에 손상을 줄 수 있는 정도의 온도·압력 및 속도를 가진 가스를 발생시키는 고체·액체 또는 혼합물

2) 인화성 가스 : 20℃, 표준압력(101.3 kPa)에서 공기와 혼합하여 인화되는 범위에 있는 가스와 54℃ 이하 공기 중에서 자연발화하는 가스를 말한다(혼합물을 포함한다).

3) 인화성 액체 : 표준압력(101.3 kPa)에서 인화점이 93℃ 이하인 액체

4) 인화성 고체 : 쉽게 연소되거나 마찰에 의하여 화재를 일으키거나 촉진할 수 있는 물질

5) 에어로졸 : 재충전이 불가능한 금속·유리 또는 플라스틱 용기에 압축가스·액화가스 또는 용해가스를 충전하고 내용물을 가스에 현탁시킨 고체나 액상 입자로, 액상 또는 가스상에서 폼·페이스트·분말상으로 배출되는 분사장치를 갖춘 것

6) 물 반응성 물질 : 물과 상호작용을 하여 자연발화되거나 인화성 가스를 발생시키는 고체·액체 또는 혼합물

7) 산화성 가스 : 일반적으로 산소를 공급함으로써 공기보다 다른 물질의 연소를 더 잘 일으키거나 촉진하는 가스

8) 산화성 액체 : 그 자체로는 연소하지 않더라도, 일반적으로 산소를 발생시켜 다른 물질을 연소시키거나 연소를 촉진하는 액체

9) 산화성 고체 : 그 자체로는 연소하지 않더라도 일반적으로 산소를 발생시켜 다른 물질을 연소시키거나 연소를 촉진하는 고체

10) 고압가스 : 20℃, 200킬로파스칼(kpa) 이상의 압력 하에서 용기에 충전 되어 있는 가스 또는 냉동액화가스 형태로 용기에 충전되어 있는 가스(압축가스, 액화가스, 냉동액화가스, 용해가스로 구분한다)

11) 자기반응성 물질 : 열적(熱的)인 면에서 불안정하여 산소가 공급되지 않아도 강렬하게 발열·분해하기 쉬운 액체·고체 또는 혼합물

12) 자연발화성 액체 : 적은 양으로도 공기와 접촉하여 5분 안에 발화할 수 있는 액체

13) 자연발화성 고체 : 적은 양으로도 공기와 접촉하여 5분 안에 발화할 수 있는 고체

14) 자기발열성 물질 : 주위의 에너지 공급 없이 공기와 반응하여 스스로 발열하는 물질(자기발화성 물질은 제외한다)

15) 유기과산화물 : 2가의 -O-O- 구조를 가지고 1개 또는 2개의 수소 원자가 유기라디칼에

의하여 치환된 과산화수소의 유도체를 포함한 액체 또는 고체 유기물질

16) 금속 부식성 물질 : 화학적인 작용으로 금속에 손상 또는 부식을 일으키는 물질

나. 건강 및 환경 유해성 분류기준

1) 급성 독성 물질 : 입 또는 피부를 통하여 1회 투여 또는 24시간 이내에 여러 차례로 나누어 투여하거나 호흡기를 통하여 4시간 동안 흡입하는 경우 유해한 영향을 일으키는 물질
2) 피부 부식성 또는 자극성 물질 : 접촉 시 피부조직을 파괴하거나 자극을 일으키는 물질(피부 부식성 물질 및 피부 자극성 물질로 구분한다)
3) 심한 눈 손상성 또는 자극성 물질 : 접촉 시 눈 조직의 손상 또는 시력의 저하 등을 일으키는 물질(눈 손상성 물질 및 눈 자극성 물질로 구분한다)
4) 호흡기 과민성 물질 : 호흡기를 통하여 흡입되는 경우 기도에 과민반응을 일으키는 물질
5) 피부 과민성 물질 : 피부에 접촉되는 경우 피부 알레르기 반응을 일으키는 물질
6) 발암성 물질 : 암을 일으키거나 그 발생을 증가시키는 물질
7) 생식세포 변이원성 물질 : 자손에게 유전될 수 있는 사람의 생식세포에 돌연변이를 일으킬 수 있는 물질
8) 생식독성 물질 : 생식기능, 생식능력 또는 태아의 발생·발육에 유해한 영향을 주는 물질
9) 특정 표적장기 독성물질(1회 노출) : 1회 노출로 특정 표적장기 또는 전신에 독성을 일으키는 물질
10) 특정 표적장기 독성물질(반복 노출) : 반복적인 노출로 특정 표적장기 또는 전신에 독성을 일으키는 물질
11) 흡인 유해성 물질 : 액체 또는 고체 화학물질이 입이나 코를 통하여 직접적으로 또는 구토로 인하여 간접적으로, 기관 및 더 깊은 호흡기관으로 유입되어 화학적 폐렴, 다양한 폐 손상이나 사망과 같은 심각한 급성 영향을 일으키는 물질
12) 수생환경 유해성 물질 : 단기간 또는 장기간의 노출로 수생생물에 유해한 영향을 일으키는 물질
13) 오존층 유해성 물질 : 「오존층 보호를 위한 특정물질의 제조규제 등에 관한 법률」 제2조제1호에 따른 특정물질

2. 물리적 인자의 분류기준

가. 소음 : 소음성난청을 유발할 수 있는 85데시벨(A) 이상의 시끄러운 소리

나. 진동 : 착암기, 손망치 등의 공구를 사용함으로써 발생되는 백랍병·레이노 현상·말초순환장애 등의 국소 진동 및 차량 등을 이용함으로써 발생되는 관절통·디스크·소화장애 등의 전신 진동

다. 방사선 : 직접·간접으로 공기 또는 세포를 전리하는 능력을 가진 알파선·베타선·감마선·엑스선·중성자선 등의 전자선

라. 이상기압 : 게이지 압력이 제곱센티미터당 1킬로그램 초과 또는 미만인 기압

마. 이상기온 : 고열·한랭·다습으로 인하여 열사병·동상·피부질환 등을 일으킬 수 있는 기온

3. 생물학적 인자의 분류기준

가. 혈액 매개 감염인자 : 인간면역결핍바이러스, B형·C형 간염바이러스, 매독 바이러스 등 혈액을 매개로 다른 사람에게 전염되어 질병을 유발하는 인자

나. 공기매개 감염인자 : 결핵·수두·홍역 등 공기 또는 비말감염 등을 매개로 호흡기를 통하여 전염되는 인자

다. 곤충 및 동물 매개 감염인자 : 쯔쯔가무시증, 렙토스피라증, 유행성출혈열 등 동물의 배설물 등에 의하여 전염되는 인자 및 탄저병, 브루셀라병 등 가축 또는 야생동물로부터 사람에게 감염되는 인자

2) 작성·제출 제외 대상물질

1. 「건강기능식품에 관한 법률」에 따른 건강기능식품
2. 「농약관리법」에 따른 농약
3. 「마약류 관리에 관한 법률」에 따른 마약 및 향정신성의약품
4. 「비료관리법」에 따른 비료
5. 「사료관리법」에 따른 사료
6. 「생활주변방사선 안전관리법」에 따른 원료물질
7. 「생활화학제품 및 살생물제의 안전관리에 관한 법률」에 따른 안전확인대상생활화학제품 및 살생물제품 중 일반소비자의 생활용으로 제공되는 제품
8. 「식품위생법」에 따른 식품 및 식품첨가물
9. 「약사법」에 따른 의약품 및 의약외품
10. 「원자력안전법」에 따른 방사성물질
11. 「위생용품 관리법」에 따른 위생용품
12. 「의료기기법」에 따른 의료기기 및 「첨단재생의료 및 첨단바이오 의약품 안전 및 지원에 관한 법률」에 따른 첨단바이오의약품
13. 「총포·도검·화약류 등의 안전관리에 관한 법률」에 따른 화약류
14. 「폐기물관리법」에 따른 폐기물
15. 「화장품법」에 따른 화장품

16. 제1호부터 제15호까지의 규정 외의 화학물질 또는 혼합물로서 일반소비자의 생활용으로 제공되는 것(일반소비자의 생활용으로 제공되는 화학물질 또는 혼합물이 사업장 내에서 취급되는 경우를 포함한다)
17. 고용노동부 장관이 정하여 고시하는 연구·개발용 화학물질 또는 화학제품. 이 경우 법 제110조제1항부터 제3항까지의 규정에 따른 자료의 제출만 제외된다.
18. 그 밖에 고용노동부 장관이 독성·폭발성 등으로 인한 위해의 정도가 적다고 인정하여 고시하는 화학물질

2.3 화학물질 등의 분류

1) 유해성·위험성 분류

다음과 같이 이용 가능한 유해성·위험성 평가자료를 통하여 화학물질의 물리적 위험성, 건강 및 환경유해성을 분류한다.

① 유해성·위험성 평가 시험자료를 이용하여 분류한다(GLP, KOLAS).
② 사람과의 역학 또는 경험자료를 고려하여 분류한다.
③ 하나의 유해성·위험성을 평가하기 위해 여러 종류의 자료가 있는 경우에는 다음 사항을 고려하여 전문가적 판단에 근거하여 분류한다.
  가) 사람 또는 동물에서의 자료가 2개 이상이면서 그 결과가 서로 다른 경우, 이들 자료의 질과 신뢰성을 평가하여 신뢰성이 우수한 사람에서의 자료를 우선 적용한다.
  나) 노출경로, 작용 기전 및 대사에 관한 연구 결과, 사람에게 유해성을 일으키지 않을 것이 명확하다면 유해성 물질로 분류하지 않을 수 있다.
  다) 양성 결과와 음성 결과가 모두 있는 경우 양쪽 모두를 조합하여 증거의 가중치에 따라 분류한다.

2) 혼합물의 분류

(1) 건강 및 환경 유해성

① 혼합물 전체질의 분류기준을 적용한다. 다만, 발암성, 생식세포 변이원성 및 생식독성

(CMR)에 대한 시험결과는 용량 및 기간, 관찰내용 및 분석방법 등이 유해성을 판단하기에 충분하여야 한다.

② 혼합물 전체로서 시험된 자료는 없지만, 유사 혼합물의 분류자료 등을 통하여로서 시험된 자료가 있는 경우에는 그 시험결과에 따라 단일물 혼합물 전체로서 판단할 수 있는 근거자료가 있는 경우에는 희석·뱃치(batch)·농축·내삽·유사혼합물 또는 에어로졸 등의 가교원리를 적용하여 분류한다.

가) 희석 : 혼합물의 함유 성분 중 가장 낮은 독성을 가지는 물질과 독성이 같거나 낮은 물질로 혼합물을 희석하는 경우, 새로 만들어진 혼합물은 희석시키기 전의 혼합물과 동일한 등급으로 분류할 수 있다. 이 경우 희석시키는 성분이 혼합물의 다른 성분의 독성에 영향을 주지 않는 경우에 한한다.

나) 뱃치(batch) : 동일한 뱃치에서 생산된 혼합물, 같은 생산업체에서 생산 관리되는 동종(다른 제조 뱃치) 생산품의 독성은 동등하다고 간주할 수 있다. 다만, 뱃치가 달라짐에 따라 독성의 변화가 있는 경우에는 새로운 분류를 적용하여야 한다.

다) 농축 : 혼합물이 "유해성·위험성 구분 1"에 해당되고, 혼합물의 구성 성분 중 "유해성·위험성 구분 1"의 성분이 증가하면, 새로운 혼합물은 추가시험 없이 "유해성·위험성 구분 1"로 분류한다.

라) 내삽 : 동일한 성분을 함유한 혼합물 A, B, C 3가지가 있는 경우로서 혼합물 A와 혼합물 B가 동일한 유해성·위험성 구분에 속하고, 혼합물 C가 혼합물 A 및 혼합물 B의 중간 정도에 해당하는 농도이면서 독성학적으로 같은 활성을 가지는 성분을 갖는다면 혼합물 C는 혼합물 A 및 혼합물 B와 동일한 유해성·위험성 구분으로 간주할 수 있다.

마) 유사혼합물 : 구성성분 A, B로 구성된 혼합물과 구성성분 B, C로 구성된 혼합물이 있는 경우로서 성분 B의 농도가 실질적으로 같고, 성분 A와 C는 독성이 동등하면서 B의 독성에 영향을 주지 않는다면 두 혼합물은 같은 유해·위험성 구분으로 분류할 수 있다.

바) 에어로졸 : 에어로졸화 하기 위해 사용한 추진제가 에어로졸화 과정에서 혼합물의 독성에 영향을 주지 않는다면, 비 에어로졸 상태로 실험한 경구 또는 경피독성 시험결과를 이용하여 유해성을 분류할 수 있다. 단, 에어로졸의 흡입독성은 별도로 고려하여야 한다.

③ 혼합물 전체로서 유해성을 평가할 자료는 없지만, 구성성분의 유해성 평가자료가 있는

경우에는 혼합물의 분류방법에 따른다.

3) 물리적 위험성

(1) 폭발성 물질(explosives)

자체의 화학반응에 의하여 주위 환경에 손상을 입힐 수 있는 온도, 압력과 속도를 가진 가스를 발생시키는 고체·액체 상태의 물질이나 그 혼합물을 말한다. 다만, 화공물질의 경우 가스가 발생하지 않더라도 폭발성 물질에 포함된다. 여기서, “화공물질”이란 비폭굉성(non-detonative) 지속성 발열반응의 결과로 열, 빛, 소리, 가스 또는 연기 등이 발생되도록 만들어진 물질 또는 혼합물을 말한다. “폭발성 제품”이란 하나 이상의 폭발성 물질 또는 혼합물을 포함한 제품을 말한다.

(2) 인화성 가스(flammable gases)

20 ℃, 표준압력 101. kPa에서 공기와 혼합하여 인화범위에 있는 가스와 54 ℃ 이하 공기 중에서 자연발화하는 가스를 말한다.

(3) 에어로졸(aerosols)

재충전이 불가능한 금속·유리 또는 플라스틱 용기에 압축가스·액화가스 또는 용해가스를 충전하고, 내용물을 가스에 현탁시킨 고체나 액상 입자로, 액상 또는 가스상에서 폼·페이스트·분말상으로 배출하는 분사장치를 갖춘 것을 말한다.

(4) 산화성 가스(oxidizing gases)

일반적으로 산소를 발생시켜 다른 물질의 연소가 더 잘 되도록 하거나 연소에 기여하는 가스를 말한다.

(5) 고압가스(gases under pressure)

20 ℃, 200 kPa 이상의 압력 하에서 용기에 충전되어 있는 가스 또는 액화되거나 냉동액화된 가스를 말한다.

(6) 인화성 액체(flammable liquids)

표준압력(101.3 kPa)에서 인화점이 93 ℃ 이하인 액체를 말한다.

(7) 인화성 고체(flammable solids)

가연 용이성 고체(분말, 과립상, 페이스트 형태의 물질로 성냥불과 같은 점화원을 잠깐 접촉하여도 쉽게 점화되거나 화염이 빠르게 확산되는 물질) 또는 마찰에 의해 화재를 일으키거나 화재를 돕는 고체를 말한다.

(8) 자기반응성 물질 및 혼합물(self-reactive substances and mixtures)

열적으로 불안정하여 산소의 공급이 없이도 강렬하게 발열 분해하기 쉬운 액체·고체 물질 또는 그 혼합물을 말한다.

(9) 자연발화성 액체(pyrophoric liquids)

적은 양으로도 공기와 접촉하여 5분 안에 발화할 수 있는 액체를 말한다.

(10) 자연발화성 고체(pyrophoric solids)

적은 양으로도 공기와 접촉하여 5분 안에 발화할 수 있는 고체를 말한다.

(11) 자기발열성 물질 및 혼합물(self-heating substances and mixture)

주위에서 에너지를 공급받지 않고 공기와 반응하여 스스로 발열하는 고체·액체 물질 또는 그 혼합물을 말한다(자기발화성 물질을 제외한다).

(12) 물반응성 물질 및 혼합물(substances and mixtures which, in contact with water, emit flammable gases)

물과의 상호작용에 의하여 자연발화하거나 인화성 가스의 양이 위험한 수준으로 발생하는 고체·액체 상태의 물질이나 그 혼합물을 말한다.

(13) 산화성 액체(oxidizing liquids)

그 자체로는 연소하지 않더라도, 일반적으로 산소를 발생시켜 다른 물질을 연소시키거나 연소를 촉진하는 액체를 말한다.

(14) 산화성 고체(oxidizing solids)

그 자체로는 연소하지 않더라도 일반적으로 산소를 발생시켜 다른 물질을 연소시키거나 연소를 촉진하는 고체를 말한다.

(15) 유기과산화물(organic peroxides)

1개 혹은 2개의 수소 원자가 유기라디칼에 의하여 치환된 과산화수소의 유도체인 2가의 -O-O-구조를 가지는 액체 또는 고체 유기물을 말한다.

(16) 금속부식성 물질(corrosive to metals)

화학적인 작용으로 금속에 손상 또는 부식을 일으키는 물질 또는 그 혼합물을 말한다.

4) 건강 유해성

(1) 급성 독성(acute toxicity)

입 또는 피부를 통하여 1회 또는 24시간 이내에 수 회 나누어 투여되거나 호흡기를 통하여 4시간 동안 노출 시 나타나는 유해한 영향을 말한다.

(2) 피부 부식성 / 피부 자극성(skin corrosion / irritation)

피부 부식성이란 피부에 비가역적인 손상이 생기는 것을 말한다. 여기서 비가역적인 손상이란 피부에 시험물질이 4시간 동안 노출됐을 때 표피에서 진피까지 눈으로 식별 가능한 괴사가 생기는 것을 말한다. 또한 피부 부식성 반응은 전형적으로 궤양, 출혈, 혈가피를 유발하며, 노출 14일 후 표백작용이 일어나 피부 전체에 탈모와 상처 자국이 생긴다.

피부 자극성이란 피부에 가역적인 손상이 생기는 것을 말한다. 여기서 가역적인 손상이란 피부에 시험물질이 4시간 동안 노출됐을 때 회복이 가능한 손상을 말한다.

(3) 심한 눈 손상성 / 눈 자극성(serious eye damage / eye irritation)

심한 눈 손상성이란 눈에 시험물질을 노출했을 때 눈 조직 손상 또는 시력 저하 등이 나타나 21일의 관찰 기간 내에 완전히 회복되지 않는 경우를 말한다. 눈 자극성이란 눈에 시험물질을 노출했을 때 눈에 변화가 발생하여 21일의 관찰 기간 내에 완전히 회복되는 경우를 말한다.

(4) 호흡기 또는 피부 과민성(respiratory or skin sensitization)

호흡기 과민성이란 물질을 흡입한 후 발생하는 기도의 과민증을 말한다. 피부 과민성이란 물질과 피부의 접촉을 통한 알레르기성 반응을 말한다.

(5) 생식세포 변이원성(germ cell mutagenicity)

자손에게 유전될 수 있는 사람의 생식세포에서 돌연변이를 일으키는 성질을 말한다. 돌연변이란 생식세포 유전물질의 양 또는 구조에 영구적인 변화를 일으키는 것으로 형질의 유전학적인 변화와 DNA 수준에서의 변화 모두를 포함한다.

(6) 발암성(carcinogenicity)

암을 일으키거나 그 발생을 증가시키는 성질을 말한다.

(7) 생식독성(reproductive toxicity)

생식기능 및 생식능력에 대한 유해영향을 일으키거나 태아의 발생·발육에 유해한 영향을 주는 성질을 말한다. 생식기능 및 생식능력에 대한 유해영향이란 생식기능 및 생식능력에 대한 모든 영향 즉, 생식기관의 변화, 생식 가능 시기의 변화, 생식체의 생성 및 이동, 생식 주기, 성적 행동, 수태나 분만, 수태 결과, 생식기능의 조기 노화, 생식계에 영향을 받는 기타 기능들의 변화 등을 포함한다. 태아의 발생·발육에 유해한 영향은 출생 전 또는 출생 후에 태아의 정상적인 발생을 방해하는 모든 영향 즉, 수태 전 부모의 노출로부터 발생 중인 태아의 노출, 출생 후 성숙기까지의 노출에 의한 영향을 포함한다.

(8) 특정표적장기 독성 : 1회 노출(specific target organ toxicity : single exposure)

1회 노출에 의하여 급성독성, 피부 부식성 / 피부 자극성, 심한 눈 손상성 / 눈 자극성, 호흡기 과민성, 피부 과민성, 생식세포 변이원성, 발암성, 생식독성, 흡인 유해성 이외의 특이적이며, 비치사적으로 나타나는 특정표적장기의 독성을 말한다.

(9) 특정표적정기 독성 : 반복 노출(specific target organ toxicity : repeated exposure)

반복 노출에 의하여 급성 독성, 피부 부식성 / 피부 자극성, 심한 눈 손상성 / 눈 자극성, 호흡기 과민성, 피부 과민성, 생식세포 변이원성, 발암성, 생식독성, 흡인 유해성 이외의 특이적이며 비치사적으로 나타나는 특정표적장기의 독성을 말한다.

(10) 흡인 유해성(aspiration harzard)

액체나 고체 화학물질이 직접적으로 구강이나 비강을 통하거나 간접적으로 구토에 의하여 기관 및 하부호흡기계로 들어가 나타나는 화학적 폐렴, 다양한 단계의 폐손상 또는 사망과 같은 심각한 급성 영향을 말한다.

5) 환경 유해성

(1) 수생환경 유해성(hazardous to the aquatic environment)

급성 수생환경 유해성이란 단기간의 노출에 의해 수생환경에 유해한 영향을 일으키는 유해성을 말하며, 만성 수생환경 유해성이란 수생생물의 생활주기에 상응하는 기간 동안 물질 또는 혼합물을 노출시켰을 때 수생생물에 나타나는 유해성을 말한다.

(2) 오존층 유해성(hazardous to the ozone layer)

오존을 파괴하여 오존층을 고갈시키는 성질을 말하며, 오존 파괴 잠재성(ozone depleting potential)은 오존에 대한 교란 정도의 비 즉, 특정화합물의 트리클로로플루오르메탄(CFC-11)과 동등 방출량의 비이다.

2.4 경고표지 및 규격

물질안전보건자료의 경고표지의 포함사항은 명칭, 그림문자, 신호어, 유해·위험 문구, 예방조치 문구 및 공급자 정보이다. 이들 자세한 양식은 다음 그림과 같다.

그림 1.1 경고표지 양식

경고표지의 규격은 용기 또는 포장의 용량별 인쇄 또는 표찰의 크기에 따라 다르며, 다음 표와 같다. 또한, 개별 그림문자의 크기는 인쇄 또는 표찰 규격의 40분의 1 이상이어야 하고, 그림문자의 크기는 최소한 0.5 cm^2 이상이어야 한다.

표 1.2 경고표지 규격

용기 또는 포장의 용량(L)	인쇄 또는 표찰의 규격(cm^2)
용량 ≥ 500	450 이상
200 ≤ 용량 < 500	300 이상
50 ≤ 용량 < 200	180 이상
5 ≤ 용량 < 50	90 이상
용량 < 5	용기 또는 포장의 상하 면적을 제외한 전체 표면적의 5% 이상

2.5 물질안전보건자료의 구성과 내용

1) 화학제품과 회사에 관한 정보

① 제품명(경고표지 상에 사용되는 것과 동일한 명칭 또는 분류코드를 기재한다)

② 제품의 권고 용도와 사용상의 제한 :

③ 공급자 정보(제조자, 수입자, 유통업자 관계없이 해당 제품의 공급 및 물질안전보건자료 작성을 책임지는 회사의 정보를 기재하되, 수입품의 경우 문의사항 발생 또는 긴급 시 연락 가능한 국내 공급자 정보를 기재) :

- 회사명
- 주소
- 긴급전화번호

(2) 유해성·위험성

① 유해성·위험성 분류

② 예방조치 문구를 포함한 경고 표지 항목

- 그림문자
- 신호어
- 유해·위험 문구
- 예방조치 문구

③ 유해성·위험성 분류기준에 포함되지 않는 기타 유해성·위험성(예 : 분진폭발 위험성) :

(3) 구성성분의 명칭 및 함유량

화학물질명 관용명 및 이명 CAS번호 또는 식별번호 함유량(%)

* 대체자료 기재 승인(부분승인) 시 승인번호 및 유효기간

(4) 응급조치 요령

① 눈에 들어갔을 때 :

② 피부에 접촉했을 때 :

③ 흡입했을 때 :

④ 먹었을 때 :

⑤ 기타 의사의 주의사항 :

(5) 폭발·화재 시 대처방법

① 적절한(및 부적절한) 소화제 :

② 화학물질로부터 생기는 특정 유해성(예, 연소 시 발생 유해물질) :

③ 화재 진압 시 착용할 보호구 및 예방조치 :

(6) 누출사고 시 대처 방법

① 인체를 보호하기 위해 필요한 조치 사항 및 보호구 :

② 환경을 보호하기 위해 필요한 조치사항 :

③ 정화 또는 제거 방법 :

(7) 취급 및 저장방법

① 안전취급요령 :

② 안전한 저장 방법(피해야 할 조건을 포함함) :

(8) 노출방지 및 개인보호구

① 화학물질의 노출기준, 생물학적 노출기준 등 :

② 적절한 공학적 관리 :

③ 개인보호구

- 호흡기 보호 :
- 눈 보호 :
- 손 보호 :
- 신체 보호 :

(9) 물리화학적 특성

① 외관(물리적 상태, 색 등) :

② 냄새 :

③ 냄새 역치 :

④ pH :

⑤ 녹는점 / 어는점 :

⑥ 초기 끓는점과 끓는점 범위 :

⑦ 인화점 :

⑧ 증발 속도 :

⑨ 인화성(고체, 기체) :

⑩ 인화 또는 폭발 범위의 상한 / 하한 :

⑪ 증기압 :

⑫ 용해도 :

⑬ 증기밀도 :

⑭ 비중 :

⑮ n 옥탄올 / 물 분배계수 :

⑯ 자연발화 온도 :

⑰ 분해 온도 :

⑱ 점도 :

⑲ 분자량 :

(10) 안정성 및 반응성

① 화학적 안정성 및 유해 반응의 가능성 :

② 피해야 할 조건(정전기 방전, 충격, 진동 등) :

③ 피해야 할 물질 :

④ 분해시 생성되는 유해물질 :

(11) 독성에 관한 정보

① 가능성이 높은 노출 경로에 관한 정보

② 건강 유해성 정보

- 급성 독성(노출 가능한 모든 경로에 대해 기재) :
- 피부 부식성 또는 자극성 :
- 심한 눈 손상 또는 자극성 :
- 호흡기 과민성 :
- 피부 과민성 :

• 발암성 :
• 생식세포 변이원성 :
• 생식독성 :
• 특정 표적장기 독성(1회 노출) :
• 특정 표적장기 독성(반복 노출) :
• 흡인 유해성 :

※ 가항 및 나항을 합쳐서 노출경로와 건강 유해성 정보를 함께 기재할 수 있음

(12) 환경에 미치는 영향

① 생태독성 :
② 잔류성 및 분해성 :
③ 생물 농축성 :
④ 토양 이동성 :
⑤ 기타 유해 영향 :

(13) 폐기 시 주의사항

① 폐기 방법 :
② 폐기 시 주의사항(오염된 용기 및 포장의 폐기 방법을 포함함) :

(14) 운송에 필요한 정보

① 유엔 번호 :
② 유엔 적정 선적 명 :
③ 운송에서의 위험성 등급 :
④ 용기 등급(해당하는 경우) :
⑤ 해양오염물질(해당 또는 비해당으로 표기) :
⑥ 사용자가 운송 또는 운송 수단에 관련해 알 필요가 있거나 필요한 특별한 안전대책 :

(15) 법적 규제현황

① 산업안전보건법에 의한 규제 :
② 화학물질관리법에 의한 규제 :
③ 위험물안전관리법에 의한 규제 :
④ 폐기물관리법에 의한 규제 :
⑤ 기타 국내 및 외국법에 의한 규제 :

(16) 그 밖의 참고사항

① 자료의 출처 :
② 최초 작성일자 :
③ 개정 횟수 및 최종 개정일자 :
④ 기타 :

2.6 물질안전보건자료의 제공

물질안전보건자료 대상물질을 양도하거나 제공하는 자는 이를 양도받거나 제공받는 자에게 물질안전보건자료를 제공하여야 한다. 물질안전보건자료 대상물질을 제조하거나 수입한 자는 이를 양도받거나 제공받은 자에게 산안법제110조제3항에 따라 변경된 물질안전보건자료를 제공하여야 한다. 물질안전보건자료 대상물질을 양도하거나 제공한 자(물질안전보건자료대상물질을 제조하거나 수입한 자는 제외한다)는 산안법 제110조제3항에 따른 물질안전보건자료를 제공받은 경우 이를 물질안전보건자료대상물질을 양도받거나 제공받은 자에게 제공하여야 한다. 물질안전보건자료를 제공하는 경우는 물질안전보건자료시스템 제출 시 부여된 번호를 해당 물질안전보건자료에 반영하여 물질안전보건자료 대상물질과 함께 제공하거나 그 밖에 고용노동부 장관이 정하여 고시한 바에 따라 제공해야 한다. 동일한 상대방에게 같은 물질안전보건자료 대상물질을 2회 이상 계속하여 양도하거나 제공하는 경우는 해당 물질안전보건자료 대상물질에 대한 물질안전보건자료의 변경이 없으면 추가로 물질안전보건자료를 제공하지 않을 수 있다. 다만, 상대방이 물질안전보건자료의 제공을 요청한 경우는 그렇지 않다.

2.7 물질안전보건자료의 일부 비공개 승인

영업비밀과 관련되어 화학물질의 명칭 및 함유량을 물질안전보건자료에 적지 아니하려는 자는 고용노동부령으로 정하는 바에 따라 고용노동부 장관에게 신청하여 승인을 받아 해당 화학물질의 명칭 및 함유량을 대체할 수 있는 명칭 및 함유량(이하 "대체자료"라 한다)으로 적을 수 있다. 다만, 근로자에게 중대한 건강장해를 초래할 우려가 있는 화학물질로서 「산업재해보상보험법」 제8조제1항에 따른 산업재해보상보험 및 예방심의위원회의 심의를 거쳐 고용노동부 장관이 고시하는 것은 그러하지 아니하다. 고용노동부 장관은 승인 신청을 받은 경우 고용노동부령으로 정하는 바에 따라 화학물질의 명칭 및 함유량의 대체 필요성, 대체자료의 적합성 및 물질안전보건자료의 적정성 등을 검토하여 승인 여부를 결정하고 신청인에게 그 결과를 통보하여야 한다. 고용노동부 장관은 승인에 관한 기준을 「산업재해보상보험법」 제8조제1항에 따른 산업재해보상보험 및 예방심의위원회의 심의를 거쳐 정한다. 영업비밀과 관련하여 승인의 유효기간은 승인을 받은 날부터 5년으로 한다. 고용노동부 장관은 제4항에 따른 유효기간이 만료되는 경우에도 계속하여 대체자료로 적으려는 자가 그 유효기간의 연장승인을 신청하면 유효기간이 만료되는 다음 날부터 5년 단위로 그 기간을 계속하여 연장 승인할 수 있다.

3 공정안전관리(PSM) 제도

3.1 배경

화학물질을 이용하여 물리적 화학적 조작을 거쳐 우리 생활에 유용한 제품이나 원료를 얻는 것을 화학공업이라 한다. 화학공업의 예로 석유화학, 화학비료, 화학섬유, 합성수지 및 제지산업 등이 해당된다. 이러한 화학공업은 단위공정으로 이루어져 있는데 단위공정의 집합이 화학공장이라 한다. 화학공장은 고도의 기술집약적 장치산업으로 다양한 종류의 화학물질을 원료, 중간제, 첨가제 및 용제로 사용, 저장, 취급하고 있다. 화학물질의 보유량이 많고 시스템이 복잡하여 위험물의 화재·폭발 또는 누출과 같은 사고가 발생할 경우는 공장 내 근로자뿐만 아니라, 공장 인근의 주민 및 환경에까지 막대한 영향을 미치게 된다.

화학공업에서의 장치산업은 그 특성상 설계단계에서 설비 등에 대한 안전사항이 많이 고려되어 있어 타 업종보다 사고의 발생빈도는 낮으나, 설비의 고장 또는 근로자의 조작실수 등에 의해 한 번의 사고도 엄청난 피해를 일으키는 등 사고의 강도가 크다. 이에 따라 국제노동기구(ILO)에서는 이와 같은 형태의 사고를 일반 산업재해와 구분하여 중대사고(major accident)라 하고, 그 정의를 "산업활동을 하는 과정에서 비정상적인 상태의 결과로 인한 위험물질의 방출, 화재 또는 폭발 등의 발생으로 단기간 또는 장기간에 걸쳐 그 영향이 사업장의 근로자뿐만 아니라, 인근 주민이나 환경에까지 심각한 위험을 주는 사고"라고 규정하고 있다.

1990년대 초 국내에 화학공장이 증가하면서 그에 따라 화학물질 관련 재해 및 사고가 증가하였다. 이를 예방하기 위해 공정안전관리(PSM)제도가 도입되었다. 공정안전관리(PSM)제도는 1996년 1월 1일부터 수립된 제도로 국내에서 발생하는 재해, 화재, 폭발, 누출 등 중대 재해 및 사고에 대한 예방을 위해 수립되었다. 이러한 공정안전관리(PSM) 시스템은 안전관리에 대한 경영방침, 공정안전자료, 공정위험성평가, 안전운전계획, 비상조치계획 등으로 구성되어 있으며 기업의 손실을 줄이고, 종사자들의 안전문제를 해결하기 위해 사업장에서는 공정안전보고서를 작성 및 제출을 하고, 안전보건공단 및 고용노동부가 심사, 확인, 평가 및 점검을 하여 화학사고 예방 시스템을 구축하여 현재까지 운영되어 오고 있다.

산업안전보건법에 사업주는 사업장에 대통령령으로 정하는 유해하거나 위험한 설비가 있는 경우 그 설비로부터의 위험물질 누출, 화재 및 폭발 등으로 인하여 사업장 내의 근로자에게 즉시 피해를 주거나 사업장 인근 지역에 피해를 줄 수 있는 사고를 "중대산업사고"라 한다. 이러한 중대산업사고를 예방하기 위하여 대통령령으로 정하는 바에 따라 공정안전보고서를 작성하고 고용노동부 장관에게 제출하여 심사를 받아야 하는 공정안전관리(process safety management, PSM)제도를 도입하였다. 공정안전관리제도란 중대산업사고를 야기할 가능성이 큰 유해위험설비를 보유하고 있는 사업장에서 사고의 예방(prevention), 위험의 최소화(risk reduction), 피해 최소화(consequence mitigation)를 위한 체계적인 관리체제를 구축·시행토록 하는 제도이다.

3.2 PSM 제출 대상

공정안전보고서 제출 대상은 유해하거나 위험한 설비를 보유하고 하고 있는 7대 업종과 유해·위험물질 중 하나 이상의 물질을 규정량 이상 제조·취급·저장하는 설비 및 그 설비의 운영과 관련된 모든 공정설비를 말한다.

1) PSM 제출대상 7대 업종

① 원유 정제처리업
② 기타 석유정제물 재처리업
③ 석유화학계 기초화학물질 제조업 또는 합성수지 및 기타 플라스틱물질 제조업
④ 질소 화합물, 질소·인산 및 칼리질 화학비료 제조업 중 질소질 비료 제조
⑤ 복합비료 및 기타 화학비료 제조업 중 복합비료 제조(단순혼합 또는 배합에 의한 경우는 제외)
⑥ 화학 살균·살충제 및 농업용 약제 제조업(농약 원제 제조만 해당)
⑦ 화약 및 불꽃제품 제조업

2) 유해·위험물질 규정량

번호	유해·위험물질	CAS 번호	규정량(kg)
1	인화성 가스	-	제조·취급 : 5,000(저장 : 200,000)
2	인화성 액체	-	제조·취급 : 5,000(저장 : 200,000)
3	메틸 이소시아네이트	624-83-9	제조·취급·저장 : 1,000
4	포스겐	75-44-5	제조·취급·저장 : 500
5	아크릴로니트릴	107-13-1	제조·취급·저장 : 10,000
6	암모니아	7664-41-7	제조·취급·저장 : 10,000
7	염소	7782-50-5	제조·취급·저장 : 1,500
8	이산화황	7446-09-5	제조·취급·저장 : 10,000
9	삼산화황	7446-11-9	제조·취급·저장 : 10,000
10	이황화탄소	75-15-0	제조·취급·저장 : 10,000
11	시안화수소	74-90-8	제조·취급·저장 : 500
12	불화수소(무수불산)	7664-39-3	제조·취급·저장 : 1,000
13	염화수소(무수염산)	7647-01-0	제조·취급·저장 : 10,000
14	황화수소	7783-06-4	제조·취급·저장 : 1,000
15	질산암모늄	6484-52-2	제조·취급·저장 : 500,000
16	니트로글리세린	55-63-0	제조·취급·저장 : 10,000
17	트리니트로톨루엔	118-96-7	제조·취급·저장 : 50,000
18	수소	1333-74-0	제조·취급·저장 : 5,000

번호	유해·위험물질	CAS 번호	규정량(kg)
19	산화에틸렌	75-21-8	제조·취급·저장 : 1,000
20	포스핀	7803-51-2	제조·취급·저장 : 500
21	실란(Silane)	7803-62-5	제조·취급·저장 : 1,000
22	질산(중량 94.5% 이상)	7697-37-2	제조·취급·저장 : 50,000
23	발연황산(삼산화황 중량 65% 이상 80% 미만)	8014-95-7	제조·취급·저장 : 20,000
24	과산화수소(중량 52% 이상)	7722-84-1	제조·취급·저장 : 10,000
25	톨루엔 디이소시아네이트	91-08-7, 584-84-9, 26471-62-5	제조·취급·저장 : 2,000
26	클로로술폰산	7790-94-5	제조·취급·저장 : 10,000
27	브롬화수소	10035-10-6	제조·취급·저장 : 10,000
28	삼염화인	7719-12-2	제조·취급·저장 : 10,000
29	염화 벤질	100-44-7	제조·취급·저장 : 2,000
30	이산화염소	10049-04-4	제조·취급·저장 : 500
31	염화 티오닐	7719-09-7	제조·취급·저장 : 10,000
32	브롬	7726-95-6	제조·취급·저장 : 1,000
33	일산화질소	10102-43-9	제조·취급·저장 : 10,000
34	붕소 트리염화물	10294-34-5	제조·취급·저장 : 10,000
35	메틸에틸케톤과산화물	1338-23-4	제조·취급·저장 : 10,000
36	삼불화 붕소	7637-07-2	제조·취급·저장 : 1,000
37	니트로아닐린	88-74-4, 99-09-2, 100-01-6, 29757-24-2	제조·취급·저장 : 2,500
38	염소 트리플루오르화	7790-91-2	제조·취급·저장 : 1,000
39	불소	7782-41-4	제조·취급·저장 : 500
40	시아누르 플루오르화물	675-14-9	제조·취급·저장 : 2,000
41	질소 트리플루오르화물	7783-54-2	제조·취급·저장 : 20,000
42	니트로 셀롤로오스(질소 함유량 12.6% 이상)	9004-70-0	제조·취급·저장 : 100,000
43	과산화벤조일	94-36-0	제조·취급·저장 : 3,500
44	과염소산 암모늄	7790-98-9	제조·취급·저장 : 3,500
45	디클로로실란	4109-96-0	제조·취급·저장 : 1,000

번호	유해·위험물질	CAS 번호	규정량(kg)
46	디에틸 알루미늄 염화물	96-10-6	제조·취급·저장 : 10,000
47	디이소프로필 퍼옥시디카보네이트	105-64-6	제조·취급·저장 : 3,500
48	불산(중량 10% 이상)	7664-39-3	제조·취급·저장 : 10,000
49	염산(중량 20% 이상)	7647-01-0	제조·취급·저장 : 20,000
50	황산(중량 20% 이상)	7664-93-9	제조·취급·저장 : 20,000
51	암모니아수(중량 20% 이상)	1336-21-6	제조·취급·저장 : 50,000

비고

① "인화성 가스"란 인화한계 농도의 최저한도가 13% 이하 또는 최고한도와 최저한도의 차가 12% 이상인 것으로서 표준압력(101.3 kPa)에서 20℃에서 가스 상태인 물질을 말한다.

② 인화성 가스 중 사업장 외부로부터 배관을 통해 공급받아 최초 압력조정기 후단 이후의 압력이 0.1 MPa(계기압력) 미만으로 취급되는 사업장의 연료용 도시가스(메탄 중량 성분 85% 이상으로 이 표에 따른 유해·위험물질이 없는 설비에 공급되는 경우에 한정한다)는 취급 규정량을 50,000 kg으로 한다.

③ 인화성 액체란 표준압력(101.3 kPa)에서 인화점이 60℃ 이하이거나 고온·고압의 공정운전 조건으로 인하여 화재·폭발위험이 있는 상태에서 취급되는 가연성 물질을 말한다.

④ 인화점의 수치는 태그밀폐식 또는 펜스키마르테르식 등의 밀폐식 인화점 측정기로 표준압력(101.3 kPa)에서 측정한 수치 중 작은 수치를 말한다.

⑤ 유해·위험물질의 규정량이란 제조·취급·저장 설비에서 공정 과정 중에 저장되는 양을 포함하여 하루 동안 최대로 제조·취급 또는 저장할 수 있는 양을 말한다.

⑥ 규정량은 화학물질의 순도 100%를 기준으로 산출하되, 농도가 규정되어 있는 화학물질은 그 규정된 농도를 기준으로 한다.

⑦ 사업장에서 다음 각 목의 구분에 따라 해당 유해·위험물질을 그 규정량 이상 제조·취급·저장하는 경우에는 유해·위험설비로 본다.

가) 한 종류의 유해·위험물질을 제조·취급·저장하는 경우 : 해당 유해·위험물질의 규정량 대비 하루 동안 제조·취급 또는 저장할 수 있는 최대치 중 가장 큰 값($\frac{C}{T}$)이 1 이상인 경우

나) 두 종류 이상의 유해·위험물질을 제조·취급·저장하는 경우 : 유해·위험물질별로 가목에 따른 가장 큰 값($\frac{C}{T}$)을 각각 구하여 합산한 값(R)이 1 이상인 경우, 그 계산식은 다음과 같다.

$$R = \frac{C_1}{T_1} + \frac{C_2}{T_2} + \cdots\cdots + \frac{C_n}{T_n}$$

여기서, C_n : 유해·위험물질별(n) 규정량과 비교하여 하루 동안 제조·취급 또는 저장할 수 있는 최대치 중 가장 큰 값

T_n : 유해·위험물질별(n) 규정량

⑧ 가스를 전문으로 저장·판매하는 시설 내의 가스는 이 표의 규정량 산정에서 제외한다.

3.3 공정안전보고서의 내용

1) 공정안전자료

① 취급·저장하고 있거나 취급·저장하려는 유해·위험물질의 종류 및 수량
② 유해·위험물질에 대한 물질안전보건자료
③ 유해하거나 위험한 설비의 목록 및 사양
④ 유해하거나 위험한 설비의 운전방법을 알 수 있는 공정도면
⑤ 각종 건물·설비의 배치도
⑥ 폭발위험장소 구분도 및 전기단선도
⑦ 위험설비의 안전설계·제작 및 설치 관련 지침서

2) 공정위험성평가서

① 체크리스트(Check List)
② 상대위험순위 결정(Dow and Mond Indices)
③ 작업자 실수 분석(HEA)
④ 사고 예상 질문 분석(What-if)
⑤ 위험과 운전 분석(HAZOP)
⑥ 이상위험도 분석(FMECA)
⑦ 결함 수 분석(FTA)
⑧ 사건 수 분석(ETA)
⑨ 원인결과 분석(CCA)
⑩ ①목부터 ⑨목까지의 규정과 같은 수준 이상의 기술적 평가기법

3) 안전운전계획

① 안전운전지침서
② 설비점검·검사 및 보수계획, 유지계획 및 지침서
③ 안전작업허가

④ 도급업체 안전관리계획
⑤ 근로자 등 교육계획
⑥ 가동 전 점검지침
⑦ 변경요소 관리계획
⑧ 자체감사 및 사고조사계획
⑨ 그 밖에 안전운전에 필요한 사항

4) 비상조치계획

① 비상조치를 위한 장비·인력 보유현황
② 사고발생 시 각 부서·관련 기관과의 비상연락체계
③ 사고발생 시 비상조치를 위한 조직의 임무 및 수행 절차
④ 비상조치계획에 따른 교육계획
⑤ 주민홍보계획
⑥ 그 밖에 비상조치 관련 사항

3.4 공정안전보고서의 제출

사업주는 사업장에 대통령령으로 정하는 유해하거나 위험한 설비가 있는 경우 그 설비로부터의 위험물질 누출, 화재 및 폭발 등으로 인하여 사업장 내의 근로자에게 즉시 피해를 주거나 사업장 인근 지역에 피해를 줄 수 있는 사고로서 대통령령으로 정하는 사고(이하 "중대산업사고"라 한다)를 예방하기 위하여 대통령령으로 정하는 바에 따라 공정안전보고서를 작성하고 고용노동부 장관에게 제출하여 심사를 받아야 한다. 이 경우 공정안전보고서의 내용이 중대산업사고를 예방하기 위하여 적합하다고 통보받기 전에는 관련된 유해하거나 위험한 설비를 가동해서는 아니 된다. 사업주는 공정안전보고서를 작성할 때 산업안전보건위원회의 심의를 거쳐야 한다. 다만, 산업안전보건위원회가 설치되어 있지 아니한 사업장의 경우에는 근로자대표의 의견을 들어야 한다.

사업주는 산업안전보건법 시행령 제43조에 따른 유해하거나 위험한 설비를 설치·이전하거나 고용노동부 장관이 정하는 주요 구조 부분을 변경할 때는 고용노동부령으로 정하는 바에

따라 공정안전보고서를 작성하여 고용노동부 장관에게 제출해야 한다. 이 경우 「화학물질관리법」에 따라 사업주가 환경부 장관에게 제출해야 하는 화학사고예방관리계획서의 내용이 공정안전보고서에 포함시켜야 할 사항에 해당하는 경우에는 그 해당 부분에 대한 작성·제출을 화학사고예방관리계획서 사본의 제출로 갈음할 수 있다. 사업주가 제출해야 할 공정안전보고서가 「고압가스 안전관리법」 제2조에 따른 고압가스를 사용하는 단위공정 설비에 관한 것인 경우로서 해당 사업주가 같은 법 제11조에 따른 안전관리규정과 같은 법 제13조의2에 따른 안전성향상계획을 작성하여 공단 및 같은 법 제28조에 따른 한국가스안전공사가 공동으로 검토·작성한 의견서를 첨부하여 허가 관청에 제출한 경우는 해당 단위공정 설비에 관한 공정안전보고서를 제출한 것으로 본다.

3.5 공정안전보고서의 심사 확인 및 절차

고용노동부 장관은 공정안전보고서를 고용노동부령으로 정하는 바에 따라 심사하여 그 결과를 사업주에게 서면으로 알려 주어야 한다. 이 경우 근로자의 안전 및 보건의 유지·증진을 위하여 필요하다고 인정하는 경우는 그 공정안전보고서의 변경을 명할 수 있다. 사업주는 심사를 받은 공정안전보고서를 사업장에 갖추어 두어야 한다

공정안전보고서를 제출하여 심사를 받은 사업주는 다음 각 호의 시기별로 공단의 확인을 받아야 한다. 다만, 화공안전 분야 산업안전지도사, 대학에서 조교수 이상으로 재직하고 있는 사람으로서 화공 관련 교과를 담당하고 있는 사람, 그 밖에 자격 및 관련 업무 경력 등을 고려하여 고용노동부 장관이 정하여 고시하는 요건을 갖춘 사람에게 자체감사를 하게 하고 그 결과를 공단에 제출한 경우는 공단의 확인을 생략할 수 있다.

① 신규로 설치될 유해하거나 위험한 설비에 대해서는 설치 과정 및 설치 완료 후 시운전단계에서 각 1회
② 기존에 설치되어 사용 중인 유해하거나 위험한 설비에 대해서는 심사 완료 후 3개월 이내
③ 유해하거나 위험한 설비와 관련한 공정의 중대한 변경이 있는 경우에는 변경 완료 후 1개월 이내
④ 유해하거나 위험한 설비 또는 이와 관련된 공정에 중대한 사고 또는 결함이 발생한 경우는 1개월 이내. 다만, 안전보건진단을 받은 사업장 등 고용노동부 장관이 정하여 고시하는 사업장의 경우에는 공단의 확인을 생략할 수 있다.

공단은 사업주로부터 확인 요청을 받은 날부터 1개월 이내에 내용이 현장과 일치하는지 여부를 확인하고, 확인한 날부터 15일 이내에 그 결과를 사업주에게 통보하고 지방고용노동관서의 장에게 보고해야 한다. 이를 요약하여 정리하면 다음과 같다.

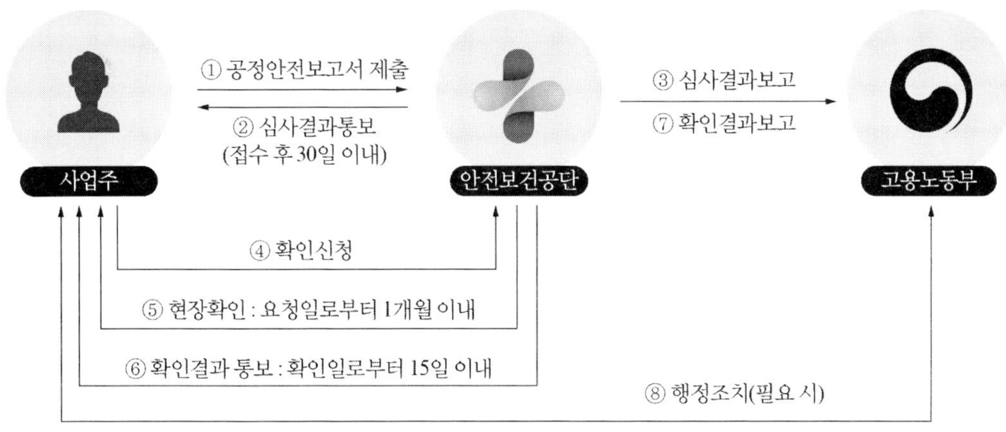

그림 1.2 공정안전보고서의 심사 확인 및 절차

4 유해인자 관리

4.1 유해인자의 관리

화학공장에는 다양한 종류의 화학물질을 사용하고 있으며, 전 세계적으로 약 3,000만 여종의 화학물질이 개발되어 있는 것으로 알려져 있다. 이 중 약 10만 여종의 화학물질이 상업적으로 유통되고 있으며, 국내에는 약 45,000종의 화학물질이 유통되어 왔으며 매년 약 400종의 신규 화학물질이 국내시장에 진입하고 있는 것으로 알려져 있다. 화학물질은 여러 가지 사용상의 이점에도 불구하고 그 유해·위험성으로 인하여 각종 직업병과 환경오염으로 인체의 건강과 환경을 해치는 주원인으로 지목되고 있다. 화학물질 유통량 증가와 더불어 화학물질 제조 및 사용량이 증가하고 있어, 그에 따른 건강상 영향도 다양해진다. 화학물질 노출의 직접적인 피해

자는 작업장에서 취급하는 근로자이다. 유해인자가 근로자의 건강에 미치는 유해성·위험성 평가 결과를 고려하여 다음과 같이 분류하여 관리해야 한다. 노출기준 설정 대상 유해인자, 허용기준 설정 대상 유해인자, 제조 등 금지물질, 제조 등 허가물질, 작업환경측정 대상 유해인자, 특수건강진단 대상 유해인자 및 관리대상 유해물질로 나눌 수 있으며, 본 교재에서는 허용기준 설정 대상 유해인자, 제조 등 금지물질과 허가물질 및 관리대상 유해물질만 다루고자 한다.

4.2 유해인자 허용기준

산업안전보건법 제107조(유해인자 허용기준의 준수) 및 시행규칙 제84조(유해인자 허용기준 이하 유지 대상 유해인자)에서 다루고 있다. 사업주는 발암성 물질 등 근로자에게 중대한 건강장해를 유발할 우려가 있는 유해인자로서 대통령령으로 정하는 유해인자는 작업장 내의 그 노출 농도를 고용노동부령으로 정하는 허용기준 이하로 유지하여야 한다. 화학물질 관리는 원칙적으로 사업주 스스로 화학물질의 취급 등에 따른 건강 장애의 위험을 평가하고 그 결과에 따라 노출 방지 대책을 강구하는 것이다. 유해인자 허용기준 이하 유지대상 유해인자는 다음 표와 같다.

표 1.3 유해인자 허용기준 이하 유지대상 유해인자

1. 6가크롬[18540-29-9] 화합물(Chromium VI compounds)
2. 납[7439-92-1] 및 그 무기화합물(Lead and its inorganic compounds)
3. 니켈[7440-02-0] 화합물(불용성 무기화합물로 한정한다)(Nickel and its insoluble inorganic compounds)
4. 니켈카르보닐(Nickel carbonyl; 13463-39-3)
5. 디메틸포름아미드(Dimethylformamide; 68-12-2)
6. 디클로로메탄(Dichloromethane; 75-09-2)
7. 1,2-디클로로프로판(1,2-Dichloropropane; 78-87-5)
8. 망간[7439-96-5] 및 그 무기화합물(Manganese and its inorganic compounds)
9. 메탄올(Methanol; 67-56-1)
10. 메틸렌 비스(페닐 이소시아네이트)(Methylene bis(phenyl isocyanate); 101-68-8 등)
11. 베릴륨[7440-41-7] 및 그 화합물(Beryllium and its compounds)
12. 벤젠(Benzene; 71-43-2)
13. 1,3-부타디엔(1,3-Butadiene; 106-99-0)
14. 2-브로모프로판(2-Bromopropane; 75-26-3)

15. 브롬화 메틸(Methyl bromide; 74-83-9)
16. 산화에틸렌(Ethylene oxide; 75-21-8)
17. 석면(제조·사용하는 경우만 해당한다)(Asbestos; 1332-21-4 등)
18. 수은[7439-97-6] 및 그 무기화합물(Mercury and its inorganic compounds)
19. 스티렌(Styrene; 100-42-5)
20. 시클로헥사논(Cyclohexanone; 108-94-1)
21. 아닐린(Aniline; 62-53-3)
22. 아크릴로니트릴(Acrylonitrile; 107-13-1)
23. 암모니아(Ammonia; 7664-41-7 등)
24. 염소(Chlorine; 7782-50-5)
25. 염화비닐(Vinyl chloride; 75-01-4)
26. 이황화탄소(Carbon disulfide; 75-15-0)
27. 일산화탄소(Carbon monoxide; 630-08-0)
28. 카드뮴[7440-43-9] 및 그 화합물(Cadmium and its compounds)
29. 코발트[7440-48-4] 및 그 무기화합물(Cobalt and its inorganic compounds)
30. 콜타르피치[65996-93-2] 휘발물(Coal tar pitch volatiles)
31. 톨루엔(Toluene; 108-88-3)
32. 톨루엔-2,4-디이소시아네이트(Toluene-2,4-diisocyanate; 584-84-9 등)
33. 톨루엔-2,6-디이소시아네이트(Toluene-2,6-diisocyanate; 91-08-7 등)
34. 트리클로로메탄(Trichloromethane; 67-66-3)
35. 트리클로로에틸렌(Trichloroethylene; 79-01-6)
36. 포름알데히드(Formaldehyde; 50-00-0)
37. n-헥산(n-Hexane; 110-54-3)
38. 황산(Sulfuric acid; 7664-93-9)

4.3 화학물질 및 물리적 인자 노출기준

국내 화학물질 분류를 보면 노출기준 설정 물질의 수는 다음과 같다. 화학물질 및 물리적 인자의 노출기준(고용노동부고시 제2020-48호)의 화학물질 노출기준 일련번호는 731종까지 표기되어 있다. 발암성, 생식세포 변이원성 및 생식독성 정보는 법상 규제 목적이 아닌 정보제공 목적으로 표시하는 것으로서 발암성은 국제암연구소(International Agency for Research on Cancer, IARC), 미국산업위생전문가협회(American Conference of Governmental Industrial Hygienists, ACGIH), 미국독성프로그램(National Toxicology Program, NTP), 「유럽연합의 분류·표시에 관한 규칙(European Regulation on the Classification, Labelling and Packaging of substances and mixtures, EU CLP)」 또는 미국산업안전보건청(American Occupational Safety & Health Administration, OSHA)의 분류를 기준으로, 생식세포 변이원성 및 생식독성은 유럽연합의 분류·표시에 관한 규칙(European Regulation on the Classification, Labelling and Packaging of substances and mixtures, EU CLP)을 기준으로 「화학물질의 분류·표시 및 물질안전보건자료에 관한 기준」에 따라 분류한다. 화학물질이 2종 이상 혼재하는 경우에 혼재하는 물질간에 유해성이 인체의 서로 다른 부위에 작용한다는 증거가 없는 한 유해작용은 가중되므로 노출기준은 다음식에 따라 산출하되, 산출되는 수치가 1을 초과하지 아니하는 것으로 한다.

$$\frac{C_1}{T_1} + \frac{C_2}{T_2} + \cdots\cdots + \frac{C_n}{T_n}$$

여기서, C : 화학물질 각각의 측정치

T : 화학물질 각각의 노출기준

4.4 제조 금지물질

산업안전보건법 제117조(유해·위험물질의 제조 등 금지)에 따라 "제조 등 금지물질"을 제조·수입·양도·제공 또는 사용해서는 아니 된다. 즉, 직업성 암을 유발하는 것으로 확인되어 근로자의 건강에 특히 해롭다고 인정되는 물질이나, 유해성·위험성이 평가된 유해인자나 유해성·위험성이 조사된 화학물질 중 근로자에게 중대한 건강장해를 일으킬 우려가 있는 물질을 말한다. 대통령으로 정하는 "제조 등 금지물질"은 다음과 같다.

1. β-나프틸아민[91-59-8]과 그 염(β-Naphthylamine and its salts)
2. 4-니트로디페닐[92-93-3]과 그 염(4-Nitrodiphenyl and its salts)
3. 백연[1319-46-6]을 함유한 페인트(함유된 중량의 비율이 2% 이하인 것은 제외한다)
4. 벤젠[71-43-2]을 함유하는 고무풀(함유된 중량의 비율이 5% 이하인 것은 제외한다)
5. 석면(Asbestos; 1332-21-4 등)
6. 폴리클로리네이티드 터페닐(Polychlorinated terphenyls; 61788-33-8 등)
7. 황린(黃燐)[12185-10-3] 성냥(Yellow phosphorus match)

8. 제1호, 제2호, 제5호 또는 제6호에 해당하는 물질을 함유한 혼합물(함유된 중량의 비율이 1퍼센트 이하인 것은 제외한다)
9. 「화학물질관리법」 제2조제5호에 따른 금지물질(같은 법 제3조제1항제1호부터 제12호까지의 규정에 해당하는 화학물질은 제외한다)
10. 그 밖에 보건상 해로운 물질로서 산업재해보상보험 및 예방심의위원회의 심의를 거쳐 고용노동부 장관이 정하는 유해물질

4.5 허가대상 유해물질

산업안전보건법 제118조에 따라 유해·위험물질로서 대체물질이 개발되지 아니한 물질 등 대통령으로 정하는 허가대상물질을 제조하거나 사용하려는 자는 고용노동부 장관의 허가를 받아야 한다. 허가받은 사항을 변경할 때도 또한 같다. 대통령령령으로 정하는 허가대상물질은 다음과 같다.

1. α-나프틸아민[134-32-7] 및 그 염(α-Naphthylamine and its salts)
2. 디아니시딘[119-90-4] 및 그 염(Dianisidine and its salts)
3. 디클로로벤지딘[91-94-1] 및 그 염(Dichlorobenzidine and its salts)
4. 베릴륨(Beryllium; 7440-41-7)
5. 벤조트리클로라이드(Benzotrichloride; 98-07-7)
6. 비소[7440-38-2] 및 그 무기화합물(Arsenic and its inorganic compounds)
7. 염화비닐(Vinyl chloride; 75-01-4)
8. 콜타르피치[65996-93-2] 휘발물(Coal tar pitch volatiles)
9. 크롬광 가공(열을 가하여 소성 처리하는 경우만 해당한다)(Chromite ore processing)
10. 크롬산 아연(Zinc chromates; 13530-65-9 등)
11. o-톨리딘[119-93-7] 및 그 염(o-Tolidine and its salts)
12. 황화니켈류(Nickel sulfides; 12035-72-2, 16812-54-7)
13. 제1호부터 제4호까지 또는 제6호부터 제12호까지의 어느 하나에 해당하는 물질을 함유한

혼합물(함유된 중량의 비율이 1% 이하인 것은 제외한다)
14. 제5호의 물질을 함유한 혼합물(함유된 중량의 비율이 0.5% 이하인 것은 제외한다)
15. 그 밖에 보건상 해로운 물질로서 산업재해보상보험 및 예방심의위원회의 심의를 거쳐 고용노동부 장관이 정하는 유해물질

4.6 관리대상 유해물질

"관리대상 유해물질"이란 근로자에게 상당한 건강장해를 일으킬 우려가 있어 산업안전보건법 제39조(보건조치)에 따라 건강장해를 예방하기 위한 보건상의 조치가 필요한 원재료·가스·증기·분진·흄, 미스트로서 다음 표와 같은 유기화합물, 금속류, 산·알칼리류, 가스상태 물질류를 말한다.

1. 유기화합물(117종)

1) 글루타르알데히드(Glutaraldehyde; 111-30-8)
2) 니트로글리세린(Nitroglycerin; 55-63-0)
3) 니트로메탄(Nitromethane; 75-52-5)
4) 니트로벤젠(Nitrobenzene; 98-95-3)
5) p-니트로아닐린(p-Nitroaniline; 100-01-6)
6) p-니트로클로로벤젠(p-Nitrochlorobenzene; 100-00-5)
7) 디(2-에틸헥실)프탈레이트(Di(2-ethylhexyl)phthalate; 117-81-7)
8) 디니트로톨루엔(Dinitrotoluene; 25321-14-6 등)(특별관리물질)
9) N,N-디메틸아닐린(N,N-Dimethylaniline; 121-69-7)
10) 디메틸아민(Dimethylamine; 124-40-3)
11) N,N-디메틸아세트아미드(N,N-Dimethylacetamide; 127-19-5)(특별관리물질)
12) 디메틸포름아미드(Dimethylformamide; 68-12-2)(특별관리물질)
13) 디에탄올아민(Diethanolamine; 111-42-2)
14) 디에틸 에테르(Diethyl ether; 60-29-7)
15) 디에틸렌트리아민(Diethylenetriamine; 111-40-0)

16) 2-디에틸아미노에탄올(2-Diethylaminoethanol; 100-37-8)
17) 디에틸아민(Diethylamine; 109-89-7)
18) 1,4-디옥산(1,4-Dioxane; 123-91-1)
19) 디이소부틸케톤(Diisobutylketone; 108-83-8)
20) 1,1-디클로로-1-플루오로에탄(1,1-Dichloro-1-fluoroethane; 1717-00-6)
21) 디클로로메탄(Dichloromethane; 75-09-2)
22) o-디클로로벤젠(o-Dichlorobenzene; 95-50-1)
23) 1,2-디클로로에탄(1,2-Dichloroethane; 107-06-2)(특별관리물질)
24) 1,2-디클로로에틸렌(1,2-Dichloroethylene; 540-59-0 등)
25) 1,2-디클로로프로판(1,2-Dichloropropane; 78-87-5)(특별관리물질)
26) 디클로로플루오로메탄(Dichlorofluoromethane; 75-43-4)
27) p-디히드록시벤젠(p-dihydroxybenzene; 123-31-9)
28) 메탄올(Methanol; 67-56-1)
29) 2-메톡시에탄올(2-Methoxyethanol; 109-86-4)(특별관리물질)
30) 2-메톡시에틸 아세테이트(2-Methoxyethyl acetate; 110-49-6)(특별관리물질)
31) 메틸 n-부틸 케톤(Methyl n-butyl ketone; 591-78-6)
32) 메틸 n-아밀 케톤(Methyl n-amyl ketone; 110-43-0)
33) 메틸 아민(Methyl amine; 74-89-5)
34) 메틸 아세테이트(Methyl acetate; 79-20-9)
35) 메틸 에틸 케톤(Methyl ethyl ketone; 78-93-3)
36) 메틸 이소부틸 케톤(Methyl isobutyl ketone; 108-10-1)
37) 메틸 클로라이드(Methyl chloride; 74-87-3)
38) 메틸 클로로포름(Methyl chloroform; 71-55-6)
39) 메틸렌 비스(페닐 이소시아네이트)(Methylene bis(phenyl isocyanate); 101-68-8 등)
40) o-메틸시클로헥사논(o-Methylcyclohexanone; 583-60-8)
41) 메틸시클로헥사놀(Methylcyclohexanol; 25639-42-3 등)
42) 무수 말레산(Maleic anhydride; 108-31-6)
43) 무수 프탈산(Phthalic anhydride; 85-44-9)
44) 벤젠(Benzene; 71-43-2)(특별관리물질)
45) 1,3-부타디엔(1,3-Butadiene; 106-99-0)(특별관리물질)
46) n-부탄올(n-Butanol; 71-36-3)

47) 2-부탄올(2-Butanol; 78-92-2)
48) 2-부톡시에탄올(2-Butoxyethanol; 111-76-2)
49) 2-부톡시에틸 아세테이트(2-Butoxyethyl acetate; 112-07-2)
50) n-부틸 아세테이트(n-Butyl acetate; 123-86-4)
51) 1-브로모프로판(1-Bromopropane; 106-94-5)(특별관리물질)
52) 2-브로모프로판(2-Bromopropane; 75-26-3)(특별관리물질)
53) 브롬화 메틸(Methyl bromide; 74-83-9)
54) 브이엠 및 피 나프타(VM&P Naphtha; 8032-32-4)
55) 비닐 아세테이트(Vinyl acetate; 108-05-4)
56) 사염화탄소(Carbon tetrachloride; 56-23-5)(특별관리물질)
57) 스토다드 솔벤트(Stoddard solvent; 8052-41-3)(벤젠을 0.1% 이상 함유한 경우만 특별관리물질)
58) 스티렌(Styrene; 100-42-5)
59) 시클로헥사논(Cyclohexanone; 108-94-1)
60) 시클로헥사놀(Cyclohexanol; 108-93-0)
61) 시클로헥산(Cyclohexane; 110-82-7)
62) 시클로헥센(Cyclohexene; 110-83-8)
63) 아닐린[62-53-3] 및 그 동족체(Aniline and its homologues)
64) 아세토니트릴(Acetonitrile; 75-05-8)
65) 아세톤(Acetone; 67-64-1)
66) 아세트알데히드(Acetaldehyde; 75-07-0)
67) 아크릴로니트릴(Acrylonitrile; 107-13-1)(특별관리물질)
68) 아크릴아미드(Acrylamide; 79-06-1)(특별관리물질)
69) 알릴 글리시딜 에테르(Allyl glycidyl ether; 106-92-3)
70) 에탄올아민(Ethanolamine; 141-43-5)
71) 2-에톡시에탄올(2-Ethoxyethanol; 110-80-5)(특별관리물질)
72) 2-에톡시에틸 아세테이트(2-Ethoxyethyl acetate; 111-15-9)(특별관리물질)
73) 에틸 벤젠(Ethyl benzene; 100-41-4)
74) 에틸 아세테이트(Ethyl acetate; 141-78-6)
75) 에틸 아크릴레이트(Ethyl acrylate; 140-88-5)
76) 에틸렌 글리콜(Ethylene glycol; 107-21-1)

77) 에틸렌 글리콜 디니트레이트(Ethylene glycol dinitrate; 628-96-6)
78) 에틸렌 클로로히드린(Ethylene chlorohydrin; 107-07-3)
79) 에틸렌이민(Ethyleneimine; 151-56-4)(특별관리물질)
80) 에틸아민(Ethylamine; 75-04-7)
81) 2,3-에폭시-1-프로판올(2,3-Epoxy-1-propanol; 556-52-5 등)(특별관리물질)
82) 1,2-에폭시프로판(1,2-Epoxypropane; 75-56-9 등)(특별관리물질)
83) 에피클로로히드린(Epichlorohydrin; 106-89-8 등)(특별관리물질)
84) 요오드화 메틸(Methyl iodide; 74-88-4)
85) 이소부틸 아세테이트(Isobutyl acetate; 110-19-0)
86) 이소부틸 알코올(Isobutyl alcohol; 78-83-1)
87) 이소아밀 아세테이트(Isoamyl acetate; 123-92-2)
88) 이소아밀 알코올(Isoamyl alcohol; 123-51-3)
89) 이소프로필 아세테이트(Isopropyl acetate; 108-21-4)
90) 이소프로필 알코올(Isopropyl alcohol; 67-63-0)
91) 이황화탄소(Carbon disulfide; 75-15-0)
92) 크레졸(Cresol; 1319-77-3 등)
93) 크실렌(Xylene; 1330-20-7 등)
94) 2-클로로-1,3-부타디엔(2-Chloro-1,3-butadiene; 126-99-8)
95) 클로로벤젠(Chlorobenzene; 108-90-7)
96) 1,1,2,2-테트라클로로에탄(1,1,2,2-Tetrachloroethane; 79-34-5)
97) 테트라히드로푸란(Tetrahydrofuran; 109-99-9)
98) 톨루엔(Toluene; 108-88-3)
99) 톨루엔-2,4-디이소시아네이트(Toluene-2,4-diisocyanate; 584-84-9 등)
100) 톨루엔-2,6-디이소시아네이트(Toluene-2,6-diisocyanate); 91-08-7 등)
101) 트리에틸아민(Triethylamine; 121-44-8)
102) 트리클로로메탄(Trichloromethane; 67-66-3)
103) 1,1,2-트리클로로에탄(1,1,2-Trichloroethane; 79-00-5)
104) 트리클로로에틸렌(Trichloroethylene; 79-01-6)(특별관리물질)
105) 1,2,3-트리클로로프로판(1,2,3-Trichloropropane; 96-18-4)(특별관리물질)
106) 퍼클로로에틸렌(Perchloroethylene; 127-18-4)(특별관리물질)
107) 페놀(Phenol; 108-95-2)(특별관리물질)

108) 페닐 글리시딜 에테르(Phenyl glycidyl ether; 122-60-1 등)
109) 포름알데히드(Formaldehyde; 50-00-0)(특별관리물질)
110) 프로필렌이민(Propyleneimine; 75-55-8)(특별관리물질)
111) n-프로필 아세테이트(n-Propyl acetate; 109-60-4)
112) 피리딘(Pyridine; 110-86-1)
113) 헥사메틸렌 디이소시아네이트(Hexamethylene diisocyanate; 822-06-0)
114) n-헥산(n-Hexane; 110-54-3)
115) n-헵탄(n-Heptane; 142-82-5)
116) 황산 디메틸(Dimethyl sulfate; 77-78-1)(특별관리물질)
117) 히드라진[302-01-2] 및 그 수화물(Hydrazine and its hydrates)(특별관리물질)
118) 1)부터 117)까지의 물질을 중량비율 1%[N,N-디메틸아세트아미드(특별관리물질), 디메틸포름아미드(특별관리물질), 2-메톡시에탄올(특별관리물질), 2-메톡시에틸 아세테이트(특별관리물질), 1-브로모프로판(특별관리물질), 2-브로모프로판(특별관리물질), 2-에톡시에탄올(특별관리물질), 2-에톡시에틸 아세테이트(특별관리물질) 및 페놀(특별관리물질)은 0.3%, 그 밖의 특별관리물질은 0.1%] 이상 함유한 혼합물

2. 금속류(24종)

1) 구리[7440-50-8] 및 그 화합물(Copper and its compounds)
2) 납[7439-92-1] 및 그 무기화합물(Lead and its inorganic compounds)(특별관리물질)
3) 니켈[7440-02-0] 및 그 무기화합물, 니켈 카르보닐(Nickel and its inorganic compounds, Nickel carbonyl)(불용성화합물만 특별관리물질)
4) 망간[7439-96-5] 및 그 무기화합물(Manganese and its inorganic compounds)
5) 바륨[7440-39-3] 및 그 가용성 화합물(Barium and its soluble compounds)
6) 백금[7440-06-4] 및 그 화합물(Platinum and its compounds)
7) 산화마그네슘(Magnesium oxide; 1309-48-4)
8) 셀레늄[7782-49-2] 및 그 화합물(Selenium and its compounds)
9) 수은[7439-97-6] 및 그 화합물(Mercury and its compounds)(특별관리물질. 다만, 아릴화합물 및 알킬화합물은 특별관리물질에서 제외한다)
10) 아연[7440-66-6] 및 그 화합물(Zinc and its compounds)
11) 안티몬[7440-36-0] 및 그 화합물(Antimony and its compounds)
(삼산화안티몬만 특별관리물질)

12) 알루미늄[7429-90-5] 및 그 화합물(Aluminum and its compounds)
13) 오산화바나듐(Vanadium pentoxide; 1314-62-1)
14) 요오드[7553-56-2] 및 요오드화물(Iodine and iodides)
15) 은[7440-22-4] 및 그 화합물(Silver and its compounds)
16) 이산화티타늄(Titanium dioxide; 13463-67-7)
17) 인듐[7440-74-6] 및 그 화합물(Indium and its compounds)
18) 주석[7440-31-5] 및 그 화합물(Tin and its compounds)
19) 지르코늄[7440-67-7] 및 그 화합물(Zirconium and its compounds)
20) 철[7439-89-6] 및 그 화합물(Iron and its compounds)
21) 카드뮴[7440-43-9] 및 그 화합물(Cadmium and its compounds)(특별관리물질)
22) 코발트[7440-48-4] 및 그 무기화합물(Cobalt and its inorganic compounds)
23) 크롬[7440-47-3] 및 그 화합물(Chromium and its compounds)(6가크롬 화합물만 특별관리물질)
24) 텅스텐[7440-33-7] 및 그 화합물(Tungsten and its compounds)
25) 1)부터 24)까지의 물질을 중량비율 1%[납 및 그 무기화합물(특별관리물질), 수은 및 그 화합물(특별관리물질. 다만, 아릴화합물 및 알킬화합물은 특별관리물질에서 제외한다)은 0.3%, 그 밖의 특별관리물질은 0.1%] 이상 함유한 혼합물

3. 산·알칼리류(17종)

1) 개미산(Formic acid; 64-18-6)
2) 과산화수소(Hydrogen peroxide; 7722-84-1)
3) 무수 초산(Acetic anhydride; 108-24-7)
4) 불화수소(Hydrogen fluoride; 7664-39-3)
5) 브롬화수소(Hydrogen bromide; 10035-10-6)
6) 수산화 나트륨(Sodium hydroxide; 1310-73-2)
7) 수산화 칼륨(Potassium hydroxide; 1310-58-3)
8) 시안화 나트륨(Sodium cyanide; 143-33-9)
9) 시안화 칼륨(Potassium cyanide; 151-50-8)
10) 시안화 칼슘(Calcium cyanide; 592-01-8)
11) 아크릴산(Acrylic acid; 79-10-7)
12) 염화수소(Hydrogen chloride; 7647-01-0)

13) 인산(Phosphoric acid; 7664-38-2)
14) 질산(Nitric acid; 7697-37-2)
15) 초산(Acetic acid; 64-19-7)
16) 트리클로로아세트산(Trichloroacetic acid; 76-03-9)
17) 황산(Sulfuric acid; 7664-93-9)(pH 2.0 이하인 강산은 특별관리물질)
18) 1)부터 17)까지의 물질을 중량비율 1%(특별관리물질은 0.1%) 이상 함유한 혼합물

4. 가스 상태 물질류(15종)

1) 불소(Fluorine; 7782-41-4)
2) 브롬(Bromine; 7726-95-6)
3) 산화에틸렌(Ethylene oxide; 75-21-8)(특별관리물질)
4) 삼수소화 비소(Arsine; 7784-42-1)
5) 시안화 수소(Hydrogen cyanide; 74-90-8)
6) 암모니아(Ammonia; 7664-41-7 등)
7) 염소(Chlorine; 7782-50-5)
8) 오존(Ozone; 10028-15-6)
9) 이산화질소(nitrogen dioxide; 10102-44-0)
10) 이산화황(Sulfur dioxide; 7446-09-5)
11) 일산화질소(Nitric oxide; 10102-43-9)
12) 일산화탄소(Carbon monoxide; 630-08-0)
13) 포스겐(Phosgene; 75-44-5)
14) 포스핀(Phosphine; 7803-51-2)
15) 황화수소(Hydrogen sulfide; 7783-06-4)
16) 1)부터 15)까지의 물질을 중량비율 1%(특별관리물질은 0.1%) 이상 함유한 혼합물

비고 : ‘등’이란 해당 화학물질에 이성질체 등 동일 속성을 가지는 2개 이상의 화합물이 존재할 수 있는 경우를 말한다.

1) 관리대상 유해물질의 설비 기준

① 사업주는 근로자가 실내작업장에서 관리대상 유해물질을 취급하는 업무에 종사하는 경우 그 작업장에 관리대상 유해물질의 가스·증기 또는 분진의 발산원을 밀폐하는 설비 또는 국소배기장치를 설치하여야 한다. 다만, 분말상태의 관리대상 유해물질을 습기가 있는 상태에서 취급하는 경우는 그러하지 아니하다.

② 관리대상 유해물질을 취급하는 실내작업장의 바닥에 불침투성의 재료를 사용하고 청소하기 쉬운 구조로 하여야 한다.

③ 관리대상 유해물질의 접촉설비를 녹슬지 않는 재료로 만드는 등 부식을 방지하기 위하여 필요한 조치를 하여야 한다.

④ 관리대상 유해물질 취급설비의 뚜껑·플랜지(flange)·밸브 및 콕(cock) 등의 접합부에 대하여 관리대상 유해물질이 새지 않도록 개스킷(gasket)을 사용하는 등 누출을 방지하기 위하여 필요한 조치를 하여야 한다.

⑤ 관리대상 유해물질 중 금속류, 산·알칼리류, 가스상태 물질류를 1일 평균 합계 100 L(기체인 경우는 해당 기체의 용적 1 m^3를 2 L로 환산한다) 이상 취급하는 사업장에서 해당 물질이 샐 우려가 있는 경우에 경보설비를 설치하거나 경보용 기구를 갖추어 두어야 한다. 또한, 사업장에 관리대상 유해물질 등이 새는 경우에 대비하여 그 물질을 제거하기 위한 약제·기구 또는 설비를 갖추거나 설치하여야 한다.

⑥ 관리대상 유해물질 취급설비 중 발열반응 등 이상화학반응에 의하여 관리대상 유해물질이 샐 우려가 있는 설비에 대하여 원재료의 공급을 막거나 불활성가스와 냉각용수 등을 공급하기 위한 장치를 설치하는 등 필요한 조치를 하여야 한다.

2) 관리대상 유해물질의 작업방법

사업주는 관리대상 유해물질 취급설비나 그 부속설비를 사용하는 작업을 하는 경우에 관리대상 유해물질이 새지 않도록 다음 각 호의 사항에 관한 작업수칙을 정하여 이에 따라 작업하도록 하여야 한다.

① 밸브·콕 등의 조작(관리대상 유해물질을 내보내는 경우에만 해당한다)

② 냉각장치, 가열장치, 교반장치 및 압축장치의 조작

③ 계측장치와 제어장치의 감시·조정

④ 안전밸브, 긴급 차단장치, 자동경보장치 및 그 밖의 안전장치의 조정
⑤ 뚜껑·플랜지·밸브 및 콕 등 접합부가 새는지 점검
⑥ 시료(試料)의 채취
⑦ 관리대상 유해물질 취급설비의 재가동 시 작업방법
⑧ 이상사태가 발생한 경우의 응급조치
⑨ 그 밖에 관리대상 유해물질이 새지 않도록 하는 조치

근로자가 관리대상 유해물질이 들어 있던 탱크 등을 개조·수리 또는 청소를 하거나 해당 설비나 탱크 등의 내부에 들어가서 작업하는 경우에 다음 각 호의 조치를 하여야 한다.

⑩ 관리대상 유해물질에 관하여 필요한 지식을 가진 사람이 해당 작업을 지휘하도록 할 것
⑪ 관리대상 유해물질이 들어올 우려가 없는 경우에는 작업을 하는 설비의 개구부를 모두 개방할 것
⑫ 근로자의 신체가 관리대상 유해물질에 의하여 오염된 경우나 작업이 끝난 경우에는 즉시 몸을 씻게 할 것
⑬ 비상시에 작업설비 내부의 근로자를 즉시 대피시키거나 구조하기 위한 기구와 그 밖의 설비를 갖추어 둘 것
⑭ 작업을 하는 설비의 내부에 대하여 작업 전에 관리대상 유해물질의 농도를 측정하거나 그 밖의 방법에 따라 근로자가 건강에 장해를 입을 우려가 있는지를 확인할 것
⑮ 설비 내부에 관리대상 유해물질이 있는 경우에는 설비 내부를 환기장치로 충분히 환기시킬 것
⑯ 유기화합물을 넣었던 탱크에 대하여 제1호부터 제6호까지의 규정에 따른 조치 외에 작업 시작 전에 다음 각 목의 조치를 할 것
   - 유기화합물이 탱크로부터 배출된 후 탱크 내부에 재유입되지 않도록 할 것
   - 물이나 수증기 등으로 탱크 내부를 씻은 후 그 씻은 물이나 수증기 등을 탱크로부터 배출시킬 것
   - 탱크 용적의 3배 이상의 공기를 채웠다가 내보내거나 탱크에 물을 가득 채웠다가 배출시킬 것

관리대상 유해물질을 취급하는 근로자에게 다음 각 호의 어느 하나에 해당하는 상황이 발생하여 관리대상 유해물질에 의한 중독이 발생할 우려가 있을 경우에 즉시 작업을 중지하고 근로자를 그 장소에서 대피시켜야 한다.

⑰ 해당 관리대상 유해물질을 취급하는 장소의 환기를 위하여 설치한 환기장치의 고장으로

그 기능이 저하되거나 상실된 경우

⑱ 해당 관리대상 유해물질을 취급하는 장소의 내부가 관리대상 유해물질에 의하여 오염되거나 관리대상 유해물질이 새는 경우

3) 특별관리물질의 취급일지와 고지

① 관리대상 유해물질 중 특별관리물질을 취급하는 경우에 물질명·사용량 및 작업내용 등이 포함된 특별관리물질 취급일지를 작성하여 갖추어 두어야 한다.

② 특별관리물질을 취급하는 경우에는 그 물질이 특별관리물질이라는 사실과 발암성 물질, 생식세포 변이원성 물질 또는 생식독성 물질 등 중 어느 것에 해당하는지에 관한 내용을 게시판 등을 통하여 근로자에게 알려야 한다.

4) 관리대상 유해물질 관리

① 사업주는 관리대상 유해물질을 취급하는 작업장의 보기 쉬운 장소에 다음 각 호의 사항을 게시하여야 한다.

- 관리대상 유해물질의 명칭
- 인체에 미치는 영향
- 취급상 주의사항
- 착용하여야 할 보호구
- 응급조치와 긴급 방재 요령

② 관리대상 유해물질을 운반하거나 저장하는 경우에 그 물질이 새거나 발산될 우려가 없는 뚜껑 또는 마개가 있는 튼튼한 용기를 사용하거나 단단하게 포장을 하여야 하며, 그 저장 장소에는 다음 각 호의 조치를 하여야 한다.

- 관계 근로자가 아닌 사람의 출입을 금지하는 표시를 할 것
- 관리대상 유해물질의 증기를 실외로 배출시키는 설비를 설치할 것

③ 관리대상 유해물질의 운반·저장 등을 위하여 사용한 용기 또는 포장을 밀폐하거나 실외의 일정한 장소를 지정하여 보관하여야 한다.

④ 관리대상 유해물질을 취급하는 실내작업장, 휴게실 또는 식당 등에 관리대상 유해물질로 인한 오염을 제거하기 위하여 청소 등을 하여야 한다.

⑤ 관리대상 유해물질을 취급하는 실내작업장에 관계 근로자가 아닌 사람의 출입을 금지하고, 그 내용을 보기 쉬운 장소에 게시하여야 한다. 다만, 관리대상 유해물질 중 금속류, 산·알칼리류, 가스상태 물질류를 1일 평균 합계 100 L(기체인 경우에는 그 기체의 부피 1 m^3를 2 L로 환산한다) 미만을 취급하는 작업장은 그러하지 아니하다.

⑥ 사업주는 관리대상 유해물질이나 이에 따라 오염된 물질은 일정한 장소를 정하여 폐기·저장 등을 하여야 하며, 그 장소에는 관계 근로자가 아닌 사람의 출입을 금지하고, 그 내용을 보기 쉬운 장소에 게시하여야 한다.

⑦ 관리대상 유해물질을 취급하는 실내작업장에서 근로자가 담배를 피우거나 음식물을 먹지 않도록 하여야 하며, 그 내용을 보기 쉬운 장소에 게시하여야 한다.

⑧ 근로자가 관리대상 유해물질을 취급하는 작업을 하는 경우에 세면·목욕·세탁 및 건조를 위한 시설을 설치하고 필요한 용품과 용구를 갖추어 두어야 한다.

⑨ 관리대상 유해물질을 취급하는 작업에 근로자를 종사하도록 하는 경우에 근로자를 작업에 배치하기 전에 다음 각 호의 사항을 근로자에게 알려야 한다.

- 관리대상 유해물질의 명칭 및 물리적·화학적 특성
- 인체에 미치는 영향과 증상
- 취급상의 주의사항

연습문제

01. 물질안전보건자료(MSDS) 작성 및 제출 제도에 관해서 설명하시오.

02. 유해인자의 유해성·위험성 분류기준에 대해 설명하시오.

03. 혼합물 전체로서 시험된 자료가 없을 경우, 유사 혼합물의 분류자료 등을 통하여 혼합물의 분류방법을 설명하시오.

04. 물리적위험성 중 자기반응성물질과 자기발열성 물질을 비교하여 설명하시오.

05. 건강유해성 중 CMR 물질을 설명하시오.

06. 경고표지에 관해 설명하시오.

07. 물질안전보건자료 구성 내용 16가지를 기술하시오.

08. 물질안전보건자료의 비공개 승인(영업비밀)에 대해 설명하시오.

09. PSM 제출대상 업종을 기술하시오.

10. 유해·위험물질 규정량 중 인화성 가스와 인화성 액체의 정의에 대해서 설명하시오.

11. 공정안전보고서의 주요 내용 4가지에 대해서 논술하시오.

12. 공정안전보고서의 심사 확인 절차에 대해서 기술하시오.

13. 관리대상 유해물질의 설비 기준을 설명하시오.

14. 특별관리물질의 취급일지와 고지방법에 대해 설명하시오.

15. 관리대상 유해물질 관리방법에 대해 설명하시오.

CHAPTER

02

화학공장의 위험과 안전

학습목표

1. 화학공장의 특성 및 위험관리를 학습한다.
2. 반응공정별 위험요인을 파악한다.
3. 안전을 고려한 공정장치 설계대책을 이해한다.

1 화학공장의 위험과 안전

1.1 화학공장의 특성 및 위험관리

1) 특성

화학공장에서는 대부분 유해한 화학물질을 저장·취급 및 제조하고 있고 이러한 물질을 취급하는 근로자들은 위험물질의 특성이나 제조 공정의 확실한 이해를 하지 못한다면 위험은 상시적으로 존재하고 있다고 볼 수 있다. 이러한 위험은 공장 내의 작업자에게 한정되는 경우도 있겠지만 화학물질의 특성상 누출이나 화재, 폭발로 이어진다면 공장인근의 지역사회 또는 환경에도 심각한 영향을 끼치게 된다.

2) 위험의 관리

화학공장은 설비나 공정 등 여러 곳에 잠재된 위험이 크므로 단순한 관리만으로는 위험을 통제하는 것이 쉽지 않다. 따라서 회사의 경영방침으로 다뤄져야 하며 위험관리의 접근방법은 다음과 같다.

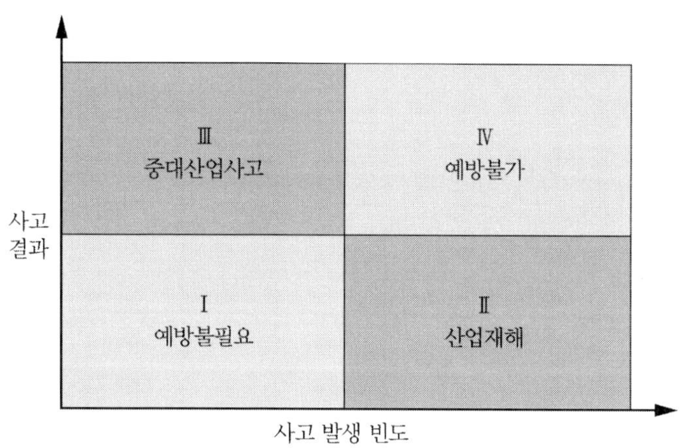

그림 2.1 화학공장의 위험관리

(1) 위험의 회피(Risk avoidance)

화학공장의 위험을 관리하는 데 있어서 사고 발생빈도와 그 영향이 큰 〈그림 2.1〉에서 Ⅳ범위에 속하는 화학공장은 사업 초기부터 지속여부를 심각하게 고려해야 하고 위험성을 허용가능범위로 줄일 수 없다면 사업 자체를 포기하는 것이 첫 번째 방법이다.

(2) 위험의 감수(Risk retainment)

〈그림 2.1〉에서 Ⅰ에 해당하는 영역으로 사고의 발생빈도나 그 영향이 그리 크지 않아 화학공장의 가동으로 인한 이 정도의 위험은 감수할 수 있다는 의미이다.

(3) 위험의 최소화(Risk reduction)

어느 정도의 위험을 감수하더라도 기업의 안전한 이윤을 추구하기 위하여 사고 발생빈도를 최소화하거나 사고가 발생했을 경우 이로 인한 피해를 최소화 하는 활동이 위험의 최소화이다.

〈그림 2.1〉에서 Ⅱ와 Ⅲ의 범주라고 할 수 있는데 Ⅱ의 영역은 사고의 빈도는 비록 크지만 그로 인한 영향은 그다지 크지 않은 산업재해가 속하고 영역 Ⅲ은 사고 발생빈도가 작지만 그 영향은 막대한 인적, 물적 손실을 수반하는 중대산업사고의 범주에 속하는 사고이다. 이러한 Ⅱ와 Ⅲ의 영역은 빈도를 줄이려는 노력과 사고의 영향을 최소화할 수 있는 방호장치 및 안전거리 등 기본적인 완화시스템을 구축해야 한다.

(4) 위험의 전가(Risk transfer)

아무리 위험을 최소화하고 완벽한 방호시스템을 구축한다고 하더라도 사고 발생이나 영향을 “0(Zero)”으로 할 수 없다. 이러한 위험을 제3자에게 전가하는 방법으로 보험에 가입하는 것이다. 위험을 전가하는 범위에도 인적 피해를 위한 산재보상보험이 있고 물적, 조업 등 손실에 대비한 손해보험 등이 있다.

1.2 화학공장의 위험요인

1) 취급물질의 위험요인

화학공장에서는 취급하는 대부분의 화학물질은 유해·위험할 뿐 아니라 사고 시 환경오염 및 광범위한 피해가 발생할 수 있다. 일반적으로 화학공장에서 취급하고 있는 물질의 위험성은 다음과 같다.

(1) 인화성 물질

① 점화원이 존재하는 경우, 인화성 물질은 플래쉬 화재(Flash fire), 제트 화재(Jet fire), 액면화재(Pool fire), 또는 화구(Fire ball)를 유발 할 수 있으며, 공장건물은 화재에 의한 복사열에 노출되어 건물 구조상 약화될 수 있는 위험성을 가질 수 있다.

② 인화성 물질은 대기 중에서 증기운 혼합물을 형성할 수 있으며, 지연 점화가 발생하면 증기운 폭발이 발생할 수 있다. 폭발의 등급, 노출된 건물의 위치 및 특정 구조에 따라 위험의 정도가 달라질 수 있다.

(2) 독성물질

① 취급하는 물질이 독성물질인 경우 작업자에게 장·단기적으로 치명적인 해를 끼칠 수 있다.

② 독성물질의 확산 특성, 누출 조건, 그리고 독성의 정도 등 독성의 잠재적 영향이 파악되어야 한다.

③ 산업안전보건법에서는 독성물질을 급성독성물질, 생식독성물질, 특정 표적장기 독성물질(1회 노출), 특정 표적장기 독성물질(반복 노출)로 구분하고 있다.

(3) 기타 공정 물질

① 일부 공정 물질은 폭주반응 또는 화학적·열적 분해를 일으키는 잠재적 위험을 일으킬 수 있다.

② 이들 물질이 포함하는 사건은 작업자 및 인근 지역주민에 대해 폭발영향, 독성누출, 화재, 그리고 비산물에 대한 잠재적 위험성을 갖는다.

2) 공정조건의 위험요인

반응공정의 조건에 여러 가지 위험요인이 있다.

(1) 고압

고압 압축가스를 포함하는 용기의 결함은 가스의 폭발적 팽창의 피해 영향을 가져올 수 있으며, 위험한 폭풍파(Blast wave)를 형성한다.

(2) 고온

고비점 액체와 저비점 액체의 급격한 혼합은 저비점 액체의 증기폭발을 유발할 수 있다. 예로, 뜨거운 오일을 포함하는 용기에 물의 첨가 또는 물에 용융금속의 주입은 폭발적인 수증기의 부피증가로 위험한 폭발을 일으킬 수 있다.

(3) 고온 고압

대기 끓는점 이상 온도에서 저장된 액체는 용기 결함에 의해 감압되면 일시에 다량의 증기가 발생하여 폭발한다(BLEVE). 압축가스 용기가 파열하여 급격한 압력변화가 일어나면 가스가 팽창하여 폭풍파를 형성하고, 점화원이 존재한다면 가연성 물질은 화구(Fire ball)를 발생시킬 수 있다.

3) 사고 영향 인자

사고의 형태 또는 잠재적 영향을 결정하는 인자는 다음과 같다.

(1) 공정 물질의 고유 특성

인화성, 연소범위, 증기의 확산 특성, 화염의 전파 특성 등의 변수

(2) 누출 조건

온도, 압력, 누출 속도 및 시간, 누출 위치 등의 공정 특성

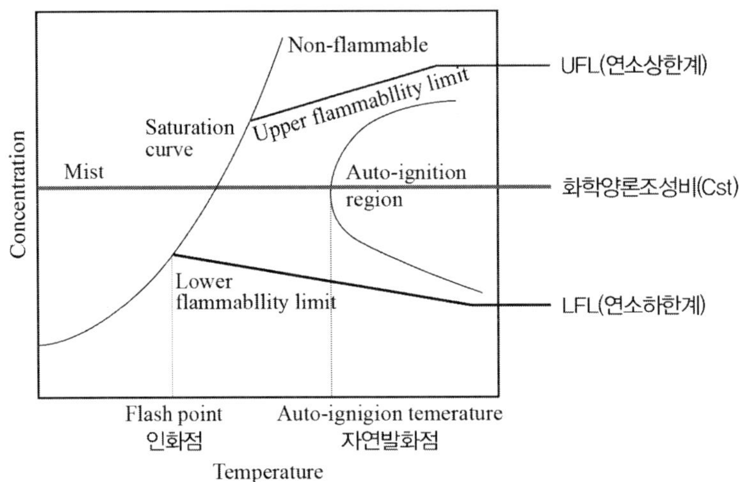

그림 2.2 물질의 연소범위도

(3) 기타 현장 특정 조건

공기와의 사전 혼합 정도, 연소할 동안 생성된 난류, 누출조건, 기상상태, 그리고 누출지역의 물리적 배치 등

(4) 공정 설계와 통제

공정 정체량의 크기와 잠재적 감소, 공정 통제, 공정 알람과 인터록, 정지시스템, 완화시스템 등

(5) 비상 대응

자동 정지 및 배출과 같은 비상대응, 공정개입, 대피, 비상 팀 대응

(6) 공정안전관리시스템(PSM)

2 반응공정별 위험요인

2.1 정밀화학제품의 반응공정

1) 개요

정밀화학제품의 생산 공정은 일반적으로 원료물질을 반응기 내부로 투입 후 일정한 반응단계를 거쳐 원하는 새로운 화학물질을 얻는 일종의 생산 과정이라고 볼 수 있다. 이러한 반응공정은 단순히 액체나 고체의 원료물질을 투입하는 공정에서부터 화학반응단계, 증류나 추출, 고액 분리, 여과, 건조, 충진, 분쇄 등 다양한 공정이 있고 이러한 공정 단계마다 위험요인이 존재하고 있다.

2) 공정 Mechanism

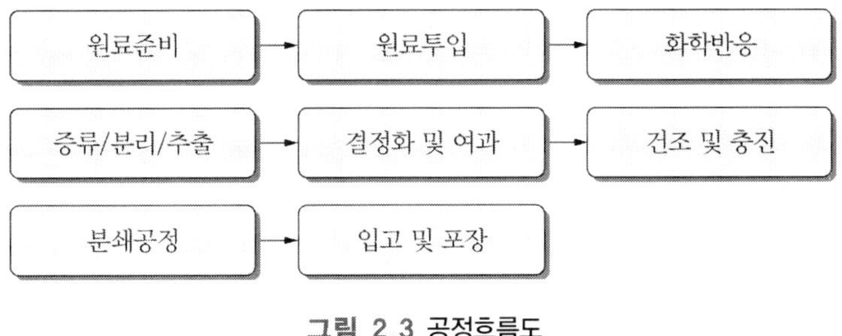

그림 2.3 공정흐름도

2.2 공정별 위험요인

1) 원료투입 공정

(1) 화학공장에서의 화학반응은 보통 액상의 유기용제에 고체의 화학물질을 용해시켜 액상에서 반응을 진행시킨 후 최종적으로 고체로 결정화 후 고체의 화합물로 생산해내는 공정으로 진행하고 있다.

(2) 반응기에 액상의 유기용제 투입 후 고체 분말을 투입하는 공정에서 폭발이나 화재의 위

험요인이 존재하고 있다.

(3) 화재나 폭발의 위험은 가연물, 산소, 점화원의 존재하는 곳에 상시적으로 존재하며, 원료 투입공정에서 위험한 유기용제(가연물)와 공기(산소)가 있는 상태에서 정전기에 따른 점화원이나 금속의 접촉에 의한 스파크, 밸브나 용기 덮개의 급격한 개폐 등에 의한 단열압축 등이 점화원으로 작용하여 화재나 폭발로 이어질 수 있고 실제 사고로 이어진 사례도 다수 있다.

(4) 점화원으로 작용할 수 있는 정전기 발생 위험 부분

① 원료 이송 배관에서의 액체 흐름에 따른 마찰 정전기

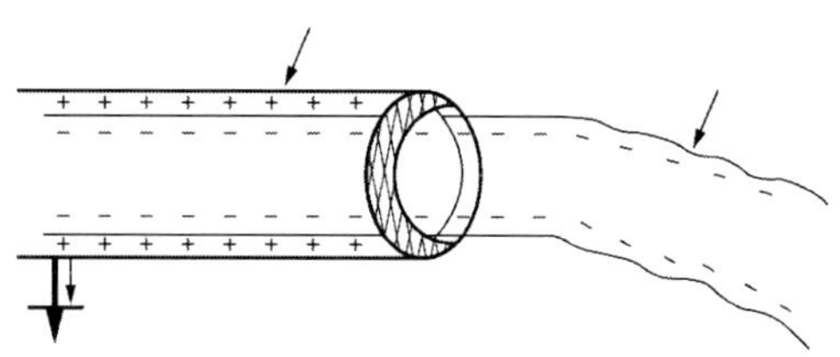

그림 2.4 유속에 의한 마찰대전

② 반응기 상부에서 투입되는 원료의 낙차에 따른 정전기

보통 반응기 구조상 공급되는 액체 원료는 반응기 상부의 맨홀이나 플랜지를 통해 상부의 투입구를 통해 공급된다. 중소형 반응기라도 상부에서 하부까지 떨어지는 낙차에 의해 대전되는 정전기의 위험도 무시할 수 없는 요인이다.

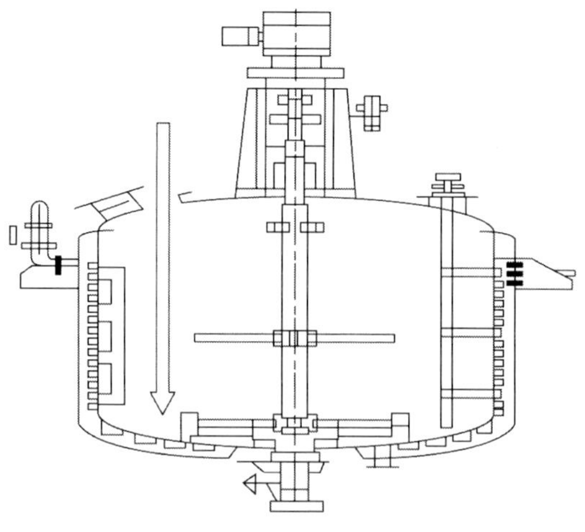

그림 2.5 낙차에 의한 정전기

③ 교반에 의한 정전기 발생

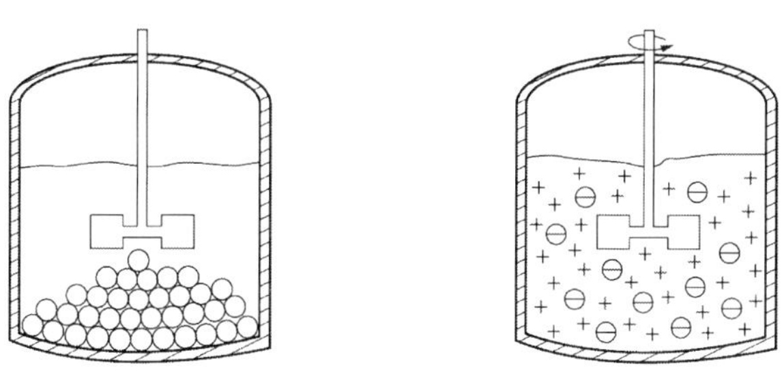

그림 2.6 교반에 따른 정전기

④ 분말 원료투입 시 포장재와 분리에 의한 정전기

반응기에 고체 원료투입 시 포장재와 분말 원료 간의 마찰에 의한 정전기도 무시할 수 없는 위험요인이다.

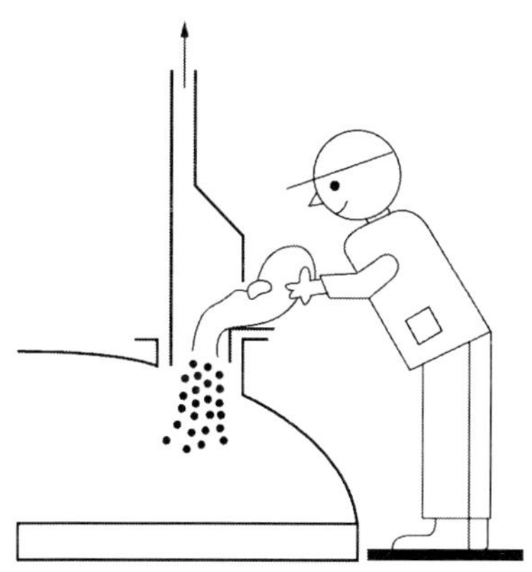

그림 2.7 포장재와 분리에 의한 정전기

⑤ 원료투입공정 사고사례

- 에틸아세테이트(Ethyl-acetate), 교반기(A)에 접지된 스테인리스 깔때기(Funnel : F)
- 용량 약 60 L 정도의 금속제 드럼통(D)에 유기성 가루
- 작업자는 나무단상(W) 위에서 작업을 진행. 작업이 끝나갈 무렵 깔때기 부근에서 폭발
- 에틸아세테이트 인화점 : -4℃

- 깔때기 부근 : 폭발성 분위기 조성 가능
- 전도도가 아주 낮은 보통 신발(S) : 지면에 대한 저항 약 1 MΩ
- 나무단상의 지면에 대한 저항 ; 약 200 MΩ
- 정전용량 : 약 160 pF(C)
- 사용된 가루의 저항률 : 1 MΩ · m 이상
- 대전전위 : 약 3 kV~5 kV(V)
- 발생에너지(W) : 0.76 mJ (대전전위 : 3 kV)
- 에틸아세테이트의 최소점화에너지 : 0.46 mJ
- 점화접 : 깔때기 모서리

$$W = \frac{1}{2}CV^2\,(\mathrm{J})$$

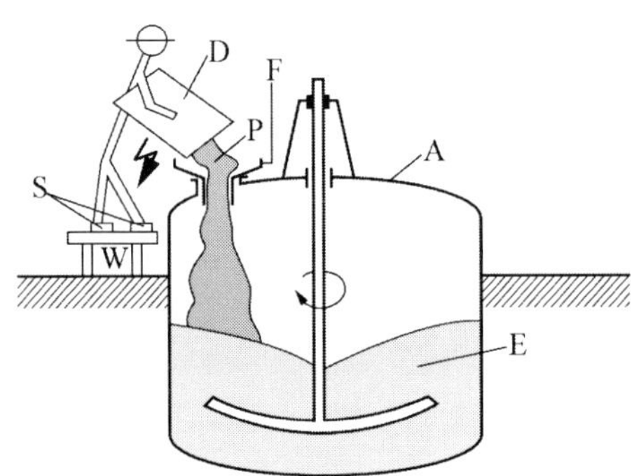

그림 2.8 고체분말투입 공정

2) 반응공정

(1) 반응공정에서는 물질 간의 폭발적인 반응으로 인한 열적 불안정, 온도 상승에 따른 압력 상승, 압력상승에 따른 폭발·화재 등의 위험이 따른다.

(2) 보통 반응물질이나 속도 및 온도제어 등이 정상적으로 통제되지 못했을 때 발생한다.

(3) 사용하는 화학물질의 고유한 특성이 파악되어 있어야 하고 그에 맞는 반응경로에 맞춰 안전성이 고려되어야 한다.

(4) 반응공정 중 발생할 수 있는 폭주반응의 위험성은 반응별로 파악되어 있어야 하며 폭주반응을 제어할 수 있는 냉각시스템과 방호할 수 있는 릴리프 시스템이 갖춰져 있어야 한다.

(5) 반응 열량계를 통한 폭주반응 위험성을 등급별로 파악할 수 있다.

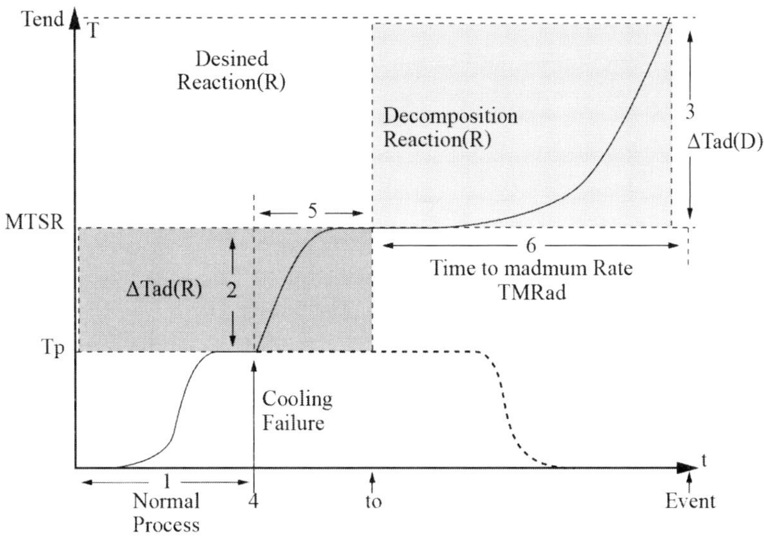

그림 2.9 냉각실패에 다른 온도변화

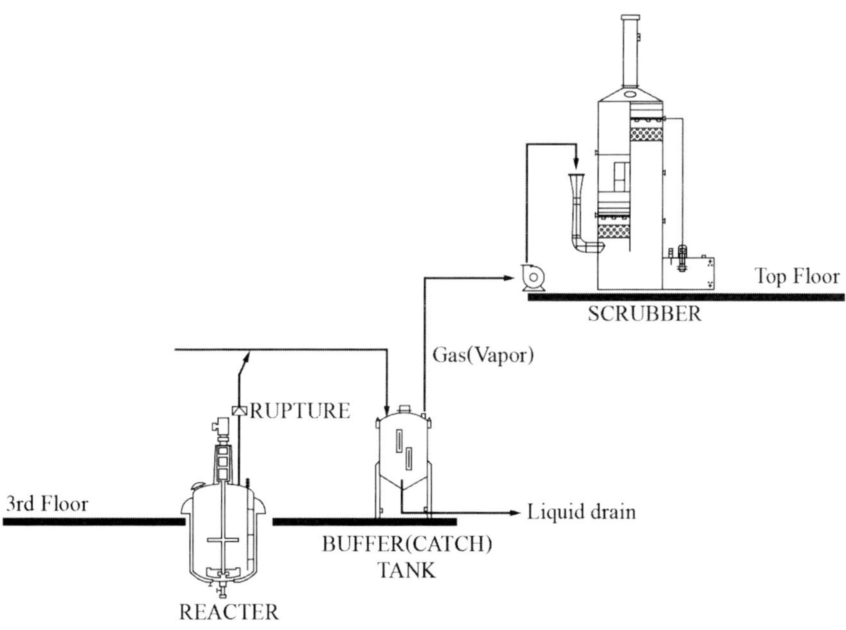

그림 2.10 긴급배출 시스템(예)

(6) 냉각시스템의 고장으로 인한 폭주반응의 위험성에 대비하여 비상시에 냉각할 수 있는 시스템을 구축한다.

(7) 폭주반응을 제거하는 조치나 기술적인 예방조치를 취했음에도 불구하고 일어난다면 피해를 최소화하는 방호시스템을 구축해야 한다.

(8) 긴급배출 시스템은 취급물질에 따라 차이는 있지만 반응기의 압력 방호장치에서 누출된 기·액상의 물질을 Knock-out drum 혹은 Catch tank에서 포집하고 이 물질을 기체는 Scrubber에서 처리하고 액상의 물질은 별도로 회수나 폐기를 하는 장치이다.

3) 여과 / 추출 공정

(1) 여과 / 추출 공정은 반응 후, 혹은 반응 중 필요에 따라 생성된 결정을 고·액 분리하거나 액체와 액체를 비중의 차이를 이용하여 분리하는 공정으로 공기 중에서 유기용제를 취급하는 공정으로 용제에서 발생되는 가연성 증기로 인한 증기운 화재의 위험이 있다.

(2) 여과나 추출 공정에서 점화원으로 작용할 수 있는 위험 요소는 주변 전기적인 장치의 오류, 반응물 충진 호스의 정전기 방전, 유증기 자체에서 발생하는 정전현상 등이 있다.

(3) 이러한 정전기적 위험이나 전기설비로 인한 위험은 확실한 접지로 인한 위험성 감소시키고 방폭 전기설비를 사용으로 본질적인 대책을 강구해야 한다.

(4) 작업자의 인체대전의 위험성 감소를 위하여 위험작업 시 제전복 또는 제전화를 착용한다.

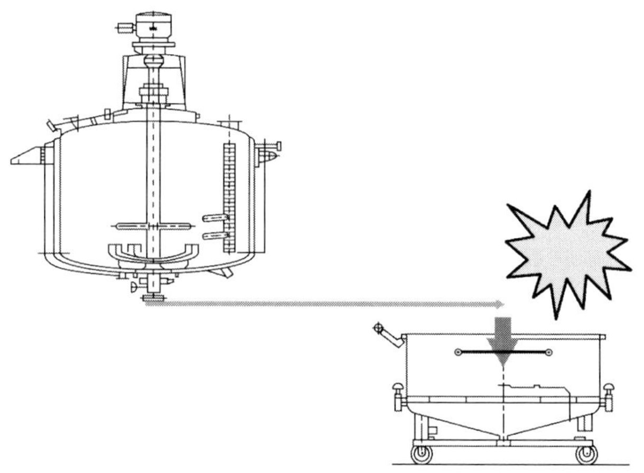

그림 2.11 여과 / 추출 공정

4) 건조 공정

(1) 건조공정에서의 위험요인은 주로 계장기기의 오작동이나 작업자의 잘못된 판단으로 인한 계기 입력 오류 등에 의한 물리적인 폭발이 대부분 차지하고 있다.
(2) 건조시스템은 단일한 기기나 설비로 운영되는 것이 아니라 온도를 조절하는 제어장치로 열매체 펌프나 냉각시스템, 진공시스템, 가압시스템 등 복합적인 설비의 작동으로 가동되고 있다.
(3) 이러한 복잡한 설비 제어장치의 자체 오류나 휴먼에러에 의한 오작동이 위험요인으로 작용하고 있다.

5) 충진/분쇄 공정

(1) 생산된 고체의 물질은 필요에 따라 일정한 크기의 입도를 위해 분쇄공정을 거친다. 제품을 충진하고 분쇄하는 공정에서 분진을 취급하다 보면 일정한 크기의 입자가 공기와 적절한 혼합이 이루어질 때 분진의 가연성 혼합기를 형성하여 분진폭발의 위험요인이 될 수 있다.
(2) 입자를 미세하게 분쇄를 하면 표면적이 비약적으로 커지며 위험성이 증가한다(보통 400~500 μm 미세입자에서 위험성 증대).
(3) 분진폭발 과정
① 분진표면의 에너지 생성으로 온도 상승

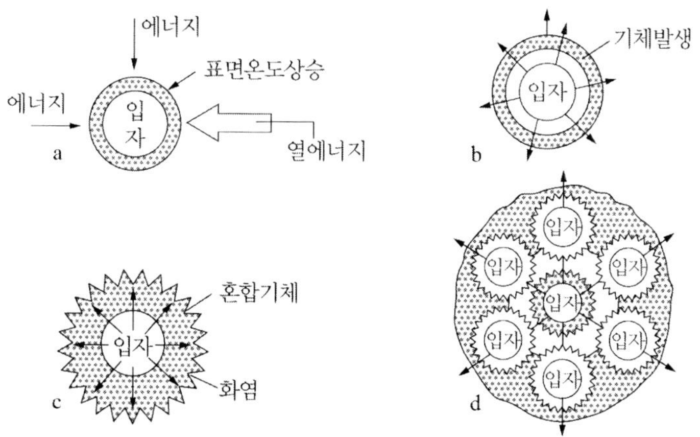

그림 2.12 분진폭발과정

② 분진입자에서 기체가 발생하면서 가연성가스 형성

③ 가연성가스와 공기와 혼합 후 가연성 혼합기 형성

④ 외부의 점화원에 의해 발화 후 화염확산

⑤ 밀폐계에서는 폭발로 이어지고 상대적으로 큰 분진입자가 2,3차 폭발로 이어진다.

(4) 분진폭발 위험 방지

① 분쇄실이나 건조실 내부의 분진축적 금지

② 분진취급 시 부유분진 최소화 → 집진기 사용(접지 필수)

③ 분쇄실 내 적정 습도 유지

④ 분쇄기 가동부는 방폭형으로 하고 열이 발생하는 부분은 냉각장치를 설치하고 필요에 따라 위험지역에 불활성 가스를 주입할 수 있는 장치를 설치한다.

⑤ 분쇄기 본체는 접지를 하고 분쇄물의 금속이물 혼입을 방지할 수 있는 장치를 설치한다.

⑥ 건조실이나 분쇄실은 항상 일일점검이나 정기점검을 통해 청결하게 유지되어야 한다.

3 안전을 고려한 공정장치 설계

3.1 용기

이 부분에서는 용기에 대한 고장 매커니즘을 제시하고 이러한 고장과 관련된 위험을 감소시키기 위한 설계 대안을 제안한다. 이 부분에서는 다루는 용기의 유형은 다음과 같다.

① 공정 내 용기(서지 드럼, 축압기, 분리기 등)

② 가압 탱크(구, 수평 실린더형)

③ 상압, 고정된 지붕 저장탱크(원추, 돔 지붕)

④ 상압 저장탱크(원추형, 내부 지붕 부유식, 지붕 부유식)

표 2.1 용기에 대한 설계 대책 및 일반적인 고장 시나리오

No.	사고	결과	잠재적 설계 대책		
			본질적 안전 / 수동적	능동적	절차적
압력					
일반적 적용 - 고압 (모든 고압 시나리오에 적용)			• 최대허용압력, 공급압력, 상류 측 압력에 대해 설계된 용기	• 압력방출장치 • 안전한 위치로 압력을 배출하는 BPCS 루프 • 공급원을 분리시키는 인터록 • 용기 유입 분리 또는 높은 압력에 대해 용기로의 유입 분리와 펌프를 중단시켜 유입을 막는 인터록 • 안전한 위치로 개방하는 압력제어 밸브(플레이)	• 고압 경보에 대한 작업자 대응
일반적 적용 - 저압 (모든 저압 시나리오에 적용)			• 최대 진공에 대해 설계된 용기(완전진공등급)	• 진공방출시스템 • 진공을 최소화하기 위한 압력제어 • 저압에서 용기를 분리하기 위한 인터록	• 저압 경보에 대응하는 운전자
1	• 고압유틸리티시스템의 개방	• 압력 증가 가능성	• 고압 유틸리티의 연결을 방지하기 위한 호환되지 않는 유틸리티 연결기 • 용기의 압력 등급을 상회하는 어떤 유틸리티도 연결하지 않음		• 유틸리티 연결 표시 • 운전 전 압력을 확인하기 위한 절차서 및 훈련
2	• 용기 증기 공간의 가연성 대기	• 화재 / 폭발을 야기하는 증기공간의 결과로 증기 공간의 점화 가능성	• 고정된 지붕탱크 대신에 지붕부유식 탱크(절차적 참조) • 점화원 제어(예 : 낙뢰보호, 영구 접지 / 접합, dip tube 비 - 스플래시 충전 라인 유동제한, 또는 바닥 유입구) • 폭연 과압에 대비하여 설계된 용기	• 폭발배기(예 : 고정된 지붕탱크에서 부서지기 쉬운 지붕) • 증기 공간 농도 제어 • 증기 공간 불활성화 • 비상 퍼지 및 가연성 대기 검지 시 작동되는 차단	• 산소 분석계 및 알람 • 번개를 동반한 폭풍 상황 시 물질 전달을 하지 않는 절차서 및 훈련 • 스플래시 충전을 피하기 위해 낮은 속도로 공급선이 잠길 때까지 빈 탱크에 공급하기 위한 절차서 및 훈련

No.	사고	결과	잠재적 설계 대책		
			본질적 안전 / 수동적	능동적	절차적
3	• 불충분한 또는 막힌 환기구	• 압력 증가 가능성	• 배출구 차단밸브 최소화 • 막힐 가능성 제거 또는 줄이기 위한 배출구 크기 • 이물질 입구를 피하기 위한 환기구 스크린	• 응축과 응고를 방지하기 위한 환기구의 열전 보호	• Seal과 Lock을 이용하여 밸브를 개방상태로 고정하기 위한 훈련 및 절차서 • 배출 개구부에 장애물이 없는지 정기적으로 검사하기 위한 훈련 및 절차서 • 충전 작업 전 배출구가 열렸는지 확인하기 위한 훈련 및 절차서
4	• 증기압이 높은 물질로 오염	• 압력 증가 가능성	• 물질의 의도하지 않은 혼합을 방지하기 위한 호환불가능한 연결기	• 폭발 배기(예를 들면, 고정된 옥상 탱크에 대한 부서지기 쉬운 지붕)	• 블라인딩, 리무벌 스풀, 단선 등에 의해 휘발성 물질의 분리를 위한 훈련 및 절차서
5	• 롤오버 또는 계층화된 층의 붕괴	• 압력 증가 가능성 또는 계층화 된 층의 제어되지 않는 빠른 반응	• 예비혼합을 위한 용기 외부의 인라인 혼합기 • 탱크 성층화를 방지하기 위해 설계된 탱크 충전 시스템(예 : 위로부터의 스프래시 충전)	• 기계적 교반 또는 재순환 • 용기 내용물 혼합을 위한 재순환 루프	• 성층화를 방지하기 위한 훈련과 절차 작성
6	• 상류 공정 제어의 고장으로 인한 증기 발생 또는 충전 액체의 기화	• 압력 증가 가능성	• 적절한 크기의 제어 밸브 • 압력상승을 제한하기 위한 RO(Restriction orifice)	• 높거나 낮은 액위에 대한 인터록 • 낮은 액위에서 인터록된 상류용기의 추가 액위 측정기	• 고압경보에 대응하는 운전자 • 낮은 액위로 인한 사고에 대응하는 훈련과 절차서
7	• 증기상 성분의 제어되지 않는 응축/흡수	• 진공 증가 가능성	• 단열재 용기 • 대기로 개방된 환기구	• 밀폐된 단지 • 알람 및 인터록과 연동된 온도 제어기	• 물질의 첨가율과 온도를 모니터링하는 훈련과 절차서 • 운전자가 저압경보에 대응
8	• 냉동 / 냉장 저장 시 증기 회수 시스템의 제어 및 장치 고장	• 진공 증가 가능성	• 냉동기 정전 시를 대비한 추가 단열	• 예비 압축기를 자동적으로 작동시킬 고압 인터록	• 고압 인지 시 보조 압축기를 운전자가 작동시키기 위한 절차서 및 훈련

<table>
<tr><th rowspan="2">No.</th><th rowspan="2">사고</th><th rowspan="2">결과</th><th colspan="3">잠재적 설계 대책</th></tr>
<tr><th>본질적 안전 / 수동적</th><th>능동적</th><th>절차적</th></tr>
<tr><td>9</td><td>• 높은 습도, 저압에서 환기구 / 밀봉 부의 동결(상압 탱크 근처)</td><td>• 액위 상승에 의한 고압 가능성, 액위 감소에 의한 진공 가능성</td><td>•</td><td>• 밀폐 배수관과 탱크 환기구에 대한 동결 방지</td><td>• 추운 날씨 시 운전자에 의한 육안 검사에 대한 절차서 및 훈련</td></tr>
<tr><td colspan="6">유량</td></tr>
<tr><td colspan="3">일반적 적용 : 더 많은 유량(모든 더 많은 유량 시나리오에 적용)</td><td></td><td>• 고 유량 시 작동되는 공급라인 인터록</td><td>• 운전자가 고 유량 경보에 대응
• 운전자가 높은 액위의 경보에 대응
• 최대 안전 값에 유량을 제한하는 절차서 및 훈련
• 과도한 충전 속도를 방지하고 충전 속도를 모니터링하기 위한 절차서 및 훈련</td></tr>
<tr><td>10</td><td>• 과도한 충전 속도</td><td>• 용기 내 액위 및 압력 증가 가능성
• 정전기 축적 가능성, 화재 / 폭발 가능성</td><td>• RO를 통한 유체 흐름 제한
• 용기와 운송라인의 접지 및 접합
• 정전기 비 생성 물질</td><td>• 인터록과 연동되는 압력제어기</td><td>• 스플래시 충전을 방지하고 저속으로 충전라인이 잠길 때까지 빈 탱크에 공급하기 위한 절차서 및 훈련</td></tr>
<tr><td>11</td><td>• 내부 가열 / 냉각 코일 누출 또는 파열</td><td>• 용기 내용물과 반응 가능성</td><td>• 전기 가열
• 외부 가열기 / 냉각기(재킷)
• 용기 내용물이 반응하지 않는 가열 / 냉각 매체
• 보다 낮은 압력에서 가열 / 냉각 매체</td><td>• 용기로의 누출을 방지하기 위한 외부 가열 / 냉각 순환의 배압 제어
• 고온고압 경보기 및 반응 종료제 / 희석제 / 억제제의 추가</td><td>•</td></tr>
<tr><td>12</td><td>• 과도한 배출 속도</td><td>• 진공 가능성, 물질 누출 가능성</td><td>• 진공에 견딜 수 있게 설계된 용기
• 라인에 유량의 흐름 제한 오리피스</td><td>• 진공 완화</td><td>• 운전자가 고 유량 경보에 대응</td></tr>
</table>

No.	사고	결과	잠재적 설계 대책		
			본질적 안전 / 수동적	능동적	절차적
13	• 액체 주입 중 정전기 스파크 방전	• 화재 / 폭발 가능성	• 정전기 축적을 최소화하기 위한 침액파이프 • 용기의 접지와 접합 • 정전기 비 생성 물질 • 용기의 바닥으로부터 주입	• 주입 이전 용기의 자동적인 이너팅	• 접지 및 용기와 컨테이너의 접합을 위한 절차서 및 훈련 • 액체 주입 이전에 용기의 수동 이너팅 절차서 및 훈련 • 비전도성 컨테이너의 사용을 방지하기 위한 절차서 및 훈련
온도					
일반적 적용 : 고온(모든 고온 시나리오에 적용 가능)			• 최대 예상 온도를 견디게끔 설계된 용기	• 고온 경보장치와 열매체를 분리하는 인터록	• 운전자가 고온 경보에 대응
일반적 적용 : 고온(모든 저온 시나리오에 적용 가능)			• 최저 예상 온도를 견딜 수 있게 설계된 용기	• 저온 경보장치 및 인터록	• 운전자가 저온 경보에 대응
14	• 외부 화재	• 용기 안의 압력과 온도 증가 가능성	• 지하 매장 혹은 둑으로 탱크 묻기(환경문제를 고려) • 화재안전밸브 • 내화 단열재(한계 열 입력) • 화재 영향을 받는 영역 외부에 위치 • 누출을 먼 곳으로 강제 유입시키기 위한 경사지 설계 • 이차피해를 최소화하기 위한 탱크와 탱크 사이 분리	• 화재 감지 시 격리 밸브의 자동 잠금 • 인화성 기체, 화염, 연기 감지 장치에 의해 작동되는 덜루지 시스템 및 발포(폼) 시스템 • 외부 화재 시나리오에 대비한 방출 밸브 크기	• 비상 대응 계획 • 비상 대응 팀 • 덜루지 및 발포(폼) 시스템의 수동적 활성화를 위한 절차서 및 훈련 • 용기와 탱크 구역에 가연성 물질을 제한하기 위한 절차서 및 훈련
15	• 단열재 화재	• 용기 내부의 온도와 압력 증가 가능성	• Closed-cell 단열재 • 액체탄화수소로 단열재가 젖을 가능성이 있는 곳의 밀봉 차단	• 인화성 기체, 화염, 연기 감지 장치에 의해 작동되는 덜루지 시스템 및 발포(폼) 시스템 • 외부 화재 시나리오에 대비한 방출 밸브 크기	• 비상 대응 계획 • 비상 대응 팀 • 덜루지 및 발포(폼) 시스템의 수동적 활성화를 위한 절차서 및 훈련 • 용기와 탱크 구역에 가연성 물질을 제한하기 위한 절차서 및 훈련

No.	사고	결과	잠재적 설계 대책		
			본질적 안전 / 수동적	능동적	절차적
16	• 과도한 열 유입 또는 냉각 손실	• 압력 증가로 인한 제어되지 않는 열폭주 반응 개시 가능성	• 열매체의 온도 제어(예 : 스팀 대신 뜨거운 물 사용)	• 고온에서 반응중단제 추가	
17	• 과도한 기계 교반	• 예기치 못한 화학반응을 야기하는 온도 증가 가능성	• 교반기 모터 제한 또는 재순환 펌프 파워 제한 • 열 손실을 허용하는 단열되지 않는 용기	• 고온 감지에 모터 중단	• 고온 인지 시 모터를 끄기 위한 절차서 및 훈련
액위					
• 일반적 적용 : 고 액위(모든 고 액위 시나리오에 적용가능)			• 강제유입 원격으로 배수장치 또는 방류벽 • 안전한 위치로 보내기 위한 과충전 시 배관 충진 라인	• 고액위의 경보와 자동 공급 차단 / 격리	• 운전자에게 고액위의 경보에 대응 • 물질이동 중 액위를 모니터링하기 위한 절차서 및 훈련 • 액위가 특정 지점에 도달할 때 공급을 차단하는 절차서 및 훈련 • 물질이동 전 탱크가 충분한 여유가 있는지 확인하기 위한 절차서 및 훈련
일반적 적용 : 저 액위(모든 저 액위 시나리오에 적용가능)			• 중력을 이용한 공급 또는 런 드라이 타입 펌프	• 운송 펌프에 자동적으로 정지하기 위한 연동장치를 낮은 수준의 경보	• 운전자의 저 액위 경보에 대한 대응
18	• 액체 • 과충전	• 환기구 헤더, 유틸리티 헤더와 기타 연결 장치의 오염 가능성	• 독립적인 환기 경로		
19	• 폐쇄된 레벨 액위제어벨브 고장 후 잠김 고장	• 용기 내부 액위 증가 가능성	• 폐 루프 충전		

No.	사고	결과	잠재적 설계 대책		
			본질적 안전 / 수동적	능동적	절차적
20	• 저 액위(부유 지붕형 탱크)	• 내부 레그에 앉은 부유 지붕 가능성, 탱크 증기 공간에 가연성 대기의 점화 가능성	• 탱크 내 최소 액위를 유지하기 위한 언더플로우 노즐의 위치	• 부유 지붕과 탱크의 접합	• 정기적으로 탱크 액위를 모니터링하기 위한 절차서 및 훈련
21	• 오버플로우 라인 / 벤트 라인 용량을 넘치는 충전 속도	• 고 액위로 인한 과압 가능성(오버플로우 라인의 벤트라인으로의 홍수 및 배압으로 인한 탱크 압력 등급 초과)	• 최대의 충전 속도에 대비한 오버플로우 크기(벤트 라인과 오버플로우 라인 분리)	• 오버플로우 지점 아래 고 액위 인터록	
장치고장					
22	• 용기 아래 토양의 침하	• 용기 손상 가능성	• 탱크의 기초 설계와 시공(파일링 및 토양 압축)		• 탱크 침하 인지 시 운전자가 대응하기 위한 훈련 및 절차 작성 • 누출 검출 시험
23	• 지붕 상단의 눈 또는 물 또는 지붕 / 부교의 부식으로 인한 부유 지붕 강하	• 밀폐 고장 가능성	• 부상 지붕의 부식 방지 물질 선택 • 이중 갑판 또는 부교 부상 지붕 • 부상 지붕을 보호하기 위해 고정된 지붕 • 내부 레그 또는 아래쪽 제한 정지 장치		• 비상대응절차 • 주기적으로 지붕의 배수를 위한 훈련 및 절차서 • 부교의 점검과 수리를 위한 훈련 및 절차서
24	• 교반기 고장	• 잘 혼합되지 않은 결과로 생성물의 질 저하	• 호환 / 상호 용해성 물질 • 탱크에 유입 전 외부에서 인라인 혼합	• 공급 유량을 중단하기 위한 교반기 모니터링 및 인터록 • 자동적 백업 펌프 • 교반기 날개의 움직임을 모니터하기 위한 탱크 내부의 센서	• 백업 펌프의 수동 활성화를 위한 훈련 및 절차 작성 • 교반기 손실의 검출에 공급유량 수동 차단을 위한 훈련 및 절차서

No.	사고	결과	잠재적 설계 대책		
			본질적 안전 / 수동적	능동적	절차적
25	• 탱크 라이닝 고장	• 탱크 벽 / 바닥의 빠른 부식의 가능성, 탱크 고장의 가능성	• 저장된 물질과 적합한 구성 물질(온도 고려 포함) • 방식이 되는 보조적 개념의 2차 탱크		

3.2 반응기

표 2.2 반응기에 대한 설계 대책과 일반적인 고장 시나리오

No.	사고	결과	잠재적 설계 대책		
			본질적 안전 / 수동적	능동적	절차적
폭주반응					
일반적 적용 (모든 폭주반응 시나리오에 적용 가능)			• 최대 예상 온도와 압력에 대해 설계된 반응기	• 비상 방출장치 • 하단배출밸브를 자동으로 열어 희석제, 정지제가 있는 덤프탱크 또는 비상수용공간으로 내용물 방출 • 반응기에 직접적으로 희석제, 정지제 자동 첨가(효과적인 혼합과 함께) • 예상치 못한 반응진행 감지 시 자동 공급 중단(예 : 비정상적인 열 균형, 고 / 저 압, 고 / 저온) • 폐수시스템으로 압력 자동배출	• 높은 온도와 압력 경보에 운전자가 대응 • 희석제, 정지제가 있는 덤프탱크 또는 비상수용공간으로 내용물을 방출키 위한 하단배출밸브를 수동 작동시키는 절차서 및 훈련 • 반응기에 직접적으로 희석제, 정지제를 수동적으로 첨가하기 위한 절차서 및 훈련 • 예상치 못한 반응진행 감지 시 공급 라인 차단밸브(들)의 수동폐쇄에 대한 절차서 및 훈련(예 : 비정상 열평형)
1	• 촉매 과충전 • (회분식, 반회분식, 플러그흐름 반응기)	• 폭주 반응 가능성	• 필요한 촉매 양만을 보유할 수 있는 크기의 전용 충전탱크 • 촉매 변화에 덜 민감한 반응기 선택	• 유량 계산기에 의해 촉매를 제한적으로 첨가 • 고액위 인터록 / 촉매의 양을 제한하는	• 촉매의 농도와 양에 관한 절차서 및 훈련(형태와 양을 중복확인하기 위해 필요한 촉매 양을 계획하는 사람과 요구된 양을 첨가하는 사람

No.	사고	결과	잠재적 설계 대책		
			본질적 안전 / 수동적	능동적	절차적
					등 두 명 고려) • 사전에 촉매의 중량을 측정하기 위한 중간장소에 대한 절차서 및 훈련
2	• 너무 빠른 반응물 첨가(회분식, 반회분식 반응기)	• 폭주 반응 가능성	• 안전한 공급 속도 한계 이내로 제한된 공급 시스템(예 : 액체 유량 오리피스 또는 고체에 대해 스크루 공급기)	• 안전 한계 내 공급 속도를 제한하기 위해 공급 시스템을 자동적으로 제어	• 속도가 초과되거나 열과 관련된 사건 발생 경우 감속하거나 충전을 중단하기 위한 절차서 및 훈련
3	• 잘못된 반응물 또는 벗어난 사양의 혼합물 첨가	• 폭주 반응 가능성	• 하나의 제품 제조를 위한 전용 공급 탱크와 반응기 • 전용호스 사용 및 호환되지 않는 연결기 • 상호 연결의 제거	• 정확한 물질의 바코드가 스캔될 때 까지 충전 밸브 또는 펌프 작동을 방지하는 소프트웨어 제어	• 반응물에 대한 전용 저장 / 하역시설 • 반응물 특징과 확인을 이중으로 검사하는 것에 대한 절차서 및 훈련 • 첨가하기 전에 물질(바코드스캔)을 확인하기 위한 절차서 및 훈련
4	• 과잉 및 잘못된 촉매	• 폭주 반응 가능성	• 촉매를 사전 희석 또는 사전 조절		• 사용 전에 새로운 촉매를 부동태화하기 위한 절차서 및 훈련 • 촉매 활성도 검사와 확인검증을 위한 절차서 및 훈련
5	• 비활성 및 잘못된 촉매	• 지연된 폭주 반응 가능성			• 촉매 활성도 검사와 확인검증을 위한 절차서 및 훈련
6	• 잘못된 순서로 첨가된 반응물(회분식 및 반회분식)	• 폭주 반응 가능성		• 잘못된 순서 검시 시 반응물 첨가중지 인터록 • 프로그램 논리제어기를 통해 순서 제어	• 잘못된 순서 검지 시 공급의 분리를 수동적으로 하기위한 절차서 및 훈련
7	• 역방향으로 흐르는 반응기 내용물	• 폭주 반응 가능성	• 공급용기의 최소작동 압력 이하로 설정된 반응기에 부착된 비상방출장치와 함께 반응기보다 높이 위치한 공급용기 • 원심 펌프 대신에 용적 공급 펌프	• 공급유량이 낮거나 없거나 공급라인에서 역전된 압력 검지 시 차단 밸브(들)의 자동 폐쇄 • 공급라인의 체크 밸브(들) • 공급 용기 또는 공급 라인에 비상방출장치	

No.	사고	결과	잠재적 설계 대책		
			본질적 안전 / 수동적	능동적	절차적
8	• 냉각 손실	• 폭주 반응 가능성	• 발열 반응을 수용할 수 있도록 자연 순환하는 냉각제의 충분한 비축	• 냉각제 저유량 및 저압 시 혹은 반응기의 고온 감지 시 이차냉각매체 자동주입(예 : 수도물, 화재용수, 끓어넘치는 냉각을 위한 오버헤드 컨덴서로의 배출	• 이차냉각 시스템 활성화를 수동으로 하기위한 절차 서 및 훈련
9	• 교반손실(회분식, 반회분식과 CSTR 반응기)	• 폭주 반응 가능성	• 최대로 예상되는 압력을 수용하도록 설계된 용기 • 대안의 교반방법(예 : 외부 순환은 증기 공간에서 점화원인 shaft seal 제거)	• 반응물, 촉매 공급차단 또는 비상 냉각의 공급을 위하여 교반기회전 또는 전력소비와 연동된 인터록 • 비상방출장치 • 증기공간의 불활성화 • seal 주위에 격납장치를 두고 질소완충 제공 • 하단배출밸브를 자동으로 열어 희석제, 정지제가 있는 덤프탱크 또는 비상수용공간으로 내용물을 방출시키는 압력 / 온도 센서 • 정전 시 모터를 위한 예비 전원 공급장치	• 정기적으로 기계적인 seal 을 시각적으로 체크하기 위한 절차서 및 훈련 • 하단배출밸브를 수동으로 열어 희석제, 정지제가 있는 덤프탱크 또는 비상수용공간으로 내용물 방출시키는 절차서 및 훈련 • 혼합 효과를 위해 반응기 액체에 수동적으로 불활성기체를 주입
10	• 반응기에 주입 전 불완전한 혼합	• 폭주 반응 가능성	• 반응기 전 고정적 혼합기	•	• 운전자가 공급 시작 전 단량체 유화제 를 채취하고 그 샘플이 정해진 시간동안 교반없이 안정적인지 관찰하는 것에 대한 절차서 및 훈련
11	• 과도한 가열	• 폭주 반응 가능성	• 가열 매체의 온도 제한	• 비상 냉각의 자동적인 활성화	• 과도하거나 조절되지 않는 가열에 의해 주 제어 밸브 고장 사고 시 백업 열매체 밸브를 잠그기 위한 절차서 및 훈련 • 상승 속도를 제한하기 위한 절차서 및 훈련

No.	사고	결과	잠재적 설계 대책		
			본질적 안전 / 수동적	능동적	절차적
12	• 촉매에서 촉발하는 열점(연속 packed bed-충전층 또는 packed -tube 충전튜브 반응기)	• 폭주 반응 가능성	• 다른 반응기 설계(예 : 유동층반응기) • channeling문제를 최소화하기위한 유량 분배 트레이 • 잘못된 분배를 줄이기 위한 다양한 소구경의 bed • 체류시간을 줄이고(부분 산화반응기) 자연발화를 막기 위한 용기 헤드공간 부피의 최소화	• 희석제로의 자동 전환	• 적외선탐지 장치 또는 기타 검지로 외벽 온도의 모니터링을 위한 절차서 및 훈련 • 촉매 충전의 균일성을 보장하는 충전튜브를 위한 절차서 및 훈련
13	• 가열 / 냉각 매체의 누출	• 폭주 반응 가능성	• 공정유체와 반응하지 않는 열매체 • 공정압력보다 낮은 열전달 루프 압력 • 열전달을 위하여 내부 코일보다 덮개로 설계 • 향상된 야금		• 공정유체의 오염여부의 정기적인 확인을 위한 절차서 및 훈련 • 작동 전 덮개, 코일 또는 열 교환기의 누설 및 압력을 테스트하기 위한 절차서 및 훈련 • Liner를 연속성계기로 테스트하기 위한 절차서 및 훈련
14	• 불충분한 체류 시간	• 불완전한 반응으로 후속 공정(반응기 또는 하류의 용기)에서 예상치 못한 반응으로 이어질 가능성	• 공급 펌프의 최대 유량을 제한하기 위한 공급 라인의 유량 제한 오리피스	• 연속적인 반응기 내용물 모니터링에 기반한 자동 공급차단	• 연속적인 반응기 내용물 모니터링에 기반하여 공급차단을 수동으로 하기위한 절차 서 및 훈련 • 물질을 수동으로 운송하기 전 샘플링을 하기 위한 절차서 및 훈련
15	• 촉매 내 불순물(흡착기)	• 폭주 반응에 대한 가능성		• 배출시키거나 반응을 중단하기 위한 자동 제어 • 재생을 위해 bed를 바꾸기 위한 자동 제어	• bed의 고온경보 시 운전자 대응 • 용기에 탑재 전 흡착제 시험에 대한 절차서 및 훈련 • 공정물질과 흡착제 호환성의 확인을 위한 절차서 및 훈련

3.3 물질 전달 장치

이 부분은 물질 전달 장치의 잠재적 고장 메커니즘을 제공하고 관련된 위험을 감소시키기 위한 설계 대안을 제시한다. 이 부분에서 다루는 물질 전달 작동의 유형은 다음과 같다.

① 흡수
② 흡착
③ 추출
④ 증류
⑤ 스크러빙
⑥ 스트립핑
⑦ 세척

이 부분은 물질전달 장치의 고유한 고장 모드만 제공한다. 표 2.1에 제시된 대부분 일반적인 고장 모드는 물질전달에 사용되는 용기에 적용될 수 있다. 물질전달 장치 고장은 또한 관련 보조 기기에 열전달 과정에서 장애가 발생할 수 있다. 열전달 장치에 관련된 일반적인 고장 시나리오는 표 2.4에 나타내었다.

특별히 언급하지 않는 한 고장 시나리오는 물질전달 장치의 하나 이상 등급에 적용된다.

표 2.3 물질 전달 장치에 대한 설계 대책과 일반적인 고장 시나리오

No.	사고	결과	잠재적 설계 대책		
			본질적 안전 / 수동적	능동적	절차적
압력					
일반적 적용 : 고압 (모든 고압 시나리오에 적용)			• 최대 예상 온도와 압력에 대해 설계된 반응기	• 비상 배출 장치 • 고압일 때 • 자동적으로 종료	• 차압 표시에 대한 작업자 대응 • 고압 경보에 대한 작업자 대응 • 비정상적 전력소비 시 수동으로 종료시키기 위한 절차서 및 훈련
일반적 적용 : 저압 (모든 저압 시나리오에 적용)			• 진공을 견딜 수 있게 설계된 용기	• 진공배출시스템 • 진공손실 시 자동분리 및 불활성가스로 장비를 퍼징	• 저압 경보에 대한 작업자 대응 • 진공 차단을 위한 기체를 수동으로 추가하는 것에 대한 절차서 및 훈련

No.	사고	결과	잠재적 설계 대책		
			본질적 안전 / 수동적	능동적	절차적
1	• 내부구조물로 인한 막힘	• 압력증가 가능성	• 내부구조물이 라인 내부로 들어가는 것을 막기 위한 큰 표면적을 가진 스크린 • 내부구조물의 이동을 최소화하기 위해 설계된 지지 설비 및 억제 설비		• 높은 압력차이의 경보에 대한 작업자 대응 • 장치 내부구조물 손상을 방지하기 위해 장치의 적절한 작동에 관한 절차서 및 훈련
2	• 패킹 / 트레이의 막힘	• 압력증가 가능성	• 막힘이나 부착물을 최소화하도록 설계되거나 선택된 내부구조 • 내부구조없이 설계된 용기(예 : 스프레이 타워)		• 부착된 물질을 제거하기 위한 온라인(가동중) 세척에 대한 절차서 및 훈련
3	• 진공 손실	• 온도 증가로 인한 기 / 액 분리 가능성		• 반응억제제의 연속 주입 • 컬럼에 질소를 자동적으로 공급	• 억제제 농도를 주기적으로 시험하기 위한 절차서 및 훈련
4	• 진공 상태에서 작동하는 장치로 공기 유입	• 과압 가능성, 화재 가능성		• 높은 산소 농도검지 시 불활성 가스를 자동주입하기 위한 산소 분석기	• 높은 산소 농도검지를 위한 산소분석기 및 경보 후 불활성기체를 수동으로 주입하는 것에 대한 절차서 및 훈련 • 가동 전 누출(유입)에 대한 압력 체크하기 위한 절차서 및 훈련
5	• 제어되지 않는 응축	• 진공 및 누출 가능성		• 진공을 최소화하기 위하여 블랭킷가스를 자동주입하기 위한 압력 제어 시스템	• 모니터링 및 질소 또는 다른 방법을 이용한 진공해소에 대한 절차서 및 훈련
			흐름		
6	• 흡착기를 통한 좋지 못한 증기 흐름 분포	• 열점에 대한 가능성	• 흡착기 단면적 최소화 • 베드에서 흐름 편재를 방지하기 위해 설계된 용기 분배기	• 베드온도와 특정위치의 부산물에 대한 지속적인 모니터링 및 가동중지 인터록과 함께 / 또는 별도로 고온 시 불활성화 / 플러딩	• 베드온도와부산물을 모니터링하고 적절한 조치(예 : 불활성화 / 플러딩)를 취하기 위한 절차서 훈련 • 설계에서의 계산대로 좋은 분배의 범위를설정하기 위한고 / 저 흐름 한계

No.	사고	결과	잠재적 설계 대책		
			본질적 안전 / 수동적	능동적	절차적
7	• 과도한 증기 흐름	• 원하지 않는 위치에 액체의 이월 가능성	• 적절한 기액 분리에 대해 설계된 용기(예 : 낮은 표면증기 속도) • 서리제거기, 사이클론, 또는 다른 장치를 통한 액체 제거	• 증기스트림의 액체 제거, 예 : 자동으로 레벨 제어를 하는 넉아웃드럼 • 차압 표시 및 증기흐름의 자동 감소	• 차압 표시 및 증기 흐름을 줄이기 위한 절차서 및 훈련
8	• 분별 증류기 내 반응물질의 축적(증류 컬럼)	• 폭주 반응 가능성	• 반응성 물질을 피하기 위한 공급 원료의 변화	• 온라인(가동 중) 액위, 온도, 조성의 측정과 반응성 물질을 측면으로 자동배출	• 온라인(가동 중) 액위, 온도, 조성의 측정과 반응성 물질을 수동 제거에 대한 절차서 및 훈련
9	• 부족하거나 과도한 분류 증류	• 야금학적 한계를 넘어서는 조성으로 인한 외부 부식 가능성	• 최악으로 상정되는 조성에 대해 적합한 야금	• 가동 중 측정(예 : 부식 조사, 스트림 분석, 온도)과 자동 운전 조정	• 가동 중 측정(예 : 부식 조사, 스트림 분석, 온도)과 수동적 운전 조정을 위한 절차서 및 훈련
온도					
일반적 적용 : 고온 (모든 고온 시나리오에 대한 적용 가능)			• 최대로 예상되는 온도를 견디게끔 설계된 용기	• 높은 베드 온도의 검지 시 공급을 중단시키는 인터록	• 재생 후 공정복구와 냉각을 위한 절차서 및 훈련 • 고온 경보에 대한 작업자 대응
일반적인 적용 : 저온 (모든 저온 시나리오에 대한 적용 가능)			• 최저로 예상되는 온도를 견디게끔 설계된 용기		• 저온 경보에 대한 작업자 대응
일반적 적용 : 고액위 (모든 높은 액위 시나리오에 적용가능)			• 신뢰도 높은 레벨 장치	• 높은 액위의 검지 시 공급을 중단시키는 인터록	• 높은 액위 경보에 대한 작업자 대응
일반적 적용 : 저액위 (모든 낮은 액위 시나리오에 적용가능)			• 신뢰도 높은 레벨 장치	• 낮은 액위의 검지 시 유출을 중단시키는 인터록	• 낮은 액위 경보에 대한 작업자 대응
10	• 경계면 액위 제어 실패(추출기)	• 불필요한 물질이 다운스트림으로 옮겨질 가능성	• 오버플로우 레그 또는 둑.댐.보로 경계면 액위 조절	• 용기로부터 더 이상의 액체 유출을 방지를 위한 고/저 경계면 액위 경보 및 중단	• 용기 경계면 액위를 수동으로 제어하기 위한 절차서 및 훈련
			• 최대 압력을 견디게끔 설계된 다운스트림 장치		

No.	사고	결과	잠재적 설계 대책		
			본질적 안전 / 수동적	능동적	절차적
일반적인 적용 (모든 조성 시나리오에 대한 적용가능)				• 높은 배드 온도 검지 시 공급의 자동 중단 • 고온 검지 시 자동 비상 감압과 함께 / 또는 별도의 플로딩 / 불활성화	• 높은 배드 온도 검지 시 공급을 수동으로 중단하기 위한 절차서 및 훈련 • 고온 검지 시 비상 감압과 함께 / 또는 별도의 플로딩 / 불활성화를 수동으로 하기 위한 절차서 및 훈련
11	• 공기를 포함하는 공정 스트림의 조기 도입(흡착기)	• 패킹 내부 화재 가능성	• 연소 가능성을 최소화하기 위해 선택된 흡착제	• 높은 산소 농도검지 시 불활성 가스를 자동주입하기 위한 산소 분석기	• 높은 산소 농도검지 시 경보와 함께 불활성 가스를 수동으로 주입하기 위한 산소 분석기 • 재생 후 공정 흐름 복원에 대한 절차서 및 훈련
12	• 탄소 배드 흡착기에 입구 스트림에 인화성의 고농도	• 열점에 대한 가능성		• 폭발한계를 벗어나도록 유입스트림을 자동제어 • 고온 검지 시 자동 공급 중단 • 공정 스트림의 불활성화	• 폭발한계를 벗어나도록 유입스트림을 수동으로 제어하는 것에 대한 절차서 및 훈련 • 고온 검지 시 공급을 수동으로 중단하기 위한 절차서 및 훈련
13	• 탄소 베드 흡착기의 낮은 수분 함량	• 열점에 대한 가능성		• 공급 시작 전 베드를 재수화하기 위한 자동 스팀 분사 • 화재 검지 시 자동 딜루지	• 가동 전 흡착제 수분 함량의 검증을 위한 절차서 및 훈련 • 공급 시작 전 베드를 재수화하기 위한 수동으로 스팀을 분사하는 절차서 및 훈련 • 화재 검지 시 수동으로 딜루지를 작동시키는 절차서 및 훈련
14	• 교체하는 동안 패킹 내부 구조 노출	• 자연발화성 물질인 경우 화재 가능성	• 붙지 않는 내부구조로 설계된 용기(예 : 플라스틱 패킹) • 내부 구조가 없도록 설계된 용기(예 : 스프레이 타워)		• 필요한 경우 불활성 대기 하에서 유지 보수를 하기위한 절차서 및 훈련 • 개방 이전 용기를 적절히 워시아웃 / 냉각하

No.	사고	결과	잠재적 설계 대책		
			본질적 안전 / 수동적	능동적	절차적
					는 것에 대한 절차서 및 훈련 • 온도를 모니터링하고 적절한 행동을 위한 절차서 및 훈련 • 개방하기 전 위험을 제거하기 위해 화학적으로 청소하는 것에 대한 절차서 및 훈련
15	• 전처리 되지 않는 흡착기 베드(흡착기)	• 온도 증가로 비효율적인 물질전달 가능성	• 캐리어 가스가 아니고 오직 미량의 오염물질만을 흡착하기 위해 선택된 흡착제(예 : 올레핀 정화)	• 공급 시작 전에 자동 전처리 • 일산화탄소 모니터링(탄소 베드 흡착기) 및 자동 종료 • 공급의 동적인 중지에 대한 멀티포인트 온도 모니터링(고온 흡착기에 대한)	• 수동적인 종료에 대한 일산화탄소 모니터링을 위한 훈련 및 절차 작성 • 공급의 수동적인 종료에 대한 멀티 포인트 온도 모니터링을 위한훈련 및 절차 작성 • 흡착 배드 전처리를 위한 훈련 및 절차 작성

3.4 열전달 장치

이 섹션에서는 열전달 장치의 잠재적인 고장 메커니즘을 제시하고, 이러한 장애와 관련된 위험을 감소시키기 위한 설계 대안을 제시한다.

이 섹션에서 다루는 열 교환기의 종류는 다음과 같다.

① Shell-and-tube exchangers

② Air-cooled exchangers

③ Direct contact exchangers

④ Other types including helical, spiral, plate and frame, wiped film, and carbon block exchangers

이 섹션은 열전달 장치에 한정된 고장 모드에 대하여 설명하고 있다.

용기에 관한 일반적인 고장 시나리오 중 일부는 열전달 장치에 적용할 수 있다.

따라서, 이 부분은 3.1절 용기와 함께 사용되어야 한다.

특별히 언급하지 않는 한, 고장 시나리오는 열전달 장치의 하나 이상의 등급에 적용된다.

표 2.4 열 교환기에 대한 설계 대책과 일반적인 고장 시나리오

No.	사고	결과	잠재적 설계 대책		
			본질적 안전 / 수동적	능동적	절차적
			유량		
일반적 적용 : More Flow (모든 more flow 시나리오에 적용)			• 최대 예상 압력으로 설계된 냉각부, 가열부		• 고유량 또는 고 / 저온 경보 시 운전자 조치 • 냉각부의 유량없음(no flow)을 인식했을 때 수동 격리 또는 열매체의 우회를 위한 절차서 및 훈련
일반적 적용 : No / Less Flow (모든 no / less flow 시나리오에 적용)			• 오염방지 설계(pitch, baffle design 및 교체, 정기적 청소를 위한 설계)		• 저유량 또는 고온 경보 시 운전자 조치
1	• 제어 시스템 고장, 냉각부에서 막힘	• 과열의 유입으로 냉각부의 과압 가능성	• 열교환기에 에어 포켓 장착 • 열매체의 온도 제한	• 압력 방출 장치	• 열교환기가 막히지 않음을 보장하기 위한 절차서와 훈련
2	• 유량 불균형 분배	• 과열로 인한 열점 가능성	• 유량 분배 문제에 덜 민감한 교환기 설계 및 유형 선택		• 베드의 온도프로파일을 통한 불균형 분배 검출을 위한 절차서 및 훈련
			온도		
일반적 적용 : 고온 (모든 고온 시나리오에 적용)			• 대체 열교환기 설계 • 화재 영향 범위 외부에 열교환기 설치 • 내화절연(열의 투입 제한)	• 높은 vent 온도 감지 시 유입 유량의 자동 차단 • 고온상태에서 열원의 자동 차단 • 자동 전원 차단 시 백업 냉각매체 • 가연성 가스, 화염 감지	• 비상조치 계획 • 고온 경보 시 운전자 조치 • 고정된 방화 분무(딜루지) 및 폼 시스템의 수동 활성화를 위한 절차서 및 훈련

No.	사고	결과	잠재적 설계 대책		
			본질적 안전 / 수동적	능동적	절차적
				시 작동되는 고정된 물 분무(덜루지) 또는 폼 시스템 • 고온 감지기 경보 및 열 매체를 차단하는 인터록	• 백업 냉각 장치의 수동 활성화를 위한 절차서 및 훈련
일반적 적용 : 저온 (모든 저온 시나리오에 적용)			• 최소 예상 온도를 수용할 수 있는 기계적 설계	• 저온 감지 시 공급을 차단하는 인터록	• 저온 경보 시 운전자 조치
3	• 열팽창 편차 / 수축(다관원통형 교환기)	• 누출 또는 파열로 인한 저온부의 과압 가능성	• Shell expansion joint, 내부 플로팅 헤드 또는 U자형 튜브 • 다관원통형 외에 spiral, plate, frame식의 대체 교환기 설계 • 열적 스트레스를 피하기 위한 대체 흐름 배열 • 고압부 설계 압력의 10 / 13으로 설계된 저압부(ASME)	• 시작 및 차단 시에 공정 유체 도입의 자동 제어	• 시작 및 차단 시에 순환을 줄이기 위한 공정 유체의 도입을 제어하기 위한 절차서 및 훈련 • 고압 유체 누출에 대한 저압 유체의 정기적 검사 및 분석을 위한 절차서 및 훈련
4	• 갑작스런 주변온도 강하(공냉식 교환기)	• 과도한 열전달률로 인한 물질의 동결 가능성	• 동결의 영향을 최소화하거나 제거할 수 있는 유형의 교환기 선택	• 스팀이나 공기 재순환을 통해 공기를 예열하여 주입 공기의 온도를 자동으로 제어 • 공기흐름 제어(예 : 다양한 pitch / speed fans)	• 주입 온도의 수동 조정 및 모니터링을 위한 절차서 및 훈련
수위					
일반적 적용 : 고액위(재가열기) (모든 고액위 시나리오에 적용)				• 고액위 감지 시 공급 차단을 위한 인터록	• 고액위 경보 시 운전자 조치
일반적 적용 : 저액위(재가열기) (모든 저액위 시나리오에 적용)				• 저액위 감지 시 전원 차단을 위한 인터록	• 저액위 경보 시 운전자 조치
5	• Kettle 기화기 내의 고액위	• 하부 장치로의 캐리오버 가능성	• 액체 분리에 적당한 높이에 설계된 kettle vaporizer		
6	• Kettle 기화기 내의 저액위	• 과열 가능성	• kettle 기화기에 weir(둑) 설치		

No.	사고	결과	잠재적 설계 대책		
			본질적 안전 / 수동적	능동적	절차적
장치 고장					
일반적 적용 (모든 장치 고장 시나리오에 적용)			• 대체 열교환기 설계 • 예상되는 최대 입구 공급 압력 / 속도를 수용하는 기계적 설계(예 : 적절한 분활판 공간) • 가능한 발열반응의 예상 최대 온도 및 압력을 수용하는 기계적 설계	• 긴급 방출 장치 • 저압부에서 고압 감지 시 자동 차단	
7	• 부식 / 침식	• 누출 / 파열로 인한 저압부의 과압 가능성	• 부식저항성(내식) 물질 • 침식을 줄이기 위한 설계 변경(낮은 속도, 입구 분활판) • 이중관 시트 • 부식성이 낮은 열전달 매체 • 고압부 설계압력의 10 / 13으로 설계된 저압부(ASME) • 저압부 return의 개방 • tube-to-tube sheet joints의 밀봉 용접 • 매끄러운(seamless) tube vs. 용접된 tube • 충돌 보호	• 압력 방출 장치	• 부식 감지 장치(예 : 쿠폰) • 고압 액체 누출 시 저압 액체의 분석과 주기적 검사를 위한 절차서 및 훈련 • 기계적 건전성(MI) 검사를 위한 정지 • 검사프로그램(예 : RBI)
8	• Tube 누출 / 파열(다관원통형 교환기)	• 누출 및 파열로 인한 저압부의 과압 가능성	• 매끄러운(seamless) tube vs. 용접된 tube • 다관원통형 외에 다른 유형의 대체 교환기 설계(예, spiral, plate, frame) • 고압부 설계압력의 10 / 13으로 설계된 저압부(ASME) • tube-to-tube sheet joints의 밀봉 용접	• 압력 방출 장치	• 고압 액체 누출 시 저압 유체의 분석 및 정기적 검사를 위한 절차서 및 훈련
		• 냉각탑 내 가연성 물질 및 화재 가능성			• 냉각탑의 최상부에서 가스 감지 및 경보 시 운전자 조치

No.	사고	결과	잠재적 설계 대책		
			본질적 안전 / 수동적	능동적	절차적
9	• 비응축성 물질의 • 부착 및 축적	• 열전달의 손실 가능성	• 자연 대류를 통한 열전달을 위한 공기 냉각기 내에 표면적 증대 • 비응축성 물질의 연속적인 개방 배출 • 오염부착 최소화에 적당한 속도로 설계된 교환기 • 오염부착이 적은 열교환기(예 : 직접접촉)	• 고체 퇴적에 의한 튜브 벽의 낮은 온도를 피하기 위해 냉각 매체 온도를 자동 템퍼링 • 비응축성 물질의 자동 벤팅	• 냉각매체 템퍼링의 수동 조작을 위한 절차서 및 훈련 • 교환기의 주기적 청소를 위한 절차서 및 훈련 • 높은 환기(vent) 온도 감지 시 입구 흐름의 수동 차단을 위한 절차서 및 훈련
10	• 부식 / 침식, 진동 또는 열팽창 편차	• 튜브 측 누출로 인한 유체 혼합의 결과로 발열반응, 상변화, 유체 시스템 오염 발생 가능성	• 이중관 시트 설계 • 공정 물질과 화학적으로 호환되는 열전달 매체 선택 • tube-to-tube sheet joints의 밀봉 용접	• 자동 차단과 연동된 농도 경보를 가진 하류 유체 분석기	• 하류 유체 분석기와 농도 경보 시 운전자 조치 • 유체의 주기적 샘플링과 분석을 위한 절차서 및 훈련 • 시작, 차단 시 열적 스트레스 완화를 위한 과정의 절차서 및 훈련 • 열순환을 줄이기 위해 필요한 절차서 및 훈련
11	• 팬 날개 고장(공냉식 교환기)	• 진동의 결과로 충격에 의한 튜브 파열 가능성	• 수동적 냉각 시스템 설계 • 기계 보호대	• 자동으로 팬 정지를 시킬 수 있는 진동 모니터링 시스템	• 과도한 진동의 감지 시 수동으로 팬을 정지시키기 위한 절차서 및 훈련
12	• 정렬불량 또는 이물질의 유입(긁힌 표면)	• 스크레이퍼가 열전달기 표면의 평크 등 장치 손상 가능성	• 열교환기의 입구에서 이물질 제거를 위한 스크린	• 높은 전류 또는 전력 시 모터의 자동 정지	• 높은 전류 또는 전력 시 모터의 수동 정지를 위한 절차서 및 훈련

표 2.5 건조기에서의 일반적인 고장 시나리오와 설계 대책

No.	사고	결과	잠재적 설계 대책		
			본질적 안전 / 수동적	능동적	절차적
압력					
일반적 적용 : 고압 (모든 고압 시나리오에 적용)			• 과압을 견디도록 설계된 건조기	• 폭연 배출 • 폭연 방지시스템 • 불활성 분위기 조성	• 고압 경보 시 운전자 조치
일반적 적용 : 저압 (모든 저압 시나리오에 적용)			• 진공을 견딜 수 있는 설계		• 저압 경보 시 운전자 조치
흐름					
일반적 적용 : 고유량 (모든 고유량 시나리오에 적용)			• 다른 유형의 건조기	• 환기의 손실 또는 고농도의 가연성 증기 시 자동으로 공급 차단 • 덕트 시스템에서 화재, 가연성기체 분위기 감지 시 매니폴드덕트 시스템의 빠른 비상차단 밸브를 통한 자동 격리 • 고속 감지 시 컨베이어의 자동 정지 • 자동 스프링클러 / CO_2 소화 시스템 • 불활성 분위기 조성 • 가연성기체 농도를 LFL 이하로 유지하기 위한 환기 시스템	• 고유량 경보 시 운전자 조치 • 방화 / 불활성화 시스템의 수동 활성화를 위한 절차서 및 훈련 • 수동 본딩 및 접지를 위한 절차서 및 훈련 • 환기 손실 시 공급의 수동 차단을 위한 절차서 및 훈련
일반적 적용 : No / Less Flow (모든 no / less flow 시나리오에 적용)				• 낮은 순환 유량 감지 시 자동 전원차단	• 저유량 경보 시 운전자 조치
1	• 건조기와 덕트배관 내의 • 퇴적물 축적	• 물질의 발화로 인한 화재 / 폭발가능성	• 퇴적물 축적의 최소화 설계(매끄러운 표면, 고형물 축적 가능성 제거) • 체류시간이 짧은 건조기 사용(예 : 플래시 건조기)		• 정기적 검사와 청소 • 여러 물질을 처리할 때 불안정한 물질의 점화 방지를 위해 가장 안정된 물질을 우선적으로 처리하기 위한 절차서 및 훈련 • 물질의 최대 허용가능 축적량을 결정하기 위한 절차서 및 교육

No.	사고	결과	잠재적 설계 대책		
			본질적 안전 / 수동적	능동적	절차적
2	• 장애물 또는 댐퍼 폐쇄로 인한 불충분한 환기	• 가연성 분위기 및 이후 점화에 의한 화재 / 폭발 가능성	• 댐퍼를 설계하고 댐퍼 최대 교축에서 최소 안전 환기율을 다룸 • 댐퍼의 완전 폐쇄를 계속적으로 방지할 수 있도록 댐퍼를 위치시킴	• 댐퍼의 제한 스위치는 불활성 가스 주입과 연동시킴	• 주의 : 이 적용에서 비상차단밸브 사용의 수동 차단은 실용적이지 않음
3	• 컨베이어 속도 증가	• 공급부에서 용제의 증기가 생성되고 이후 점화에 의한 화재 / 폭발 가능성	• 용제의 최대 증발율을 처리할 수 있는환기 시스템 설계	• 환기 시스템의 유속을 컨베이어 속도와 연동	• 빠른 컨베이어 속도 감지 시 운전자 조치 • 빠른 컨베이어 속도 감지 시 수동정지를 위한 절차서 및 훈련
4	• 회분식 운영으로 인한 가연성 용제의 최대증발율	• 화재 분위기와 이후 점화로 인한 화재 / 폭발 가능성	• 용제의 최대 증발율을 처리할 수 있는환기 시스템 설계 • 자연적 순환으로 용제의 농도를 충분히 안전한 수준으로 유지하게끔 설계된 건조기 • 연속 또는 반연속적인 건조기 설계	• 가연성 조건 검출 및 희석제 조정	• 회분식으로 운영하는 동안 불안정한 증발율을 감안한 절차서와 훈련
5	• 건조기 내부의 • 불충분한 순환	• 가연성 분위기와 이후 • 점화로 인한 화재 / 폭발 가능성	• 자연적 순환으로 용제의 농도를 충분히 안전한 수준으로 유지하게끔 설계된 건조기	•	• 낮은 순환 상태에서 건조기의 수동정지를 위한 절차서 및 훈련
6	• 노즐에서의 과도한 미립자화(분무 건조기)	• 미립자 생성으로 인한 분진 / 복합 화재 / 폭발 가능성	• 열매체주입구 온도를 반드시 최소 점화 온도보다 충분히 낮게 설계	• 노즐 압력 조정을 위한 압력 제어	• 질소로 라인을 불어내기 위한 절차서 및 훈련
7	• 여러 건조기가 하나의 환기 배출 덕트를 사용(매니폴딩)	• 한 곳에서 다른 곳으로의 화재 또는 폭연의 확산	• 전용 배기 덕트 사용 • 건조기와 덕트배관을 과압에 견딜 수 있도록 설계	• 역류 방지를 위해 보호 통기공을 통해 각 건조기별로 환기 • 건조기 환기구에 불꽃 막이(flame arrester) 설치	• 운전자는 화재 / 가연성 분위기 감지 시 덕트들을 격리

No.	사고	결과	잠재적 설계 대책		
			본질적 안전 / 수동적	능동적	절차적
8	• 건조기의 낮은 공급 속도	• 건조기 내 물질의 온도 상승, • 화재 / 폭발 가능성	• 공급부에 자동으로 온도가 제한되는 열매체 사용	• 공급 속도에 기반한 건조기의 열 공급 자동 조절 • 고온 경보와 자동중단 시스템 • 공급속도 자동 조절	• 공급 속도의 수동 조절을 위한 절차서와 훈련 • 고온 경보 시 운전자 조치
온도					
일반적 적용 : 고온 (모든 고온시나리오에 적용)			• 고온 설계 • 과압을 견디도록 설계 • 영구적 본딩 및 접지 • 가연물 제거 • 덕트배관 내의 점화원 제거	• 환기의 손실 또는 가연성 증기가 고농도 시 자동으로 공급 차단 • 급속폐쇄밸브를 통한 자동 차단 • 덕트 시스템 내에서 화재 / 가연성 분위기 감지 시 매니폴드덕트 시스템의 긴급차단밸브를 통한 자동 차단 • 컨베이어 고속 감지 시 자동 정지 • 자동 스프링클러 / CO_2 전역방출 소화시스템 • 불활성 분위기 조성 • 가연성 농도를 LFL 이하로 유지하기 위한 환기 시스템	• 방화 / 불활성화 시스템의 수동 활성화를 위한 절차서 및 훈련 • 공급 또는 배출을 위한 수동 본딩 및 접지를 위한 절차서 및 훈련 • 자동차단밸브가 정상적으로 작동하지 않을 때 급속폐쇄밸브를 통한 수동 차단을 위한 절차서 및 훈련 • 가연성 가스의 온라인 감시 및 CO_2 전역방출 소화시스템의 수동 활성화
9	• 덕트배관에서의 가연성 • 증기 응축	• 물질의 점화로 인한 • 화재 / 폭발 가능성	• 덕트배관에서의 응축을 방지하는 설계 • 덕트에 배수시설 설치 (경사, 하부 배수)		
10	• 갑작스러운 열 매체 손실과 증기 응축	• 진공 가능성	• 진공에 대비한 건조기와 덕트배관 설계		• 건조기 내부 온도 감소율의 제한을 위한 절차서와 훈련
11	• 건조기와 덕트배관의 • 높은 표면 온도	• (건조기의 비산 배출물을 포함하여)주변의 가연성	• 표면 온도를 안전 한계로 낮추기 위해 건조기 외부 표면 절연 • 건조기의 온도를 건조	• 배출 가스에서 미립자 제거(여과집진기)	• 청결상태 유지를 위한 절차서 및 훈련

No.	사고	결과	잠재적 설계 대책		
			본질적 안전 / 수동적	능동적	절차적
		물질 점화로 인한 화재/폭발 가능성	기 주변 물질의 안전 한계 온도 이하로 제한 • 건조기의 가열된 표면과 가연성 물질 사이의 적절한 청결상태 유지		
12	• 기계적으로 인해 생성된 열(예: rotary feeder, paddle 건조기, 스크류 컨베이어 등의 막힘)	• 화재 / 폭발 가능성	• 기계적 열투입이 최소화되는 구성의 건조기 사용 • 비가연성 / 높은 발화점의 윤활유 사용	• 기계 부품의 회전 제한 장치 설치(예 : 시어 핀(shear pin))	• 기계 장치의 높은 회전 및 낮은 회전 경보 시 운전자 조치 • 온도 감시 및 고온 경보 시 조치를 위한 절차서 및 훈련
			구성		
13	• 고체의 마찰로 인한 입자 사이즈 감소	• 화재 / 폭발 가능성	• 입자 사이즈 감소율을 줄이도록 설계된 대체 건조기 선택		• 폭발 범위에서 벗어난 입자크기 유지를 위한 절차서 및 훈련
			장치 고장		
14	• 건조기로 윤활유 누출	• 화재 / 폭발 가능성	• 이중의 기계적 봉인 • 기계적 봉인이 없는 건조기 사용		• 베어링과 봉인의 정기적 검사를 위한 절차서 및 훈련
15	• 정전기 스파크(용기는 유리 라이닝에 의해 비전도성이다)(double-cone tumbling dryer glass-lined)	• 화재 / 폭발 가능성		• 배출구 온도가 높을 때 자동 차단	
16	• 베드 위의 가연성 분진/증기(유동층 건조기)	• 화재 / 폭발 가능성	• 먼지 배출을 최소화하기 위한 여유 설계		• 접지와 본딩을 위한 절차서 및 훈련

3.5 유체 전달 시스템

이 섹션은 유체 전달 시스템에 대한 잠재적 고장 매커니즘을 제시하고 그러한 고장에 관련된 위험을 줄이기 위한 설계 대안을 제시한다.

이 섹션에서 다루는 유체 전달 장치의 종류는 다음과 같다.

① Blowers

② Pumps

③ Compressors

이 섹션은 유체 전달 시스템에 고유한 고장 모드를 제공한다. 용기에 대한 일반적인 고장 시나리오 중 일부는 유체 전달 장치에 적용될 수 있다. 따라서 이 부분은 "2.1 용기"와 함께 사용될 수 있다. 특별히 언급하지 않는 한 고장 시나리오는 유체 전달 시스템의 하나 이상의 등급에 적용된다.

표 2.6 유체전달장치에서의 일반적인 고장 시나리오와 설계 해법

No.	사고	결과	잠재적 설계 대책		
			본질적 안전 / 수동적	능동적	절차적
압력					
일반적 적용 : 고압 (모든 고압 시나리오에 적용)			• 데드헤드 견딜 수 있도록 지정된 다운스트림 배관	• 압력 방출 장치 • 고압 시 자동정지 인터록	• 고온 경보 시 운전자 조치
일반적 적용 : 저압 (모든 저압 시나리오에 적용)			• NPSH 최대화 • 끓는점에 가까운 유체에 대한 고위치의 공급 탱크	• 저압 시 자동정지 인터록	• 저온 경보 시 운전자 조치
유량					
일반적 적용 : More Flow (모든 more flow 시나리오에 적용)					• 고유량 경보 시 운전자 조치
일반적 적용 : No / Less Flow (모든 no / less flow 시나리오에 적용)				• 저유량 / 저압 감지 시 펌프를 종료시키기 위한 인터록	• 저유량 경보 시 운전자 조치 • 예비펌프 / 압축기를 시작하기 위한 절차서 및 훈련

No.	사고	결과	잠재적 설계 대책		
			본질적 안전 / 수동적	능동적	절차적
1	• 방출 제어 밸브 잠김; 다운스트림 차단 밸브 잠김; 가동시작 시 제거되지 않은 맹판; 배출구 막힘	• 펌프 데드헤드 가능성, 과압 가능성 또는 과열, 봉인고장 가능성, 누출 가능성	• 최소한의 유량을 보장하기 위한 최소한의 재순환 라인 유량(오리피스에 의해 조절된 유량)	• 예비 펌프의 자동시작(일부 시나리오) • 국부적인 화재예방 • 저유량 시 자동정지 인터록 • 최소한의 재순환 라인 유량(자동적으로 조절된 유량)	• 펌프 / 압축의 데드헤딩을 피하기 위한 절차서 및 훈련
2	• 차단된 흡입관(밸브 잠김, 여과기 막힘) • (원심펌프)	• 원심펌프의 감소된 유입 유량으로 캐비테이션 발생, 과도한 진동, 펌프봉인 고장 가능성	• 흡입 시스템 제한 요소의 제거	• 높은 진동 시 자동정지 인터록 • 국부적인 화재예방 • 저유량 시 장동정지 인터록	• 저유량 또는 높은 진동 시 운전자 조치
3	• 차단된 흡입관(밸브 잠김, 여과기 막힘) • (압축기)	• 원심압축기의 감소된 유량으로 급격한 높은 진동 가능성, 압축기 손상 가능성	• 원심이외의 다른 압축기 설계	• 자동적 안티 - 서지(재순환 시스템) • 높은 진동 시 자동정지 인터록 • 저유량 시 자동정지 인터록	
4	• 펌프 정지	• 펌프 또는 재순환 라인을 통해 역류 가능성	• 양변위 펌프 • 배출 측에 배치된 체크밸브	• 고압 또는 기계 중단 시 활성화되는 배출 측 자동차단밸브	• 비작동 병렬 기계의 차단을 위한 절차서 및 훈련
5	• 원심 압축기 정지	• 재순환 루프를 통한 역류로 인한 저압부의 과압 가능성	• 고압을 견딜 수 있게 설계된 저압부	• 최대의 역류 시 저압부 보호를 위하여 디자인된 압력방출장치 • 역류를 제한하는 규제	
6	• 속도 제어 시스템 고장(압축기)	• 압축기 과속 결과로 장비 손상 가능성	• 고체 대비 빌트업 회전	• 고속 경보와 압축기 과속 자동정지 시스템	

No.	사고	결과	잠재적 설계 대책		
			본질적 안전 / 수동적	능동적	절차적
7	• 압축기에 대한 액체 캐리오버	• 압축기 손상 가능성	• 액체－내성 설계(예 : 압축기 액체 링) • 액체를 적절히 제거하기 위해 설계된 녹아웃 드럼	• 녹아웃드럼 및 압축기 간의 열선보호 • 자동 액체제거 녹아웃 드럼과 고액위 시 압축기 자동정지 • 온라인 진동 모니터링과 자동정지	• 녹아웃 드럼에서 고액위 경보 시 운전자 조치
온도					
일반적 적용 : 고온 (모든 고온 시나리오에 대한 적용가능)			• 재료 선택과 최대 온도에 대한 설계	• 고온 자동정지 인터록	• 고온 경보 시 운전자 조치
일반적 적용 : 저온 (모든 저온 시나리오에 대한 적용가능)			• 재료 선택과 최소 온도에 대한 설계	• 저온 자동정지 인터록	• 저온 경보 시 운전자 조치
8	• interstage의 냉각 손실(압축기)	• 상류부 / interstage 냉각 손실로 후속 단계의 고온 및 그 결과로 인한 압축기 손상		• 낮은 냉각수 유량에 대한 자동정지	• 낮은 냉각수 유량에 대한 수동정지를 위한 절차서 및 훈련
9	• 적절한 냉각 없이 재순환 작동	• 온도 증가 가능성		• 재순환 루프 냉각기	
구성					
일반적 적용 (모든 조성 시나리오에 대한 적용 가능)			• 예상되는 압력에 대한 모든 구성요소 설계	• 비상방출장치	
10	• 유체의 조성 변화	• 높은 압력에 대한 가능성		• 높은 압력 감지 시 자동적인 펌프 / 압축기 정지	• 고압 인지 시 운전자 조치
11	• 공급피드에서의 입자 문제	• 밀봉 손상에 대한 가능성	• 이중 또는 직렬식 밀봉 • 고체 수용이 가능하게 설계된 펌프(예 : 다이	• 스트레이너의 자동 백업－세정 • 씰 유체의 손실 감지 시	• 밀봉 누출 검출 경보 시 운전자 조치 • 원격차단밸브를 수동

No.	사고	결과	잠재적 설계 대책		
			본질적 안전 / 수동적	능동적	절차적
			아프램) • 흡입에 대한 스트레이너 또는 필터	펌프의 자동정지 • 국부적인 화재예방	작동하기 위한 절차서 및 훈련 • 스트레이너 / 필터의 수동 세정을 위한 절차서 및 훈련 • 축밀봉의 주기적인 점검을 위한 절차서 및 훈련
장치 고장					
일반적 적용 (모든 장치고장 시나리오에 대한 적용 가능)				• 폭발 억제 시스템 • 화염 방지기 • 불활성 가스 시스템	
12	• 블로워 / 압축기흡입부의 누설	• 공기가 시스템 내로 유입되어 가연성 분위기 생성의 가능성	• 시스템 전체의 양압	• 높은 산소농도 검출 시 블로워 정지 및 밸브의 차단과 연동된 자동 산소모니터링 • 산소 침투 또는 음압의 속도제한을 위한 자동 압력 제어기	• 가동 전 흡입 시스템의 누설검사에 대한 절차서 및 훈련 • 높은 산소농도 검출 시 블로워 정지 및 밸브의 차단과 연동된 수동 산소모니터링
13	• 블로워 / 압축기의 윤활유 손실	• 윤활유 손실로 베어링 / 밀봉 고장, 온도증가 가능성		• 높은 베어링 온도 시 자동정지 인터록 • 낮은 윤활유 압력 / 저액위 시 자동정지 인터록	• 베어링의 고온 표시 / 경보 시 운전자 조치 • 윤활유 저압 경보 시 운전자 조치
14	• 펌프의 씰플러시 손실	• 누출 가능성	• 씰플러시를 필요로 하지 않는 펌프	• 씰플러시의 손실 시 펌프 자동정지 인터록 • 국부적인 화재예방	• 씰플러시의 손실 시 펌프의 수동정지를 위한 절차서 및 훈련
15	• 펌프씰의 오일미스트\ 손실	• 누출 가능성	• 오일 미스트를 요구하지 않는 펌프씰	• 오일 미스트의 손실 시 펌프 자동정지 인터록 • 국부적인 화재예방	• 오일미스트의 손실 시 펌프의 수동정지를 위한 절차서 및 훈련
16	• 압축기의 씰플러시 손실	• 누출 가능성		• 씰플러시의 손실 시 압축기 자동정지 인터록 위한 인터락 • 국부적인 화재예방	• 씰플러시의 저유량 또는 저압 경보 시 운전자 조치

3.6 고-액 분리기

이 부분은 고체 액체 분리기에 대한 잠재적인 고장 메커니즘을 제시하고, 관련된 위험을 줄이기 위한 설계 대안을 제시한다.

이 섹션에서 다루는 장비의 유형은 다음과 같다.

① 원심분리기

② 필터

③ 집진기

④ 원심력 집진장치(사이클론)

⑤ 전기 집진기

이 섹션에서는 오로지 고체 액체 분리기에 대한 고장 모드만을 제시한다. 용기에 관한 일반적인 고장 시나리오 중 일부는 고체 액체 분리에 적용될 수 있다. 고체 액체 분리 장비는 종종 건조기와 고체 처리 그리고 처리 장비와 연관된다. 이러한 유형에 대한 자세한 내용은 3.5절과 3.8절 참조한다. 특별히 언급하지 않는 한, 고장 시나리오는 고체 액체 분리 장치의 하나 이상의 유형에 적용된다.

표 2.7 고-액 분리기에서의 일반적인 고장 시나리오와 설계 해법

No	사건	결과	잠재적 설계 대책		
			본질적 안전 / 수동적	능동적	절차적
입력					
일반적 적용 - 고압 (모든 고압 시나리오에 적용)			• 최대 예상 압력을 견딜 수 있는 필터 설계	• 비상방출장치 • 안전밸브의 상류 파열판 및 파열판 누설검사	• 고압 경보에 운전자 조치
일반적 적용 - 저압 (모든 저압 시나리오에 적용)			• 최소 예상 압력을 견딜 수 있는 필터 설계	• 진공배출장치	• 저압 경보에 운전자 조치
1	• 진공 손실 • (진공벨트 필터, 진공 팬 필터, 회전 진공 필터)	• 독성 또는 인화성 증기 배출 가능성	• 완전히 밀폐, 밀봉 필터 • 접지 및 본딩	• 증기 검출 시 알람 및 자동운전정지 • 제어시스템에 국소 배기장치 연결(배기 응축기, 흡수기, 스크러버 또는 소각로)	• 증기 검출 • 알람 시 수동 운전정지에 관한 절차서 및 교육

No	사건	결과	잠재적 설계 대책		
			본질적 안전 / 수동적	능동적	절차적
2	• 필터에 부착된 압력방출장치의 막힘	• 압력상승 가능성	• 압력방출장치 입구에 flow sweep fitting	• 압력방출장치 입구를 퍼지가스로 자동청소 • 방출장치의 열선보호 및 단연	• 주기적으로 압력방출장치 입구를 퍼지가스로 수동세척하는 것에 관한 절차서 및 교육
3	• 튜브 시트의 높은 차압	• 튜브 시트의 좌굴(buckling), 누출 가능성	• 가능한 최대 차압에 대한 튜브 시트 디자인	• 필터의 입구 측에 압력방출밸브 • 고압 또는 차압 경보 및 인터록	
유량					
일반적 적용 : 더 많은 유량 (해당되는 모든 이상 흐름 시나리오)				• 자동 불활성 시스템	
일반적 적용 : 유량이 없거나 저유량 (해당되는 모든 이상 유량 시나리오)				• 자동 불활성 시스템	
4	• 벽에 퇴적(타르 또는 끈적한 먼지)(사이클론, 집진기 및 전기집진기	• 화재 가능성	• 다른 유형의 분리기 (예 : 습식 집진기 또는 스크러버) • 난연제 필터 백(filter bags) 또는 세라믹 카트리지	• 화재 / 폭발 억제	• 축적된 가연성 먼지 층의 정기적인 청소에 관한 절차서 및 교육
5	• 공급 손실(정화기 및 원심분리기, 예 : 분리판형, 노즐챔버, de-sludger, 열)	• 진동에 의한 장비 손상 가능성	• 공급손실을 견딜 수 있는 디자인 (예 : 추출형 원심 분리기)	• 비상정지 상황에서 공급이 감소될 시 세척액 또는 물의 자동공급	• 비상정지 상황에서 공급이 감소될 시 세척액 또는 물을 수동으로 공급하는 것에 관한 절차서 및 교육
온도					
일반적 적용 : 높은 온도 (해당되는 모든 고온 시나리오)				• 고온 센서에 의해 작동되는 자동 화재진압시스템 • 외부 자동 화재 진압시스템	• 고온 인지 시 화재 진압 시스템을 운전자가 작동 • 외부 화재 진압시스템을 수동으로 작동시키기 위한 절차서 및 교육

<table>
<tr><th rowspan="2">No</th><th rowspan="2">사건</th><th rowspan="2">결과</th><th colspan="3">잠재적 설계 대책</th></tr>
<tr><th>본질적 안전 / 수동적</th><th>능동적</th><th>절차적</th></tr>
<tr><td colspan="6">구성</td></tr>
<tr><td>6</td><td>• 필터에 사용된 자연 발화성 물질 (회분식 필터)</td><td>• 필터가 열릴 때 케이크가 공기에 노출 시 잠재적 화재</td><td>• 판의 회전 및 수문 열림 시 케이크가 제거되는 필터(필터를 개방할 필요가 없음)</td><td>• 자동 고정 물 분무
• 불활성화</td><td>• 필터가 열리기 전에 그 필터 케이크를 물로 충분히 흘러나오도록 절차서 및 교육
• 고정 물 분무를 수동으로 작동하기 위한 절차서 및 교육</td></tr>
<tr><td colspan="6">장비고장</td></tr>
<tr><td colspan="3">일반적 적용
(해당되는 모든 장비고장 시나리오)</td><td>• 최대 예상 압력을 수용하는 원심 분리기 설계
• 가연성 용매의 제거
• 최대 예상 압력을 수용하는 장비의 설계
• 영구접지 및 본딩</td><td>• 자동 외부 화재 진압 시스템
• 자동 불활성
• 빠른 밸브의 폐쇄 또는 화학 물질 장벽을 통해 관련 장비의 자동 분리(불꽃 억제)
• 폭연 배출
• 내부 자동 화재 / 폭발 억제 시스템</td><td>• 회분식 원심 분리기를 재가동전에 사전 불활성 공정을 진행하도록 하는 절차서 및 훈련
• 외부 화재 진압 시스템을 수동으로 작동시키기 위한 절차서 및 훈련</td></tr>
<tr><td colspan="6">구성</td></tr>
<tr><td>7</td><td>• 정전기(원심분리기)</td><td>• 가연성 증기의 점화로 화재 / 폭발 가능성</td><td>• 비전도성 배선 방지
• 도전성 세척액
• 휘발성 및 인화성 낮은 세척액
• 불연성 또는 높은 인화점의 용매</td><td>• 저압 또는 질소공급라인의 저유량 시 센서가 연동되어 필터 또는 원심분리기 자동정지</td><td>• 불활성가스의 저압 또는 저유량 감지 시 회분식 원심 분리기의 수동정지를 위한 절차서 및 훈련
• 휴대용 장치에 대한 접지 및 본딩에 대한 절차서 및 훈련</td></tr>
<tr><td>8</td><td>• 기계적인 마찰, 예로 균형을 잃은 바스켓 마찰 또는 하단운송장치 과압(원심 분리기)</td><td>• 가연성 증기의 점화로 화재 / 폭발 가능성</td><td></td><td>• 근접각 / 진동 감지기 센서가 연동되어 자동으로 원심분리기 작동정지
• 불활성가스의 저압 또는 저유량 감지 시 원심분리기의 자동정지</td><td>• 과도한 진동 검지 시 원심분리기를 수동으로 작동정지하는 절차서 및 훈련
• 불활성가스의 저압 또는 저유량 감지 시 원심분리기의 수동 정지를 위한 절차서 및 훈련</td></tr>
</table>

No	사건	결과	잠재적 설계 대책		
			본질적 안전 / 수동적	능동적	절차적
9	• 정전기 방전 또는 상류(사이클론, 집진기 및 전기 집진기) 로부터의 뜨거운 입자	• 압력 증가로 화재 / 폭발 가능성	• 다른 유형의 분리기 선택(예 : 습식 집진기 또는 스크러버) • 질소를 전달가스로 사용	• 가동 중 산소 분석기를 통하여 불활성가스 자동 투입 • 불활성화	• 가동 중 산소 분석기를 통하여 불활성가스를 수동으로 투입하는 것에 대한 절차서 및 훈련
10	• 베어링 고장(원심 분리기)	• 잠재적 장비 손상과 누출 가능성		• 과도한 진동 감지 시 원심분리기의 자동 작동 정지 • 윤활유 저압 감지 시 자동으로 작동정지 • 베어링의 온도 센서의 고온 감지 시 자동으로 원심분리기 작동정지	• 베어링의 고온, 진동, 윤활유 저압 감지 시 원심분리기를 수동으로 작동정지하기 위한 문서화된 절차 및 훈련
11	• 바스켓 불균형(회분식 원심 분리기)	• 진동에 의한 잠재적인 장비손상 가능성	• 대안의 고 / 액 분리기 설계 • 연속 원심 분리기 설계 • 진동을 감소시키기 위한 유연한 연결	• 가속주기에서 적당한 유량과 적절한 시간동안 공급을 허용하는 제어 시스템 • 원심 분리기 작동정지와 연동된 진동 센서	• 바스켓의 불균형 및 진동방지를 위한 이송속도 제어에 관한 절차서 및 훈련 • 과도한 진동 감지 시 원심 분리기 가동정지에 대한 절차서 및 훈련
12	• 속도 제어의 상실(원심 분리기)	• 진동에 의한 잠재적인 장비손상	• 대안의 고 / 액 분리기 설계	• 원심 분리기 가동을 정지하도록 연동된 과속 지점에서의 속도 검지기	• 고속 감지 시 원심 분리기의 가동 정지에 대한 절차서 및 훈련
13	• 개스킷 누출(압착식 여과기)	• 가연성 또는 독성 물질의	• 적은 수의 개스킷을 가진 다른 유형의 필터 또는 원심 분리기 • 스플래쉬 쉴드 하우징으로 둘러쌓인 필터 • 누출 방지통이나 밀폐용기에 위치한 필터 • 고강도 개스킷		• 공정 슬러리의 공급 전 필터를 물로 사전 누설 검사하기 위한 절차서 및 훈련 • 유체와 개스킷 재질의 적합성에 관한 절차서 및 훈련

3.7 고체 취급과 공정 설비

이 부분은 고체 취급 및 처리 장비에 대한 잠재적인 고장 메커니즘을 제시하고, 관련된 위험을 줄이기 위한 설계 대안을 제시한다.

이 섹션에서 다루는 장비의 유형은 다음과 같다.

① 기계 컨베이어
② 공압 전달 시스템
③ 크기 감소 장비(분쇄기, 연마기, 파쇄기)
④ 검사장비
⑤ 분말 블렌더(믹서)
⑥ 고체 피더(로터리 밸브, 스크류 피더등)

이 섹션에서는 고체 처리 및 처리 장비에 대한 고장 모드만을 제시한다. 용기 및 고체-액체 분리기에 관한 일반적인 고장 시나리오 중 일부는 고체 처리 및 처리 장치에 적용될 수 있다.

결과적으로, 이 부분은 3.1절의 용기 및 3.6절의 고-액 분리기와 함께 사용 되어야 한다. 특별히 언급하지 않는 한 고장 시나리오는 고체 취급 및 처리 장치의 하나 이상의 유형에 적용된다.

표 2.8 고체 취급과 공정 설비에서의 고장 시나리오와 설계 해법

No.	사건	결과	잠재적 설계 대책		
			본질적 안전 / 수동적	능동적	절차적
입력					
일반적 적용 : 고압 (모든 고압 시나리오에 적용)				• 압력 방출 장치	• 고압 경보에 • 운전자 대응
일반적 적용 : 저압 (모든 저압 시나리오에 적용)				• 진공 안전 장치	• 저압 경보에 • 운전자 대응
1	• 압출기 다이의 막힘(압출기)	• 상류측 장비의 압력 증가 가능성		• 과부하 시 모터의 • 자동 가동정지 • 다이의 고압 검지 시 자동 가동정지	• 모터 과부하시 수동으로 가동정지를 위한 문서화된 절차 및 교육 • 다이의 고압 검지 시 수동으로 가동정지를 위한 문서화된 절차 및 교육

No.	사건	결과	잠재적 설계 대책		
			본질적 안전 / 수동적	능동적	절차적
			온도		
일반적 적용 : 고온 (해당되는 모든 고온 시나리오)					• 고온 경보 시 • 운전자가 수동으로 모터를 정지시키고 순간정지(quench) 작동
			구성		
2	• 밸브 막힘과 마찰열(로터리 밸브)	• 화재 가능성	• 집진기 백케이지와 필터가 로터리 밸브로 떨어지지 않도록 설계 • 로터리 밸브입구에 튼튼한 막대 체 • 고체오염으로 인한 고장을 막기 위한 아웃보드베어링	• 로터리 밸브를 구동하는 모터의 과부하 시 가동정지	• 집진기 백과 케이지의 고정을 위한 문서화된 절차 및 교육
3	• 마찰열(스크류 컨베이어)	• 화재 가능성	• 다른 유형의 컨베이어 • (예 : 진동 컨베이어) • 중력 및 배치	• 스크류 구동 모터에 과부하 시 가동정지	
4	• 마찰열(압출기)	• 화재 가능성		• 압출기 스크류 구동 모터에 과부하시 가동정지	
			장비고장		
일반적 적용 (해당되는 모든 장비고장 시나리오)			• 가연성 용제의 사용을 억제(예 : 수성 용매) • 최대예상 압력을 수용 가능한 장비설계 • 시스템이 최대 예상 폭연 압력을 견디게끔 단단한 배관벽 및 플랜지 튜브와 연결부 •영구 접지 및 본딩	• 벨트 구동정지 스크링쿨러 개시와 연동된 자동 화재 진압 • chokes • 제립기나 코팅기로부터 다운스트림 장비(집진장치, 스크러버) 로의 경로에 폭연 장벽(빠른 폐쇄 차단 밸브 또는 억제제) • 폭연 억제 • 안전한 위치로 폭연 배출	• 분진을 줄일 수 있는 청소에 대한 절차서 및 훈련 • 화재 진압 시스템을 수동으로 작동시키기 위한 절차서 및 교육 • 수동 본딩 및 접지 • 정기 검사와 벽의 가연성 물질을 청소하는 절차서 및 훈련(청소)

No.	사건	결과	잠재적 설계 대책		
			본질적 안전 / 수동적	능동적	절차적
5	• 종단 장비에서의 정전기 스파크 방전(사일로, 사이클론, 집진기)(공압 이송 시스템)	• 분진 폭발과 누출 가능성	• 질소를 전달가스로 사용(폐루프 시스템) • 희박하지 않게 밀도가 높은 상태로 전달 • 작은 알갱이 입자나 가루 대신 펠릿으로 고체 전달 • 단, 쉽게 발화하는 미세 부분을 포함하는 펠릿은 제외 • 높은 점화 에너지(점화하기 힘든)를 가진 첨가제 • 유연한 연결이 필요한 때 전도성 고무 끝단(sleeve)		• 비전도성 Rubber socks 등의 연속성 중단 시 수동 본딩을 위한 절차서 및 훈련
6	• 기계 에너지 또는 정전기 스파크(제분, 그라인더 및 기타 절단 장비)	• 분진 폭발 가능성	• 공기 대신 불활성 가스 • 검사를 통해 부유 금속 및 기타 이물질 제거	• 자동 / 지속적으로 자석을 이용하여 부유 금속 및 기타 이물질을 제거	• 부유 금속 및 기타 이물질을 수동으로 제거하기 위한 절차서 및 훈련
7	• 슬리브의 파열(선회형 스크리너)	• 분진 폭발 가능성	• 비 선회형(로터리) 스크리너 • 아웃보드 베어링으로 잠재적 점화원 회피	• 별도의 공간에 블로우아웃 벽을 설치한 선회형 스크리너(폭연 배출) • 건물 안으로 분진이 들어가는 것을 방지하기 위해 진공 하에서 작동	• 정기적인 슬리브 교체와 일상적인 검사를 위한 절차서 및 훈련
8	• 미끄러지는 벨트나 체인에서 마찰열(승강식 운반기, 일체식 컨베이어)	• 분진 폭발 가능성	• 작은 알갱이 입자나 가루 대신 펠릿으로 고체 전달 • 입자 크기 증대시키기	• 분진 누출을 최소화하기 위해 건물 내부에 설치된 승강식 운반기의 음압화 • 고온 검사, 자동 정지 시스템	• 빈번한 일상검사와 벨트와 체인에 대한 정기적인 교체를 위한 절차서 및 훈련

No.	사건	결과	잠재적 설계 대책		
			본질적 안전 / 수동적	능동적	절차적
9	• 정전기 불꽃 방전 또는 마찰열(용기 벽에 나사 또는 리본 마찰 궤도) • 과압(선회 스크루 분말 블렌더, 유동층 블렌더 또는 리본 블렌더)	• 분진 폭발 가능성	• 입자 크기 증대시키기	• 불활성화 • 과부하 시 선회 스크루 구동 모터 가동 정지	• 베어링의 적절한 퍼징을 확인하는 절차서 및 훈련
10	• 인화성 또는 가연성 용제 사용(스프레이형 분쇄기 및 코터(coater))	• 분진 폭발 또는 화재 가능성	• 인화점이 높은 용매 이용	• 내부 딜루지	• 여러 물질을 다룰 때 불안정한 물질의 점화를 방지하기 위해 먼저 안정적인 물질을 처리하는 것에 대한 절차서 및 훈련
11	• 화재(스크류 컨베이어 또는 압출기	• 장비 손상 가능성	• 다른 유형의 컨베이어 사용 (예 : 진동 타입) • 부유 물질을 제거하기 위한 스크리닝	• 선회 구동 모터 과부하 시 작동 정지 • 컨베이어 내 트루트/배럴에 온도센서를 달아 자동으로 모터정지 및 자동으로 딜루지나 화재진압용 스팀 작동	• 컨베이어 내 트루트/배럴에 온도센서의 고온 감지 시 모터정지 및 딜루지나 화재진압용 스팀을 작동시키는 운전자 대응 • 철을 함유한 부유 금속을 수동제거하기 위한 절차서 및 훈련
12	• 아이들러 롤러나 벨트가 걸렸는데도(jammed) 계속 구동시(벨트 컨베이어)	• 화재 가능성	• 난연 소재의 벨트 • 다른 유형의 컨베이어(예 : 진동 타입) • 고체 유입을 최소화하기 위해 봉인된 롤러 베어링	• 벨트 속도의 저속 감지 시 자동 작동정지	• 저속 감지 시 수동으로 작동정지를 위한 절차서 및 훈련

No.	사건	결과	잠재적 설계 대책		
			본질적 안전 / 수동적	능동적	절차적
13	• 점화 정전기 불꽃(벨트 컨베이어)	• 벨트에서의 화재 가능성	• 정전기 방지 소재의 벨트 • 최소 점화 에너지 증가 • 수동 정전기 제거 장치 (예 : 정전기 방지바)	• 이온화 송풍기를 이용하여 정전기 제거	
14	• 누출(승강식 운반기, 스크류 컨베이어)	• 대기 또는 건물에 가연성 또는 독성 분진의 배출 가능성	• "방진" 설계 • (예 : 일체식 컨베이어)	• 어떤 배출이라도 가두거나 포획할 수 있는 음압 환기장치	• 구역의 오염에 대해 주기적으로 테스트하는 절차서 및 훈련

3.8 연소 장치

이 부분은 연소설비에 대한 잠재적인 고장 메커니즘을 제시하고, 관련된 위험을 줄이기 위한 설계 대안을 제시한다.

이 섹션에서 다루는 연소 설비의 유형은 다음과 같다.

① 퍼니스법

② 보일러

③ 열 소각로(산화제)

④ 촉매 소각로

이 섹션에서는 연소설비에 대한 고장 모드만을 제시한다. 용기와 열전달 장치에 관한 일반적인 고장 시나리오 중 일부는 연소설비에 적용될 수 있다.

결과적으로,이 부분은 3.1절의 용기 및 3.4절의 열전달 장치와 함께 사용 되어야 한다. 특별히 언급하지 않는 한 고장 시나리오는 연소설비 하나 이상 유형에 적용된다.

표 2.9 연소 장치에서의 고장 시나리오와 설계 해법

No.	사건	결과	잠재적 설계 대책		
			본질적 안전 / 수동적	능동적	절차적
입력					
일반적 적용 : 고압 (모든 고압 시나리오에 적용)			• 최대 압력에 대해 설계	• 압력방출장치 • 폭연 또는 폭굉 방지기	• 버너 고압 경보에 운전자 대응 • 화실 고압 경보에 운전자 대응 • 화실 고압 경보에 수동으로 가동정지를 위한 절차서 및 훈련
일반적 적용 : 저압 (모든 저압 시나리오에 적용)			• 진공 설계	• 진공 방출 장치	
1	• 높은 연료가스 압력	• 가스 흐름이 재도입되는 경우 • 불꽃이 화실 폭발을 일으킬 수 있음	• 넓은 턴다운 비 • 별도의 연료원을 가진 파일럿 버너 설계 • 모든 버너의 주 차단 밸브의 상류 측으로부터 파일럿 가스 공급	• 화실의 고압이나 배기통의 고온 시 자동으로 히터 가동정지 • 연료가스의 고압 검지 시 자동으로 히터 가동정지	• 고압 경보에 운전자 대응
2	• 낮은 연료가스 압력	• 가스 흐름이 재도입되는 경우 • 가동정지가 화실 폭발을 일으킬 수 있음	• 별도의 연료원을 가진 파일럿 버너 설계 • 모든 버너의 주 차단 밸브의 상류 측으로부터 파일럿 가스 공급	• 불꽃의 손실에 대해 화염 감시시스템의 히터 자동정지 • 자동 히터는 낮은 연료가스 압력 시 자동 히터 정지	• 연료 가스 저압경보 운전자 대응
유량					
일반적 적용 : 더 흐름(해당되는 모든 이상 흐름 시나리오)			• 유체 흐름 제한하는 오리피스	• 연료가스 고유량 시 자동으로 히터 가동정지	• 과도한 발화율을 막기 위한 절차서 및 훈련
일반적 적용 : 흐르지 않거나 적게 흐름(해당되는 모든 이상의 흐름 시나리오)				• 저유량 시 자동으로 히터 가동정지(전체 또는 개별)	• 저유량 시 수동으로 히터의 가동정지를 위한 • 절차서 및 훈련
3	• 공기부족 상황의 해결을 위한 공기의 빠른 재투입	• 화실 폭발 가능성		• 연료공급과 공기공급을 연동시켜 공기손실 혹은 부족 시 연료공급을 차단 • 공기부족 시 연소를 방지하기 위한 "lead-lag" 연소 제어 시스템	• 가능한 공기에 맞춰 연료의 연소를 제어하기 위한 절차서 및 훈련 • 공기부족 상황 시 재투입하는 공기 유속에 관한 절차서 및 훈련

No.	사건	결과	잠재적 설계 대책		
			본질적 안전 / 수동적	능동적	절차적
4	• 소각로에 폐기물 가스 공급하는 매니폴드	• 공급 라인에 역화 가능성	• 대안의 폐기가스 처리 방법(예 : 흡착)	• 폐기가스 농도의 자동 제어 • 폐기 가스를 대안처리 장치로 자동 임시 전환	• 폐기가스 농도의 수동 제어를 위한 절차서 및 훈련 • 폐기 가스를 대안처리 장치로 임시 전환을 수동으로 하기 위한 절차서 및 훈련
5	• 연도가스 댐퍼 또는 흡출송풍기의 폐쇄	• 화실 폭발 가능성	• 강력송풍기 중지 시 압력에 대한 화실 설계 • 댐퍼의 완전히 막힘을 방지하기 위한 기계적 위치 정지 • 흡출송풍기 또는 댐퍼 대신 자연 통풍 설계	• 화실의 고압압 혹은 스택의 고온 시 자동으로 히터 가동정지 • 낮은 산소 농도 시 자동으로 히터 가동정지	• 고압 경보에 대한 운전자 대응 • 낮은 산소 농도 경보에 대한 운전자 대응
6	• 산소 부족(소각로)	• 유해 물질의 불완전 처리 가능성	• 유해물질 처분을 위한 대체수단 마련 • 유해 물질의 지상 농도를 감소시키기 위해 스택의 위치를 높임	• 산소 또는 일산화탄소 농도가 낮을 때 자동으로 히터 가동정지 • 파일럿이 확인될 때까지 주연소기의 점화를 허용하지 않음	• 산소 또는 일산화탄소 농도가 낮을 때 운전자 대응 • 소각로로부터 배출되는 유해물질의 농도를 수동으로 검사하기 위한 절차서 및 훈련
7	• 연료가스가 적게 흐르거나 없음(소각로)	• 유해 물질의 불완전 처리 가능성	• 유해물질 처분을 위한 대체수단 마련 • 유해 물질의 지상 농도를 감소시키기 위해 스택의 위치를 높임	• 대용의 연료를 공급하기	• 소각로로부터 배출되는 유해물질의 농도를 수동으로 검사하기 위한 절차서 및 훈련
8	• 개별 히터관들의 부적절한 배치(공정 측)	• 튜브 파열로 화실 외부의 화재 가능성	• 튜브 야금 강화 • 벽을 더 두껍게 하기 • 병렬 튜브 흐름의 균형을 맞추기 위한 오리피스 또는 벤투리	• 개별 히터 관들의 자동 제어	
9	• 보일러 급수 중단(보일러 드럼)	• 튜브 파열 가능성	• 대류 영역 튜브에서 물이 없는 상태에서도 작동하도록 설계	• 보일러 급수의 저유량 시 연소 가동정지 인터록	• 유량 경보에 • 운전자 대응
10	• 연소가스 공급 전에 • 점화용 불꽃 없음	• 화실 폭발 가능성	• 별도의 연료원을 가진 파일럿 버너 설계 • 모든 버너의 주 차단 밸브의 상류 측으로부터 파일럿 가스 공급		• 히터 가동에 관한 절차서 및 훈련

No.	사건	결과	잠재적 설계 대책		
			본질적 안전 / 수동적	능동적	절차적
온도					
	일반적 적용 : 고온 (모든 고온 시나리오에 적용)			• 공정 출구 또는 화실의 고온 감지 시 자동으로 히터 가동정지 • 스택 출구 고온 감지 시 자동으로 히터 가동정지 • 연도의 고온 감지 시 자동으로 히터 가동정지 • 연소 또는 배출 온도의 자동 제어	• 스택 또는 화실의 고온 경보에 운전자 대응 • 공정 출구 또는 화실의 고온 감지 시 수동으로 히터 가동정지하는 것에 관한 절차서 및 훈련 • 화염이 벽에 직접 닿는 것을 막기 위한 버너 조정에 대한 절차서 및 훈련 • 연도가스 고온 시 수동 종료에 관한 절차서 및 훈련 • 과도한 연소 속도를 방지하기 위한 절차서 및 훈련
	일반적 적용 : 저온 (모든 저온 시나리오에 적용)			• 연소 또는 배출 온도의 자동 제어	• 저온 경보 시 운전자 대응 및 소각로로의 흐름을 수동으로 정지 • 연소의 저온 감지 시 소각로 가동정지를 수동으로 하는 것에 대한 절차서 및 훈련
11	• 튜브에 불꽃 충돌	• 튜브 파열로 화실 외부 화재 가능성	• 튜브 야금 강화 • 벽을 더 두껍게 하기 • 간접 연소		• 튜브 표면온도 경보에 대한 운전자 대응 • 코일의 열점에 대한 육안관찰을 위한 절차서 및 훈련
12	• 과도한 연소	• 튜브 파열로 화실 외부 화재 가능성	• 튜브 야금 강화 • 벽을 더 두껍게 하기 • 간접 연소	• 스택의 고온 감지 시 인터록 • 저산소 경보를 위한 히터의 산소분석기	• 고온 경보에 운전자 대응 • 튜브 표면 온도 경보에 대한 운전자 대응 • 튜브 열점의 육안관찰에 대한 절차서 및 훈련

<table>
<tr><th rowspan="2">No.</th><th rowspan="2">사건</th><th rowspan="2">결과</th><th colspan="3">잠재적 설계 대책</th></tr>
<tr><th>본질적 안전 / 수동적</th><th>능동적</th><th>절차적</th></tr>
<tr><td>13</td><td>• 연소 시 불충분한 공기</td><td>• 대류영역과 연도가스 시스템내 재연소로 히터손상 초래 가능성</td><td></td><td>• 공기부족 시 연소를 방지하기 위한 “lead-lag” 연소 제어 시스템</td><td>• 연도가스의 고온 또는 스택에서의 산소 저농도 감지 시 시정 또는 히터종료에 대한 절차서 및 훈련</td></tr>
<tr><td colspan="6">구성</td></tr>
<tr><td colspan="3">일반적 적용(적용 가능한 모든 시나리오에 적용)</td><td></td><td>• 스택에서의 고온 감지 시 소각로의 자동 종료</td><td>• 배출가스의 고온 감지 시 소각로의 수동정지를 위한 절차서 및 훈련</td></tr>
<tr><td>14</td><td>• 연료용 가스 발열량의 급격한 증가</td><td>• 튜브 파열로 화실 외부 화재 가능성</td><td>• 일정한 발열량을 가진 전용 연료용 가스 사용</td><td>• 공정출구 온도 및 연료 발열량에 대해 연소의 자동조절(가동 중)</td><td>• 히터 운전에 대한 절차서 및 훈련</td></tr>
<tr><td>15</td><td>• 촉매 소각로에 액체 유입</td><td>• 고온 촉매층의 결과로 고온 또는 화재 가능성</td><td>• 대체 소각로 설계</td><td>• 혼입 액체의 증발을 위한 예열
• 이송 시스템의 열선보호
• 액체 제거를 위한 녹아웃드럼</td><td>• 녹아웃드럼에서 수동으로 액체를 제거하는 것에 대한 절차서 및 훈련</td></tr>
<tr><td>16</td><td>• 연료용 가스의 액체 캐리오버</td><td>• 가스의 재발화 시 불꽃 및 폭발 가능성</td><td>• 별도의 연료원을 가진 파일럿 버너 설계
• 모든 버너의 주 차단 밸브의 상류 측으로부터 파일럿 가스 공급</td><td>• 화염 손실 시 히터 정지를 위한 화염 감시시스템
• 연료가스 시스템의 열선보호
• 액체 제거를 위한 녹아웃드럼</td><td>• 액체 녹아웃드럼의 고액위 경보에 대한 운전자 대응 및 수동으로 액체 제거하기</td></tr>
<tr><td>17</td><td>• 공통의 배출구, 스택, 열회수시스템등으로 가는 피드의 연료 / 산화제의 잘못된 비율</td><td>• 폭발성 혼합물로 인한 폭발 및 화재 가능성</td><td>• 각각의 연소 장비에 대한 별도의 환기 / 배기 시스템(별도의 플레어, 스크러버, 흡수기, 스택, 열회수 등)</td><td>• 혼합에 앞서 잘못된 비율을 검사하는 측정 시스템 및 종료 인터록(폭발성 혼합물을 방지하기 위해 공통 배출구에서 충분히 떨어진 상류에 배치)</td><td></td></tr>
</table>

No.	사건	결과	잠재적 설계 대책		
			본질적 안전 / 수동적	능동적	절차적
18	• 점화지연, 화실 내 연료누출 혹은 불충분한 화실 내 퍼징	• 잠재적인 화실 폭발 가능성	• 모든 버너에 대한 연속적인 점화원(모니터링 및 경보)	• 점화 진행 전 연료와 연소공기 조절이 적절한지에 보장하기 위한 허가 시스템 • 신뢰할 수 있는 연료 가스 차단 장치(예 : 이중 차단 및 블리드) • 연소 시작 전 모든 연료 공급 밸브의 폐쇄와 연동된 퍼징	• 연소시작 전 연료의 축적가능성을 줄이기 위하여 한 번에 한 개의 버너씩 만 켜지게끔 개별 버너 콕밸브 이용 • 점화 진행 전 연료와 연소공기 조절이 적절한지를 보장하기 위한 절차서 및 훈련
19	• 부식 / 침식	• 튜브 파열로 화실 외부 화재 가능성	• 비응축 가스를 사용하여 버너의 액체 제거 • 튜브 야금 강화 • 벽을 더 두껍게 하기 • 무황 연료 사용	• 연료 가스의 이슬점 측정 장치	• 산성 이슬점 부식(acid dewpoint corrosion)을 방지하기 위한 절차서 및 훈련 • 낮은 스택 온도 경보에 대한 운전자 대응
20	• 강력송풍기 정지	• 화실 폭발 가능성	• 흡출통풍선에 의해 생성된 최소 압력에 대한 화실 설계 • 흡출통풍선 외 대안의 설계	• 자동으로 자연 통풍으로 전화	

3.9 배관과 배관 구성장치

이 섹션의 목적은 ASME의 B31 코드에 따른 상세 배관 및 밸브 사양 분야의 관행 배관 유연성 분석, 배관 지지부, 건축 특별한 배관 재료 및 유지 보수에 대한 적절한 안전 엔지니어링 정보를 제공하는 것이다.

관행 코드 및 기준(Codes of practice and standards)이 일반적인 문제에 대한 해결책을 제시하지만, 이는 오직 제작, 시험, 검사 요구 사항을 위한 공통적인 최소한의 기준을 제공할 뿐이다. 설계된 배관 시스템을 안전하고 빈번한 유지보수에도 적절하게 하려면, 투입, 운전, 재료, 제작, 검수 또는 특수한 설계에 관련된 많은 상황들은 그에 맞는 고려를 해주어야 한다.

배관의 안전 설계에 관한 코드(Practice of Code) 및 기준(Standards)은 American Society of Mechanical Engineers(ASME)에서 발행하고 있으며, 이것들은 또한 American National Standards Institute(ANSI)에서 승인을 받았고 별표로 표시하고 있다.

① B31.1* Power Piping
② B31.2 Fuel Gas Piping
③ B31.3* Chemical Plant and Petroleum Refinery Piping
④ B31.4* Liquid Transportation Systems for Hydrocarbons, Liquid Petroleum Gas, Anhydrous Ammonia, and Alcohols
⑤ B31.5* Refrigeration Piping
⑥ B31.8* Gas Transmission and Distribution Piping Systems
⑦ B31.9* Building Service Piping
⑧ B31.11 * Slurry Transportation Piping Systems
⑨ API Specification 5L, Specification for Line Pipe

이런 다양한 섹션은 고려사항과 산업 경험을 기반으로 한 다른 압력배관 시스템안전의 margins을 제공한다.

표 2.10 배관 및 배관 구성요소에서의 고장 시나리오와 설계 해법

No.	사고	결과	잠재적 설계 대책		
			본질적 / 안전 수동적	능동적	절차적
압력					
일반적 적용 : 고압 (모든 고압 시나리오에 적용)			• 예상되는 최대 압력에 대해 설계된 배관 및 기기	• 압력방출장치 • 고압 감지에 기반한 자동 차단	• 고압 경보에 대응하는 운전자
일반적 적용 : 저압 (모든 고압 시나리오에 적용)				• 저압 감지에 기반한 자동 차단	
1	• 막혀있는 배관 내부 액체의 열팽창	• 압력 증가로 인한 누출 가능성	• 밸브나 맹판 플랜지 같이 배관을 막을 가능성이 있는 것들 제거	• 팽창 탱크	• 가동중지 기간 동안 모든 막힌 관들의 배수에 대한 절차서 및 훈련 • 배관의 한쪽 끝단을 열어놓는 절차서 및 훈련

No.	사고	결과	잠재적 설계 대책		
			본질적 / 안전 수동적	능동적	절차적
2	• 배관에서의 폭연 및 폭굉	• 누출 가능성	• 양립불가한 유체들의 혼합을 방지하기 위한 전용 배출 배관 • 난류생성 및 화염가속 가능한 피팅이나 엘보우 제거 • DDT 생성을 예방하기 위한 온도, 압력, 배관직경 제한(예 : 아세틸렌)	• 잠재적 점화원과 보호되어야 할 장비 사이에 폭굉 및 적합한 폭연 방지기 설치 • 가스 감지기와 차단기 • 점화원을 차단하기 위한 액체실드럼(예 : 플레어) • 다양한 파열판 및 배관의 적당한 위치에 폭발 배출장치 • 폭발상하한 외부영역에서의 운전(예 : 산소 또는 탄화수소 분석기로 불활성기체 퍼징 또는 가스 농축 조절)	• 공장 가동 전 불활성기체로 퍼징하기 위한 절차서 및 훈련
3	• 막혀있는 배관 및 밸브(수동)	• 압력 증가로 인한 누출 가능성	• 밸브 고정 개방(CSO)	• 흐름이 막히는 것을 방지할 수 있는 허가 시스템	• 적절한 밸브 개방상태에 대한 절차서 및 훈련
4	• 화염포집기 내부의 고체 유착	• 압력 증가로 인한 누출 가능성	• 전환가능한 화염포집기의 병병렬 설치 • 고형분이 침적되지 않는 속도로 흐를 수 있는 배관 사이즈	• 자동으로 고체를 블로우다운 하는 녹아웃팟, 필터를 통한 공정유체 내 고체 제거 • 고체 침적을 최소화 해주는 열선 설치 • 화염포집기에 차압계 설치 및 고차압 시 경보	• 수동으로 고체를 블로우다운하는 녹아웃팟, 필터를 통한 공정유체 내 고체 제거에 대한 절차서 및 훈련 • 수동 시스템 세척을 정기적으로 하기위한 절차서 및 훈련 • 세정, 블로우다운, 내부배관 세척장치(예 : 피그)를 통한 정기적인 세척에 대한 절차서 및 훈련
5	• 밸브의 급격한 폐쇄	• 액체해머링, 배관파열, 누출 가능성	• 천천히 닫히는 수동 밸브(쿼터 턴 대신 게이트 밸브)	• 모터작동 밸브에 대해 기어 비율을 조정하여 폐쇄속도 제한 • 공기작동밸브에 대해 제한오리피스를 이용하여 폐쇄속도 제한 • 서지 어레스터	• 밸브를 천천히 폐쇄하는 것에 대한 절차서 및 훈련

No.	사고	결과	잠재적 설계 대책		
			본질적 / 안전 수동적	능동적	절차적
6	• 자동제어밸브의 열림	• 다운스트림 배관 및 장치들의 고압 가능성	• 밸브가 완전히 열리지 못하는데 사용되는 제한정지 설치 또는 제한 오리피스 설치		• 주의 : 작업자가 대응하기에는 너무 빠름
7	• 안전방출장치의 출구/입구 막힘	• 방출능력 상실 가능성	• 방출 통로의 모든 블록밸브 제거 • 3-Way 밸브를 사용하여 2번째 안전방출장치 설치		• 안전방출장치 상류에 위치한 모든 블록밸브에 CSO 또는 Locked Open 적용, 하류 밸브들의 개폐를 규제할 수 있도록 적용 가능한 코드와 행정적 절차에 대한 절차서 및 훈련
8	• 저압 배관 및 기기에 펌프 최대 압력이 걸리는 경우	• 저압 배관 또는 노즐의 손상	• 고압에 견디는 플랜지와 밸브 사용(예 : 클래스600 플랜지, 상압탱크 오픈 탑 차단 밸브) • 펌프 후단에 밸브를 없앤다(예 : 탱크 상단으로 방출)	• 저압배관 쪽으로의 역류를 방지하기 위한 체크밸브 • 저압배관에 안전방출밸브 설치 • 역류 방지기 또는 펌프 고장 시 역류발생 빈도 저감을 위해 저절로 예비펌프가 가동될 수 있도록 함	
9	• 슬러리나 고분자에 의해 양변위펌프의 배출부 막힘	• 높은 압력으로 인한 배관 시스템 파괴.		• 고/저 전류 시 모터 자동정지 인터록(안전배출밸브가 막혀있어 효력없을 가능성이 있음) • 저유량/유량 없을 시 자동정지 인터록	
흐름					
일반적 적용 : 과유량(More Flow)(모든 과유량 시나리오에 적용)				• 고유량에 대한 자동 차단	• 과유량에 대한 운전자 대응
일반적 적용 : 무/저유량(No/Less Flow)(모든 무/저 유량 시나리오에 적용)					• 저유량에 대한 운전자 대응

No.	사고	결과	잠재적 설계 대책		
			본질적 / 안전 수동적	능동적	절차적
10	• 고체축적에 의한 안전방출밸브의 막힘(중합, 응결)	• 방출능력 상실 가능성	• 방출장치 입구에 Flow sweep fitting • 배출장치의 열선보호 및 절연	• 퍼징유체를 이용하여 안전방출밸브 입구를 자동세척 • 방출판 단독사용 또는 적절한 방출판 누설감지를 할 수 있게 안전밸브와 조합하여 사용	• 퍼징유체를 이용하여 안전방출장치 입구를 정기적으로 수동 및 연속 세척하는 것에 관한 절차서 및 훈련
11	• 높은 유체 속도	• 2상 흐름 또는 고체가 배관을 마모시켜 침식에 의한 누출 가능성	• 침식이 일어날 수 있는 곳에 피팅 최소화 • 티, 엘보우 및 마모될 수 있는 위치에 두꺼운 재질 사용 • 침식에 강한 재질 사용 • 유속을 제한할 수 있는 배관 크기의 설계 • Flow Sweep Fitting 사용		• 유속제한에 관한 절차서 및 훈련 • 마모되기 쉬운 곳의 주기적 검사에 관한 절차서 및 훈련
		• 정전기로 인한 화재 / 폭발 가능성(조건이 갖춰졌을 때)	• 최대 예상 유속에 대한 배관 설계 • 배관과 장비들의 접지 및 본딩(비전도성 물질에는 적용이 어려울 수 있음)		• 유속제한에 관한 절차서 및 훈련
12	• 역류	• 결합부위와 드레인, 혹은 임시결합부가 역류를 야기하여 원치 않는 반응 또는 저장탱크의 넘침 등 유발	• 연결하지 말아야 할 배관끼리는 다른 피팅 사용 • 배관 분리	• 저차압 감지 시 자동 차단 • 역류를 방지하기 위해 저압 측에 체크밸브 사용	• 연결된 배관들의 적절한 분리에 대한 절차서 및 훈련 • 저차압 감지 시 차단시키는 절차서 및 훈련
13	• 의도치 않은 흐름(1 / 4 턴밸브 열림)	• 누출 가능성	• latching 핸들 • 타원 / 원형 핸들		

<table>
<tr><th rowspan="2">No.</th><th rowspan="2">사고</th><th rowspan="2">결과</th><th colspan="3">잠재적 설계 대책</th></tr>
<tr><th>본질적 / 안전 수동적</th><th>능동적</th><th>절차적</th></tr>
<tr><td>14</td><td>• 드레인 또는 샘플링 밸브의 폐쇄 실패</td><td>• 누출 가능성</td><td>• “Deadman”(스스로 잠기는) 밸브
• 갑작스러운 열림을 방지하기 위한 latching 핸들</td><td>• 자동 고립계 샘플링 시스템</td><td>• 이중차단 블리드 밸브</td></tr>
<tr><td>15</td><td>• 투시창 또는 다른 유리 부위 깨짐 (Sight Glass)</td><td>• 누출 가능성</td><td>• 유리 부분 사용 금지
• 유리 부분이 있는 곳의 유속을 낮추기 위한 제한 오리피스
• 충격방지를 위한 물리적 방어(armored 투시창)
• 최대예상압력을 견디는 투시창 사용</td><td>• 유리부 파손으로 인한 누출을 제한하기 위한 과유량 체크밸브(Excess flow check valves 설치)</td><td>• 투시창을 사용하지 않는 경우 차단을 위한 절차서 및 훈련</td></tr>
<tr><td colspan="6">온도</td></tr>
<tr><td colspan="3">일반적 적용 : 고온
(모든 고온 시나리오에 적용)</td><td></td><td>• 고온경보에 대한 자동대응</td><td>• 고온에 대한 운전자 대응</td></tr>
<tr><td colspan="3">일반적 적용 : 저온
(모든 저온 시나리오에 적용)</td><td></td><td>• 저온경보에 대한 자동대응</td><td>• 저온에 대한 운전자 대응</td></tr>
<tr><td>16</td><td>• 잘못된 열선 보호</td><td>• 국부과열로 인한 발열반응 및 누출 가능성</td><td>• 트레이서와 배관 사이에 절연물질(샌드위치형 트레이서)</td><td>• 온도 제한이 가능한 전기 열선 보호
• 접지불량 지시 보호기</td><td></td></tr>
<tr><td>17</td><td>• 덮개형 파이프의 온도조절 고장 (수동, 자동)</td><td>• 온도조절 실패로 인한 국부과열과 그로 인한 발열반응</td><td>• 최대 온도가 안전한 수준으로 제한되는 열매체 사용</td><td></td><td></td></tr>
<tr><td>18</td><td>• 콘트롤밸브 주위의 높은 압력 감소</td><td>• 플래싱, 진동으로 인한 누출 가능성</td><td>• 감압을 단계적으로 실행
• 배관을 철저히 고정
• 밸브를 최대한 용기 입구 쪽에 위치
• 플래싱과 높은 압력감소에 적합한 밸브 선정</td><td></td><td></td></tr>
</table>

No.	사고	결과	잠재적 설계 대책		
			본질적 / 안전 수동적	능동적	절차적
19	• 외부 화재	• 예기치않은 반응 가능성 (아세틸렌 열분해)	• 연속용접 배관 • 스테인리스스틸 막이 등의 내화절연	• 자동 물 분사 를 갖춘 화재감지시스템 • 화재 감지 시 자동 차단 장치	• 화재 감지 시 운전자 대응 및 물 분사 장치 수동 가동
20	• 낮은 대기온도	• 라인 또는 사용되지 않는 관의 동결과 제품의 고형화 가능성	• 블로우다운 배관을 기울여서 제작 • 누적되는 지점, 사용되지 않는 관이 없도록 설계 • 공정라인 보온	• 누적될 수 있는 부분에 자동 배수 장치 설치 • 동결방지제등을 자동 주입 • 열선보호 설치	• 최소 유량이 흐르게 하는 절차서와 훈련 • 누적되는 부분 배수하는 절차서와 훈련 • 동결방지제등을 주입하는 절차서 및 훈련
21	• 추운 날씨로 인한 스팀 응축	• 응축수의 해머링 및 배관 파열 가능성	• 배관을 철저히 고정	• 열선보호 설치 • 스팀헤더에서 응축조절을 위한 응축기 / 스팀트랩 설치	• 하류 배관을 천천히 따뜻하게 하는 절차서 및 훈련
22	• 과한 열 스트레스	• 누출 가능성	• 새깅을 막기 위한 지지 추가 • 팽창 루프 및 조인트 • 팽창루프 및 조인트 절연		
기기고장					
23	• 가스켓 누설	• 누출 가능성	• 이중관 • 전체용접 배관을 최대한 사용 • 불필요한 피팅 최소화	• 적절한 재질의 가스켓 사용	• 누설에 대한 주기적인 검사 절차서 및 훈련
24	• 플랜지 누설	• 누출 가능성	• 지하배관에서 사용을 피함. • 이중관 • 전체용접 배관을 최대한 사용 • 불필요한 피팅 최소화 • 외부 충돌 방호구 설치 • 배관 지지대의 적절한 설계 및 위치 • 작업자노출방지를 위한 플랜지 차폐	• 누출 감지 및 자동 차단	• 누설에 대한 주기적인 검사 절차서 및 훈련 • 외부 충격을 막기 위한 절차서

No.	사고	결과	잠재적 설계 대책		
			본질적 / 안전 수동적	능동적	절차적
25	• 밸브 누설	• 누출 가능성	• 밸브의 적절한 설계 및 선택	• 화재발생 시 자동으로 잠기는 퓨즈를 이용한 밸브	• 누설에 대한 주기적인 검사 절차서 및 훈련
26	• 이송호스 누설	• 누출 가능성	• 호스 연결대신 단단한 배관 연결 사용 • 내구성 좋은 호스 사용(강철 편조) • 설계압이 높은 호스 사용		• 누설에 대한 주기적인 검사 절차서 및 훈련
27	• 배관, 호스의 라이닝 파손	• 누출 가능성	• 라이닝이 필요 없는 재질의 배관 사용 • 정전기축적에 의한 약화 예방을 위한 반도체 라이너 사용 • 두꺼운 라이너 사용 • 정전기 침혈현상 방지를 위한 유속 제한		• 금속 배관 두께 검사 절차서 및 훈련 • 정기적인 공정유체 성분 분석 절차 및 훈련
28	• 절연된 부분의 내부 부식 및 외부 부식	• 누출 가능성	• 절연 내부부식을 최소화하기 위한 코팅 및 절연 • 외부 부식을 막기 위한 배관 재질 개선		• 금속 배관 두께 검사 절차서 및 훈련
29	• 사용되지 않는 라인(데드레그)	• 누출 가능성	• 사용되지 않는 부분 제거	• 열선보호	• 금속 배관 두께 검사 절차서 및 훈련 • 데드레그 식별을 위한 절차서 및 훈련
30	• 지하배관의 음극보호 실패	• 부식으로 인한 누출 가능성	• 지상배관으로 전환		• 금속 배관 두께 검사 절차서 및 훈련 • 음극보호 모니터링 및 시스템 이상 시 경보
31	• 합류점	• 부식으로 인한 누출 가능성	• 난류를 피하도록 설계 • 재질 개선		• 작업자의 합류점 검사를 위한 절차서 및 훈련
32	• 주입점	• 부식으로 인한 누출 가능성	• 과부하 및 피로파괴를 최소화 하도록 주입점 설계		• 작업자의 주입점 검사를 위한 절차서 및 훈련

3.10 물질 취급과 창고 보관

이 섹션에서는 저장 설비와 물질을 다루는 것에 대한 가능성 있는 고장 메커니즘을 설명하고 관련된 위험을 줄일 수 있는 대안설계를 제안한다. 이 섹션에서 다루는 기기의 유형은 다음과 같다.

① 짐을 올리고 내리는 작업

② 드럼을 옮기는 작업

③ 창고에 보관하는 작업

이 섹션에서는 위에서 언급한 기기들에 대한 고장 상황에 대해 설명하지만, 다른 기기들에 대한 몇몇 일반적인 고장 상황 역시 다룰 것이다.

저장 물질을 다루는 것은 운전 절차에 관한 일이다. 위험을 감소하려는 측면에서 절차상 보호 규약과 인간 실수를 반영한 설계의 중요성은 필수적 역할을 맡고 있다.

이 장에서는 물질을 다루거나 저장장치에서의 고유한 고장 형태에 대해서 제시한다. 다른 일반적인 장치에 대한 고장 시나리오들 역시 물질을 다루거나 저장하는 데 적용이 가능하다.

물질 취급은 절차를 바탕으로 한 일이다. 절차상의 방호 및 인적 인자를 반영한 설계의 중요성은 위험감소에서 중요한 역할을 한다.

표 2.11 로딩, 언 로딩에 대한 일반적인 고장 시나리오 및 설계 대책

No.	사고	결과	잠재적 설계 대책		
			본질적 안전 / 수동적	능동적	절차적
Loading and Unloading					
압력					
	일반적 적용 : 고압 (모든 고압 시나리오에 적용)		• 펌프의 데드헤드 압력에 대해 설계된 배관 및 호스 • 최대로 예상되는 공급압력에 대해 설계된 용기	• 안전밸브 설치	• 고압 경보에 대응하는 운전자
	일반적 적용 : 저압 (모든 저압 시나리오에 적용)		• 완전진공에 대비한 탱크 설계	• 진공방출 장치 설치	• 저압 경보에 대응하는 운전자

No.	사고	결과	잠재적 설계 대책		
			본질적 안전 / 수동적	능동적	절차적
1	• 탱크로리, 기차, 선박의 용기의 배출 배관이 막히거나 연결되지 않음	• 탱크로리, 기차, 선박의 용기의 진공상태 및 누출 가능성		• 이송속도에 따른 압력 보충을 위한 압력 조정 패드	• 적절한 배출배관 연결을 확인하는 절차서 및 훈련
2	• 탱크로리, 기차, 선박으로부터 물질이송을 위해 사용되는 고압의 불활성기체	• 과압으로 인한 누출 가능성	• 유량 제어용 오리피스	• 안전밸브 설치	• 탱크로리, 기차, 선박의 용기에 압력을 모니터하는 절차서 및 훈련
3	• 펌프 데드헤드 압력이 호스나 배관의 설계압력보다 높은 경우	• 누출 가능성	• 호스나 배관의 설계압력보다 낮은 펌프 데드헤드 압력	• 데드헤드 상황에서 펌프 가동 중단(예 : 저유량, 저전류, 저전압)	• 이송하기 전에 밸브 개폐를 파악하는 절차서 및 훈련
4	• 저장탱크 및 이송용 용기의 과충전	• 과압으로 인한 용기 고장 또는 방출장치 열림(특히 액화기체의 경우)	• 봉쇄	• 유독 / 인화성 물질일 때 방출장치로부터 안전한 장소, 스크러버, 플레어등으로 방출시킴 • 신뢰도 높은 과충전 보호 시스템(액위기) • 충전 부피, 질량 측정	• 최대 충전 부피 / 질량을 확인하는 절차서 및 훈련(이송 온도, 압력 고려)
5	• 최종 저장용기의 저압	• 과유량 장비(Excess flow devices)가 작동하지 않을 가능성		• 임시 불활성기체 패딩	• 최소한의 이송압력을 확인하기 위한 절차서와 훈련
흐름					
일반적 적용 : 초과 유량 (모든 초과 유량 시나리오에 적용)			• 제한 오리피스	• 고유량 경보 및 자동 대응	• 고유량 경보에 대응하는 운전자
일반적 적용 : 저 유량 또는 흐르지 않음 (모든 저 유량 또는 흐르지 않는 시나리오에 적용)					• 저 유량 경보에 응답하는 운전자
6	• 과충전 속도	• 정전기 축적에 의한 화재 / 폭발 가능성	• 유량 제어용 오리피스	• 저장용기를 불활성화	

No.	사고	결과	잠재적 설계 대책		
			본질적 안전 / 수동적	능동적	절차적
7	• 잘못된 저장용기로 이송	• 원치 않는 혼합으로 인한 폭주반응이나 누출 가능성		• 자동으로 하역 밸브(운전자가 허용해야만 열림)	• 이송 전에 연결상태 확인하는 절차서 및 훈련
8	• 저장탱크나 용기의 용량을 초과 이송탱크	• 과충전 및 그로 인한 누출 가능성	• 이송탱크로리보다 큰 저장탱크	• 고액위 시 경보 및 자동 이송중지	• 이송 전 탱크 용량을 확인하는 절차서 및 훈련
9	• 하역 측의 매뉴얼 밸브 폐쇄	• 펌프 데드헤드 압력으로 인한 누출 가능성	• 호스나 배관의 설계 압력보다 낮은 펌프 데드헤드 압력	• 데드헤드 상황에서 펌프 가동 중단(예 : 저유량, 저전류, 저전압)	• 이송 전에 밸브상태를 확인하는 절차서 및 훈련
			높이		
10	• 하역 쪽의 잘못된 재질	• 물질상극으로 인한 폭주반응 및 누출 가능성		• 탱크의 고압 / 고온 시 자동 이송 정지	• 이송 전 적절한 재질인지 파악하는 절차서 및 훈련
			구성성분		
11	• 이송 호스의 누설 또는 파열	• 누출 가능성		• 과유량밸브Excess flow valve(호스 상부) • 호스 / 배관 연결부위 양끝단 자동 차단 밸브 • 공급 배관 저압 시 인터록	• 검사 확인 및 적절한 주기의 교체에 대한 절차서 및 훈련 • 사용 전 호스의 육안 검사에 대한 절차 • 압력 및 누설검사 절차 • 호스 사용 전 육안검사에 대한 절차서 및 훈련
12	• 하역 측 용기의 움직임으로 인한 호스 / 배관 고장	• 누출 가능성		• 과유량밸브Excess flow valve(호스 상부) • 호스 / 배관 연결부위 양끝단 자동 차단 밸브 • 저장용기 움직임에 대한 인터록 • 공급 배관 저압 시 인터록 • 내부 차단 장치를 이용한 연결끊기	• 탱크로리 / 열차 / 용기의 위치, 움직임, 잠김을 파악하는 절차서 및 훈련

No.	사고	결과	잠재적 설계 대책		
			본질적 안전 / 수동적	능동적	절차적
Drumming					
압력					
	일반적 적용 : 고압 (모든 고압 시나리오에 적용)				• 고압 경보에 응답하는 운전자
	일반적 적용 : 저압 (모든 저압 시나리오에 적용)				• 저압 경보에 응답하는 운전자
13	• 펌프의 최대설계 압력이 드럼 설계 압력보다 높음	• 드럼의 과압 및 누출 가능성	• 펌프의 설계압력을 드럼의 설계압력보다 낮춤	• 드럼의 설계압력 아래로 방출밸브 설정	• 벤트개방, 증기조절 시스템에 대한 절차서와 훈련
14	• 주입 전 벤트 마개 미제거	• 드럼의 과압 및 누출 가능성	• 드럼을 도로경계석이 있거나 일자형구멍의 커버가 있는 배수조 위에 설치 • 방류벽		• 주입 전 마개 제거에 대한 절차서와 훈련
15	• 배출시스템이 막히거나 미작동	• 드럼의 과압 및 누출 가능성	• 방류벽	• 배출이 안 될 경우 자동으로 이송정지	• 주입 전 배출의 작동여부 및 막힌 곳의 확인을 위한 절차서와 훈련
16	• 밀봉되지 않은 드럼	• 누출 가능성	• 드럼을 도로경계석이 있거나 일자형구멍의 커버가 있는 배수조 위에 설치 • 방류벽		• 적절한 드럼 밀봉여부를 확인하는 절차서 및 훈련
흐름					
17	• 운전자의 이송 미중단	• 과충전 및 누출 가능성		• 적목 고액위 감지 및 자동 주입 차단	• 주입 시 드럼 액위에 대한 모니터링에 대한 절차서 및 훈련
18	• 정전기 방전	• 화재 가능성	• 이송 전에 접지 및 본딩(유체 이송 시작 전 허가제) • 액체의 자유낙하 최소화(바닥에서부터 채우거나 침액튜브 설치)	• 불활성화	

No.	사고	결과	잠재적 설계 대책		
			본질적 안전 / 수동적	능동적	절차적
구성성분					
19	• 드럼 내 오염/외부 물질	• 드럼 내 반응 및 누출 가능성			• 깨끗한 드럼 사용을 위한 절차서 및 훈련
20	• 폭발성/반응성 있는 오염물질의 축적	• 폭발, 부식 폭주 반응으로 인한 누출 가능성, 화재 가능성	• 원치않는 물질의 축적을 방지하기 위한 주입, 배수, 배출의 설계(예: 불활성기체 충전 vs. 압축기체 충전 등) • 오염물질의 제거를 고려한 상류측 설계, 흡수기 or entrainment of contaminants	• 충전 시스템 설계(기름없는, 건조한, 불활성기체 등) • 오염물질이 방출될 수 곳으로부터 먼 곳에 충전시스템의 공기 흡입구 설치	• 이송방법에 대한 절차서 및 훈련(예: 불활성기체 충전 vs. 압축기체 충전) • 원료, 최종생산물, 저장용기 내 오염물질을 측정하는 절차서 및 훈련

4 안전 설계와 안전관리 대책

4.1 화학공장의 안전 설계

1) 개요

(1) 화학공장에서의 생산 활동은 대부분 유해위험물질을 취급하기 때문에 공정의 설계단계부터 운전, 보수, 정비 등에 있어서 화재나 폭발 그리고 누출 등의 중대산업사고 예방을 염두에 두고 설계를 해야 한다.

(2) 공정설계단계에서는 본질적인 보다 안전한 설계를 적용해야 하고 운전, 보수, 정비 등에 있어서는 사전 계획과 비상시 대책을 세우고 안전장비 등을 구입하여 위험에 대비할 수 있도록 하여야 한다.

(3) 공정설계단계에서 안전한 설계를 적용하고 기본적인 공정제어시스템을 도입했다고 하더라도 완벽한 안전이 보장될 수는 없다. 이러한 설계 후 사고 피해의 최소화를 위하여 물리적 방호를 할 수 있는 안전밸브나 안전거리 등 방호장치의 구체적 계획이 필요하다.

2) 본질안전설계

(1) 효율화 : 유해·위험성이 있는 물질의 양을 줄임

① 반응기 반응율 최대화 → 반응기 크기 축소
〈기대효과 : 경제성, 안전성 증대〉

② 회분식 반응기 → 연속식 반응기
〈기대효과 : 부반응이 적고 폭주반응 위험성 낮음〉

③ 저장 : 원료, 중간제품 및 제품의 저장량을 최소화하여 위험감소

(2) 대체 : 유해·위험성이 적은 물질로 바꿈

① 밸브 이음 시 플랜지 사용 → 용접 배관 사용
〈기대효과 : 누출원인 인 제거〉

② 열전달 유체 고온의 기름사용 → 스팀 증기 사용
〈기대효과 : 고온 유체 사용에 따른 화재위험 제거〉

(3) 완화 : 취급조건 및 형태를 유해·위험성이 적은 형태로 변경

① 고체취급, 미세분말 → 그래뉼, 펠렛 타입
〈기대효과 : 분진폭발 원인 제거〉

② 공정온도, 압력 완화 : 고압, 고온 → 저압, 저온
〈기대효과 : 온도, 압력을 낮춤으로 위험성 낮춤〉

③ 희석 : 저 비점의 위험물질 저장 시 근원적 위험을 감소시키는 방법으로 저장하는 압력을 줄이거나 누출되었을 때 농도를 낮게 하는 방법

(4) 영향의 제한 : 유해·위험한 물질, 에너지의 누출에 의한 결과가 최소화되도록 설비설계

① 적절한 안전거리

② 공정운전조건 이탈 제한

③ 운전 현장과 제어실 격리

④ 밀폐시설설치(독성물질 취급 시)

(5) 단순화 : 운전상의 실수가 최소화되도록 설비설계

① 연소 : 초기 가연성 분진 또는 증기의 폭연에 의한 최대압력이 8.5~10.5 kg/cm^{2}G 정도이므로 해당 설비가 이 압력 이상에서 견디도록 설계

② 진공 : 용기 내부의 진공에 의하여 파괴되지 않도록 설계

③ 폭주반응 : 반응기의 설계압력은 폭주반응으로 인하여 생성되는 압력하에 견딜 수 있

도록 설계

④ 열교환기 : 관형 열교환기는 열교환기의 튜브가 파손된 경우에도 그 압력에 견딜 수 있도록 설계

⑤ 배관 : 누출을 최소화하기 위하여 후렌지 등의 부속품사용을 최소화하고 가능하면 용접으로 설계

⑥ 액체이송 : 액체이송시스템은 누출 가능성이 최소가 되도록 설계

3) 공정안전관리

(1) 본질적

본질적으로 안전한 플랜트는 제어시스템, 연동장치, 중복안전장치, 특수 관리시스템, 복잡한 운전지침서, 또는 정교한 운전 절차에 의존하지 않고 재해를 예방하기 위해 위험요인 제거라는 원칙을 사용한다.

(사례 : 폭주반응에 의하여 과압을 발생시키지 않는 비휘발성 물질을 사용한 대기압 반응)

(2) 수동적

어느 장치의 능동적인 작용 없이 사고빈도나 사고 결과 영향을 감소시키는 공정 및 장치 설계 특성을 통해 위험요인을 최소화한다.

(사례 : 폭주반응에 의하여 10 kg/cm²G의 과압이 발생되는 반응에 설계압력이 20 k/cm²G인 반응기 사용)

(3) 능동적

능동적 대응 요구. 이 시스템은 비록 인간 개입이 포함된다고 하여도, 보통 엔지니어링 제어라 할 수 있다.

(사례 : 폭주반응에 의하여 10 kg/cm²G의 과압이 발생되는 반응에 설계압력이 5 kg/cm²G인 반응기를 사용하고, 운전은 3 kg/cm²G 압력에서 하고 압력이 운전 압력보다 0.5 kg/cm² 이상 올라가면 원료 공급을 차단할 수 있는 인터록 설비를 설치하고 설정압력이 5 kg/cm²G인 파열판을 설치)

(4) 절차적

어떤 일을 수행하는 확립된 또는 공식적인 방법에 기초한 것으로, 이들은 보통 행정적 관리를 말한다.

(사례 : 폭주반응에 의하여10 kg/cm²G의 과압이 발생되는 반응에 설계압력이 5 kg/cm²G

인 반응기를 사용하고, 운전원에게 운전압력을 수시로 확인하도록 하고 또한 운전압력보다 압력이 0.5 kg/cm² 이상 올라가면 원료공급을 중단하도록 절차에 반영)

표 2.12 공정위험관리 전략 계층구조

전략	주안점
본질적	최소화, 대체화, 단순화
수동적	사고빈도나 사고결과 영향을 감소시기는 공정 및 장치설계특성을 통해 위험요인을 최소화(방호벽, 안전거리 등)
능동적	인간 개입이 포함되는 엔지니어링 제어(압력릴리프, 스프링클러, 불활성화, 플레어시스템 등)
절차적	일을 수행하는 확립된 또는 공식적인 방법에 시초한 것으로 행정적 관리를 말함(안전경영방침, 운전절차, 비상대응절차 등)

4.2 화학공장의 안전대책

1) 화학적 위험에 대한 안전대책

① 위험물질의 최소화 또는 대체
② 위험조건의 완화, 피해의 제한 및 최소화
③ 설비의 단순화
④ 운전자의 안전교육

2) 물리적 위험에 대한 안전대책

① 릴리프 시스템 설치
② 계측장치와 안전장치의 연계
③ 경보장치
④ 비상안전장치(우회, 방출, 이송, 냉각, 불활성화 등)

3) 기계적 위험에 대한 안전대책

① 중화, 독성물질처리 설비 등
② 안전색채 조절
③ 방호장치
④ Fool proof, Fail safe
⑤ 인터록장치

4) 전기적 위험에 대한 안전대책

① 누전차단기 설치
② 접지설비
③ 피뢰설비
④ 비상발전기

5) 중점 관리 항목

① 협력업체의 정비·보수작업 안전수칙 제정 및 작업 시 준수 여부
② PSM 대상물질 및 급성독성물질 등 유해·위험물질 취급·관리
③ 용접작업 시 용접불꽃에 의한 화재예방조치 및 초기 대응계획
④ 위험물질 취급 시 잔류가스 체류 등 폭발 분위기가 형성될 가능성 여부 및 대응계획
⑤ 밀폐공간 작업자에 대한 교육 및 관리·감독 실태
⑥ 자연재난이 사업장의 산업재해로 연계될 가능성 및 대책

연습문제

01. 화학공장의 위험관리의 4가지 접근방법을 간략히 설명하시오.

02. 정밀화학 공정별 위험요인을 기술하시오.

03. 정밀화학에서 공정위험관리을 위한 전략적 계층관리 4가지를 간략히 설명하시오.

04. 화학공장의 화재폭발 위험요인과 안전대책을 설명하시오.

CHAPTER

03

국내외 화학사고 예방제도

학습목표

1. 화학사고의 정의와 분류를 학습한다.
2. 국내외 화학사고 예방제도를 이해한다.

1 화학사고 정의 및 분류

1.1 사고의 정의 및 종류

1) 사고, 사건 및 재해

사고(accident)는 일반적으로 사물의 불안전한 환경 또는 사람의 불안전한 행동으로 인해 발생하는 사건(event)으로, "사물이나 사람 또는 환경에 피해를 입히는 것"으로 정의한다. 그러나 안전관리 측면에서 넓은 의미의 사고는 "의도하지 않은 상해 또는 손상을 초래하였거나, 초래할 뻔한 사고"로, 사고를 포함하는 사건(incident)으로 정의하고 있다. 그러므로 아차사고(near miss)는 사고피해가 없는 사건이다. 따라서 안전관리에서 통상적으로 사용하는 사고는 사건과 구분하여 좁은 의미인 인적 및 물적 사고피해가 있는 뜻하지 않은 상황으로 볼 수 있다.

재해(damage)는 사고와 혼용하여 사용하기도 하지만, 정확한 의미는 사고에 의한 결과이다. 즉, 국제노동기구(ILO)의 국제노동통계회의에서 재해란 "사람(근로자)이 물체(물질) 또는 타인과 접촉하였거나, 각종 물체 및 작업조건에 폭로 또는 사람의 작업행동으로 인해 상해를 동반하는 사건"으로 정의하였다.

2) 사고의 종류

고용노동부와 환경부 등이 관련법에 따라 관리하고 있는 화학산업에서 일어나는 사고에는 산업사고, 중대(산업)사고, 아차사고, 화학사고 등이 있다.

산업사고(industrial accident)는 산업현장에서 발생하는 사고로, 일반적으로 "노동과정에서 업무상 일어난 사고 또는 직업병으로 인해 근로자가 받는 신체적 또는 정신적 장애"로 정의할 수 있다. 특히, 산업사고 중에서 유해위험설비로부터 위험물질 누출, 화재, 폭발 등으로 인하여 사업장 내의 근로자가 사망 및 부상을 입거나, 인근지역의 주민이 인적 피해를 입을 수 있는 사고를 중대산업사고(major industrial accident, MIA)라고 정의한다(산업안전보건법 제49조의 2). 또한 아차사고는 잠재되어 있는 사고요인을 작업자가 사전에 발견하거나, 사고조건이 형상되지 않아서 실제로 사고로 발전되지 않은 사고로, 넓은 의미의 사고인 사건이다.

화학사고(chemical accident)는 일반적으로 화학물질에 의한 사고로 규정할 수 있으나, 국내

·외에서 시행하고 있는 사고예방 제도에 따라 서로 다르게 정의하고 있을 뿐만 아니라, 화학사고의 기준 또한 다르게 분류하고 있다.

1.2 국내 화학사고의 정의 및 분류

〈표 3.1〉에서와 같이 국내에서는 화학물질 사고의 예방과 대응을 위해 여러 법이 제정되어 있고, 이들 법은 법의 목적과 관리대상 물질에 따라 서로 다른 정부부처에서 관리(9개 부처, 14개 법률)하고 있다. 또한 화학사고의 정의와 분류도 화학사고 예방제도를 운영하고 있는 환경부, 고용노동부 및 산업통상자원부의 관련 법령 또는 규정에 따라 서로 다르게 규정되어 있다.

표 3.1 국내 화학사고 관련 법령 및 관리

소관부처	관리대상	근거 법령	법의 목적
환경부 (화학물질안전원)	유해화학물질 (유독물질 등)	화학물질관리법	유해화학물질로 인한 사람의 건강 및 환경 보호
고용노동부 (안전보건공단)	유해위험물질	산업안전보건법	산업재해 예방 및 근로자의 안전보건 유지 및 증진
행정안전부 (소방청)	위험물	위험물안전관리법	화재 예방진압 및 재난 등 위급상황에서 국민생명 재산 보호
	화약류	총포, 도검, 화약류 등 단속법	화약류 등으로 인한 위험과 재해 방지
산업통상자원부 (한국가스안전공사)	고압가스, 독성가스, 액화석유가스	고압가스 안전관리법	고압가스 및 액화석유가스로 인한 위해방지

1) 환경부의 화학물질관리법 관련 규정

화학물질관리법의 제2조 13호에는 화학사고를 "시설의 교체 등 작업 시 작업자의 과실, 시설 결함·노후화, 자연재해, 운송사고 등으로 인하여 화학물질이 사람이나 환경에 유출·누출되어 발생하는 일체의 상황을 말한다"라고 규정하여 화학물질이 사람 또는 환경에 유·누출되는 모든 상황(incident)을 의미한다.

또한 화학재난 합동방재센터의 설치 및 운영에 관한 규정(환경부훈령 제1367호) 제2조 2호에서 화학사고는 “화학물질이 시설의 교체 등 작업 시 작업자의 과실, 시설 결함·노후화, 자연재해, 운송사고 등으로 인하여 유출·누출되거나, 화재·폭발하는 등 사람이나 환경에 영향을 주는 일체의 상황”으로 정의하여 화재·폭발을 추가하면서 사람이나 환경에 영향을 주는 사고로 한정하고 있다.

이와 같이 환경부가 관리하고 있는 법령과 규정에서도 화학사고의 정의가 다소 차이가 있으며, 화학사고의 분류기준 또한 없으나 화학물질관리법과 관련된 법령 또는 규정에서 언급하고 있는 화학사고에는 유해화학물질 취급시설에서 화재, 폭발, 유출·누출되어 사람이나 환경에 영향을 미치는 사고, 사고대비물질이 화재, 폭발, 유출·누출된 사고, 주민, 공작물·농작물 및 환경매체 등에 영향을 주는 화학사고, 환경기준을 초과하여 지역을 오염시킨 화학사고, 운반계획서[1]에 의한 경로에서 하천 혹은 주변 지역으로 확산, 주거지역에서 발생한 화학사고, 환경부장관이 정한 기준에 따라 즉시 신고[2]한 화학사고 등이 있다.

이와 같이 화학사고의 분류기준은 없으나 화학사고를 신고하여야 하는 의무규정인 화학사고 즉시 신고에 관한 규정에는 다음의 사고를 포함시키고 있다.

① 사람이나 사업장 밖의 환경에 영향이 있는 유·누출사고

② 사람이나 사업장 밖의 환경에 영향이 없는 유·누출사고 중

- 유해화학물질(408종)이 5 L/kg을 초과한 유·누출사고
- 충분한 자료가 확보된 유해화학물질의 유·누출사고에 대해 유해화학물질(46종)의 종류에 따라 5, 50, 500 L/kg을 초과한 유·누출사고

2) 고용노동부의 산업안전보건법 관련 규정

산업안전보건법에는 화학사고의 정의가 없으나, 화학사고 중에서 피해가 큰 대형 화학사고인

1) 운반계획서 : 유독물질 5,000 kg, 허가물질·제한물질·금지물질 또는 사고대비물질 3,000 kg 이상을 운반하는 자는 운반자, 경로, 노선, 운반시간 등에 관한 운반계획서를 지방관서의 장에게 제출하고, 지방관서의 장은 통행도로 주변의 하천 유무, 화학사고 발생 시 확산 위험성, 주거지역 통과여부 등을 확인한 후 필요한 안전조치를 취하도록 되어 있음

2) 화학사고 즉시 신고에 관한 규정(환경부예규 제632호)」: 유해화학물질이 5 L 또는 5 kg을 초과하여 유출·누출된 때에는 즉시 신고하여야 하고, 충분한 자료가 확보된 유해화학물질로서 산 5종, 염기 5종, 가스 13종, 유기용제 19종, 기타 2종 등 44종에 대하여 유출·누출량이 5 kg 또는 5 L 이상인 물질 10종, 50 kg 또는 50 L 이상인 물질 17종, 500 kg 또는 500 L 이상인 물질 17종으로 구분

중대산업사고를 유해·위험설비로부터 위험물질의 누출, 화재, 폭발 등으로 사업장 내의 근로자에게 즉시 피해를 주거나 사업장 인근지역에 피해를 줄 수 있는 사고로 정의하고 있다. 그러나 법 시행령에서는 근로자가 사망하거나 부상을 입을 수 있는 또는 인근지역의 주민이 인적 피해를 입을 수 있는 유해·위험설비에서의 누출·화재·폭발 사고로 한정하고 있다. 그리고 근로자 또는 인근 주민의 피해가 없는 중대산업사고는 중대한 결함으로 구분하고, 중대산업사고와 중대한 결함 이외의 모든 화학사고는 "그 밖의 화학사고"로 분류하고 있다.

이와 같이 화학사고의 용어는 사용하고 있으나, 구체적인 정의는 되어 있지 않으며, 근로감독관 직무규정(고용노동부 훈령 제305호) 제24조(중대재해 발생보고) 제2항에 "위험물질에 의한 화재·폭발·누출사고 등 사회적 물의를 야기한 사고"를 약칭으로 "화학사고"라고 기술하고 있다. 그리고 고용노동부에서는 통계적으로 재해 발생 형태를 분류할 때 폭발 및 파열, 화재, 화학물질 누출 및 접촉을 화학사고로 분류하고 있다.

3) 산업통상자원부의 「고압가스안전관리법」 관련 규정

고압가스안전관리법에는 화학사고의 정의가 없으나, 안전성향상제도에서는 고압가스 화재, 폭발, 누출사고로 한정하고 있다.

1.3 국외 화학사고의 정의 및 분류

선진국과 국제규격에서는 화학사고를 〈표 3.2〉에서와 같이 서로 다르게 정의하고 있다. 미국에서는 "accidental release"와 "catastrophic release"를 사용하여 우발적인 누출 또는 대형유출로 화학사고를 대신해서 정의하고 있고, 중대화학사고를 조사하는 CSB에서는 "industrial chemical accident"로 정의하고 있다. 그리고 중대산업사고에 해당하는 화학사고를 EU에서는 "major accident", OECD는 "chemical accident", WHO는 "chemical incident", ILO는 "major industrial accidents"로 정의하고 있으나, 중대산업사고가 아닌 화학사고에 대한 정의는 명확하게 언급하고 있지 않다.

표 3.2 주요 선진국 및 국제기구의 화학사고 정의

선진국 / 국제기구	화학물질사고 관련 용어	정의	의미
미국 RMP (위해관리계획)	Accidental release	Unanticipated emission	누출상황
미국 PSM (공정안전관리)	Catastrophic release	Major uncontrolled emission, fire or explosion	중대화학사고
미국 CSB (화학사고조사국)	Industrial chemical accident	-	중대화학사고
EU Seveso 지침	Major accident	Major emission, fire or explosion	중대화학사고
(영국 COMAH)	Major accident	〃	〃
일본 콤비나트법	재해	화재·폭발, 유·누출, 자연재해	대형재난
WHO	Chemical incident	Explosion, contamination, oil spill, leak, disease	중대화학사고
ILO	Major industrial accident	Emission, fire or explosion	중대산업사고
OECD	Chemical accident	Loss of containment, explosions and fires	중대화학사고

또한 화학물질 누출사고는 다양하게 분류하고 있으나, 주로 대형 화학사고에 대해서만 구체적으로 명시하고 있으며 비상 대응을 필요로 하는 사고에 대한 신고 또는 보고 기준이 마련되어 있다.

2 국내 화학사고 예방제도

2.1 화학사고 예방제도의 도입

전 세계적으로 대표적인 주요 화학사고 사례로는 1974년 영국의 플릭스보로(Flixborough)에서 발생한 시클로헥산의 누출 및 폭발사고, 1976년 이탈리아 세베소(Seveso)의 농약공장에서 발생한 다이옥신 누출사고, 1984년 인도 보팔시의 메틸이소시아네이트 누출사고, 2005년 미국 Texas 시의 정유공장 폭발사고, 2015년 중국 텐진항 폭발사고 등이 있으며, 이들 대규모 화학사고에 의해 엄청난 인명피해와 재산 손실을 가져왔다.

이와 같이 전 세계적으로 대형 화학사고가 발생하자 〈그림 3.1〉에서와 같이 EU, 미국 등의 선진국과 국제단체들이 화학사고 예방제도를 도입·시행하였다. 즉, 1992년과 1999년에 도입·시행하고 있는 미국의 공정안전관리(Process Safety Management, PSM)제도와 위해관리계획(Risk Management Plan, RMP)제도, 1982년에 도입하여 1996년과 2012년에 개정한 세베소지침 Ⅲ 등이다.

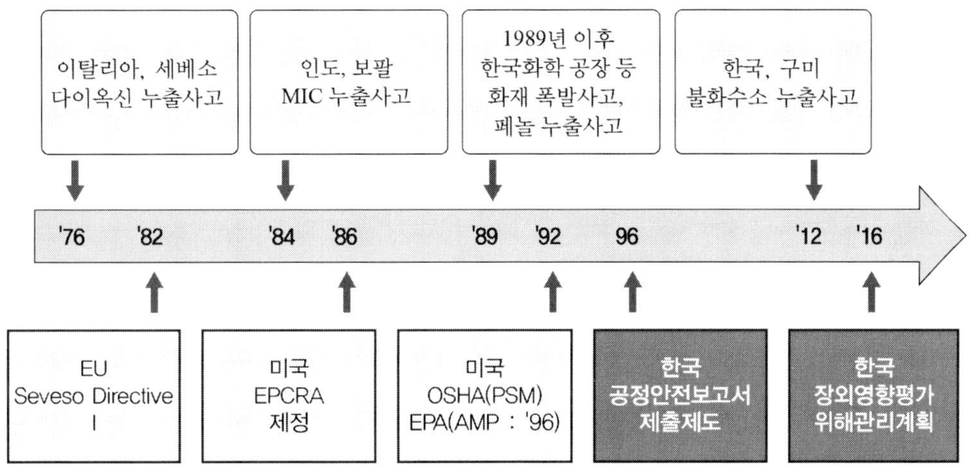

그림 3.1 화학사고 예방제도의 도입

2.2 국내 화학사고 예방제도

국내에서는 〈표 3.3〉에서와 같이 각 부처별로 관련법에 의한 규제대상에 따라 관리대상 물질을 정하고, 해당 보고서를 작성 및 제출토록 하여 화학사고에 대해 사전관리를 하고 있다. 이때, 화학사고 예방제도는 고용노동부의 PSM제도와 행정안전부 소방청의 예방규정, 그리고 산업통상자원부의 안전성향상계획(Safety Management System, SMS)제도가 있으며, 2012년 구미 불산 누출사고를 계기로 도입된 환경부의 RMP 제도와 ORA(Offsite Risk Assessmen)제도는 2021년부터 규제개혁 차원에서 화학사고예방관리계획서로 통합하였다.

표 3.3 국내 화학사고 예방제도

주관 부처	고용노동부	환경부	산업통상자원부	소방청
예방제도·규정	공정안전관리 (PSM)제도	화학사고예방 관리계획제도	안전성향상계획 (SMS)제도	예방규정
관리기관	안전보건공단	지자체, 안전원, 환경공단 등	한국가스안전공사, 한국전기안전공사, 에너지공단 등	소방산업기술원 등

1) 공정안전관리제도

고용노동부의 PSM 제도는 유해·위험설비로부터 유해위험물질의 누출, 화재, 폭발 등과 같은 중대산업사고를 예방하기 위해 95.01.05. 국내에 도입되어 96.01.01부터 현재까지 시행되고 있다.

PSM 제도는 중대산업사고의 발생 가능성이 높은 유해·위험설비를 보유한 사업장(7개 업종과 51개 유해위험물질을 규정량 이상 제조·취급·저장하는 설비 및 당해 설비의 운영에 관련된 일체의 공정설비를 갖춘 사업장)이 화학사고 예방시스템을 자율적으로 구축·운영하도록 하고 있다. 이때, 사업장은 PSM 보고서를 작성하여 안전보건공단에 제출하고, 안전보건공단과 고용노동부는 심사(서류)와 확인(현장)을 거쳐 PSM(P, S, M+, M-) 등급에 따라 고용노동부의 이행상태평가(4년)와 점검(1~4년)을 받는다.

2) 화학사고예방관리계획제도

우리나라는 그동안 사고 발생 위험이 큰 화학물질 취급시설의 경우 사업장의 내부 위험은 PSM 제도와 SMS 제도 등을 통해 관리를 하고, 사업장 외부 위험은 환경부의 자체방제계획으로 관리해 왔다. 그러나 2012년 9월 27일에 발생한 구미 불화수소 누출사고를 계기로 화학물질 사고로 인한 피해는 사업장 내부에만 국한되는 것이 아니라, 사업장 외부까지 확대되어 엄청난 환경재난을 가져올 수 있음을 경험하게 되었다. 이에 따라 화학사고의 장외 영향까지 사전 분석하여 대비하고, 사고예방 프로그램이 포함된 종합적인 화학사고 리스크 저감 제도의 도입이 필요하였다.

따라서 2013년 환경부는 새로이 개정된 화학물질관리법 내에 신속한 화학사고 대응을 통해 손실 보호와 피해 최소화를 위한 목적으로 하는 RMP 제도와 화학사고 발생에 따른 주변의 영향평가 및 영향 범위를 제한하기 위한 ORA 제도를 함께 도입·시행하였으나 이를 통합한 화학사고예방관리계획(PMP) 제도를 2021년 4월부터 시행할 예정이다. 이때, 주요 변경사항은 유해물질 규정 수량에 따라 1군(UT 이상), 2군(LT~UT) 및 면제(LT 미만) 사업장으로 구분하고, 자체(매년), 정기(5년) 및 특별(사고 발생, 특별점검 등) 이행점검을 실시하며, 매년 지역사회에 고지하도록 한 것이다.

3) 안전성향상계획제도

1995년 정부의 가스안전관리체계 개선계획에 따라 고압가스에 대한 안전관리를 강화하기 위해 대규모 가스시설을 보유한 고압가스 사업자에게 가스안전종합관리체계를 구축하도록 하는 한편, 대규모 고압가스 사업자는 그 시설에 대한 안전성을 평가하고, 안전성향상계획을 수립·실시하도록 하였다.

안전성향상계획서는 PSM 보고서와 유사한 구성과 내용으로 되어 있고, 심사기준이 유사하였기 때문에 안전보건공단과 한국가스안전공사가 공동으로 검토·의견서를 작성한 경우는 허가관청의 의견서를 작성한 것으로 인정하고 있다. 이때, 안전성향상계획서에 대한 이행 여부는 확인 후 평가점수에 따라 A등급~D등급으로 구분하여 등급에 따라 재확인 주기를 1년~5년으로 차별화하여 적용하고 있다.

3 국외 화학사고 예방제도

1) 미국의 PSM 및 RMP 제도

미국의 화학사고 예방은 두 가지 제도로 운영하고 있다. 즉, 연방법 40 CFR 68에 따른 장외(off-site)의 주민과 환경의 보호를 목적으로 환경청(EPA)이 주도하는 RMP 제도와 연방법 29 CFR 1910.119에 따른 장내(on-site)의 근로자 보호를 목적으로 OSHA가 주도하는 PSM 제도이다. PSM 제도는 1992년에 시행되었고, 그 후 1999년에 RMP 제도가 시행되었는데, 이 두

제도는 내용적으로 매우 유사하지만, 적용대상의 시설, 물질, 방법 등에서 다소 차이가 있으며, RMP의 경우는 장외 영향을 위주로 평가하고, 보호 대상을 주민과 환경에 두고 있는 점이 가장 큰 특징이다.

미국 PSM 제도는 사업장이 자율적으로 시행하고, 공정안전보고서 내용에 대한 사업주의 이행상태를 정기적으로 확인하는 절차가 없기 때문에 사업주의 의무만 부여되어 있다. 그리고 미국 RMP 제도에는 지정수량 초과여부(적용 여부), 최악의 시나리오에서 장외영향 없거나 지난 5년간 사고 없는 경우(프로그램-1), 특정 산업 분류 및 PSM 적용 여부(프로그램-2 또는 3)와 같이 3가지 프로그램 레벨이 있다.

(1) 미국(RMP)

미국에서 RMP(Risk Management Program)제도는 1996년부터 공표되었으며 사업장의 중대재해 및 사고를 예방하기 위해 최악의 상황을 대비하여 위험성 평가를 실시하고, 주변에 미치는 피해 영향을 평가받아 또 종사자들을 위해 예방 및 비상대응 프로그램을 계획 및 설정하는 제도 RMP은 수준에 따라 3단계로 분류되며, RMP 프로그램의 2와 3에 해당하는 사업장은 위험성 평가 시 임의의 시나리오에 대해 평가를 실시하고, 최소 5년마다 갱신하여야 한다.

표 3.4 40 CFR 68의 주요 항목 내용

주요 항목	내용
등록 (Registration)	• 소유자 또는 운영자는 등록양식을 갖추어야 하고, 여기에는 RMP 내용이 포함되어야 함 • 이 양식은 해당공정에서 처리되는 규제물질이 포함되어야 함
관리 (Management)	• 프로그램 2와 3에 해당하는 소유자 또는 운영자는 위험관리 프로그램 요소의 실행을 감독하는 시스템을 구축하여야 함
위험평가 (Hazard Assessment)	• 소유자 또는 운영자는 최악의 시나리오 분석과 5년간의 사고기록을 해야 하고, 다음을 실시해야 함 - 장외영향평가 매개변수(Offisite consequence analysis parameters; 40 CFR - 최악의 누출 시나리오 분석(Worst-case release scenario analysis; 40 CFR - 대안적 누출 시나리오 분석(Alternative release scenario analysis; 40 CFR - 사업장외 충격 정의 : 인구(Defining offsite impacts : population; 40 CFR - 사업장외 충격 정의 : 환경(Defining offsite impacts : environment; 40 CFR - 검토 및 업데이트(Review and update; 40 CFR 68.36) - 문서(Documentation; 40 CFR 68.39) - 5년간 사고 이력(Five-year accident history; 40 CFR 68.42)

주요 항목	내용
장외영향평가 (Offsite Consequence Analysis)	• 소유자 또는 운영자가 프로그램 1인 경우는 하나의 최악의 누출 시나리오, 그리고 프로그램 2와 3인 경우는 하나의 최악의 누출 시나리오와 대안적 누출 시나리오를 분석해서 제출해야 하고, 제출 시 다음의 내용이 포함되어야 함 - 화학물질명(Chemical name) - 액체 혼합물에서 화학물질의 질량퍼센트(독성물질만 해당)(Percentage weight of the chemical in a liquid mixture(toxics only)) - 물리적 상태(독성물질만 해당)(Physical state(toxics only)) - 결과의 근거(사용된 모델이름 표시)(Basis of results(give model name oif used)) - 시나리오(폭발, 화재, 독성가스 누출 또는 액체 유출 그리고 증발)(Scenario(explosion, fire, toxic gas release, or liquid spill and evaporation) - 누출된 양(Quantity released in pounds) - 누출속도(Release rate) - 누출지속시간(Release duration) - 바람속도 및 대기안정도등급(독성물질만 해당)(Wind speed and atmospheric stability class(toxic only)) - 지형(독성물질만 해당)(topography(toxics only)) - 끝점까지 거리(Distnace to endpoint) - 거리내의 공공 및 환경 수용체(Public and enviromental receptors within the distance) - 수동적 완화대책(Passive mitigation considered) - 능동적 완화대책(대안적 누출만 해당)(Active mitigation considered(alternative releases only))
사고이력 (Accident History)	• 5년간의 사고기록을 기록·보존해야 함
예방프로그램 (Prevention Program)	• 예방프로그램은 프로그램 수준에 따라 아래와 같이 구분되어 적용하고 있음 - 40 CFR 68.170 Prevention Program / Program 2 - 40 CFR 68.175 Prevention Program / Program 3
공정안전정보 (Process Safety Information)	• 소유자 또는 운영자는 법규에서 요구하는 위험성 평가를 실시하기 전에 필요한 공정안전정보를 확보하고 있어야 함
공정위험분석 (Process Hazard Analysis)	• 소유자 또는 운영자는 초기에 다음의 방법 중에서 하나 이상의 방법으로, 공정위험성 분석을 실시해야 함. - What-If - Checklist - What-If / Checklist - Hazard and Operability Study(HAZOP) - Failure Mode and Effects Analysis(FMEA) - Fault Tree Analysis - An appropriate equivalent methodology

주요 항목	내용
운전절차 (Operation Procedures)	• 소유자 또는 운영자는 공정의 안전정보와 일치하는 명확한 지침이나 절차를 포함한 운전절차를 작성하여야 함
훈련 (Training)	• 소유자 또는 운영자는 신입과 경력 직원에게 공정의 운전절차 등에 대한 교육을 보장해 주어야 함 • 재교육은 3년마다 실시해야 함
기계적 건전성 (Mechanical Integrity	• 다음과 같은 공정장비에 적용함 - 압력용기 및 저장 탱크(Pressure vessels and storage tank) - 배관시스템(밸브 등 배관 부품 포함)(Piping systems(including piping components such as valves)) - 릴리프 및 방출 시스템 및 장치(Relief and vent systems and devices) - 긴급 차단시스템(Emergency shutdown systems) - 제어기(감시 장치, 센서, 경보, 인터록 포함)(Controls(including monitoring devices and sensors, alarms, and interlocks)) - 펌프(Pumps)
변경관리 (Management of Change)	• 소유자 또는 운영자는 화학물질, 기술, 장치 그리고 절차 변경 또는 공정에 영향을 줄 수 있는 어떠한 변경이 있을 때 적용할 수 있는 변경관리 절차를 마련해야 함
시작전 검토 (Pre-startup Review)	• 소유자 또는 운영자는 공정안전정보에 변화가 있는 새로운 고정 시설원 또는 고정 시설원의 변경에 대해 시작전 검토를해야 함
이행평가 (Compliance Audits)	• 소유자 또는 운영자는 적어도 3년마다 규정준수 이행여부를평가해야 함
사고조사 (Incident Investigation)	• 소유자 또는 운영자는 규제물질의 대규모 누출 시 원인조사를 실시해야 함 • 사고조사는 48시간 내에 이루어져야 함
근로자 참여 (Employee Participation)	• 소유자 또는 운영자는 공정위험성 분석과 규정에 따른 공정안전관리 요소 개발에 대해 근로자 및 근로자 대표와 협의해야 함
화기작업 허가 (Hot Work Permit)	• 소유자 또는 운영자는 화기작업에 대하여 화기작업 허가를 해야 함
협력업체 (Contractors)	• 소유자 또는 운영자의 책임은 다음과 같음 - 협력업체의 안전 수행능력과 프로그램을 평가해야 함 - 협력업체에게 작업장의 잠재적인 화재, 폭발 및 독성물질 누출의 위험성을 알려야 함
비상대응 프로그램 (Emergency Response Program)	• 소유자 또는 운영자는 공공의 건강과 환경을 보호하기 위해 비상대응프로그램을 개발·구현해야 함

주요 항목	내용
위험관리계획 (Risk Management Plan)	• Subpart G는 RMP에 관한 것으로, 다음과 같은 조항으로 구성되어 있음 - 제출(Submission; 40 CFR 68.150) - 기업 기밀정보 주장(Assertion of claims of confidential business information; 40 CFR 68.151) - 기업 기밀정보 입증(Substantiating claims of confidential business information; 40 CFR 68.152) - 내용 요약(Executive summary; 40 CFR 68.155) - 등록(Registration; 40 CFR 68.160) - 장외영향평가(Offsite consequence analysis; 40 CFR 68.165) - 5년간 사고 이력(Five-year accident history; 40 CFR 68.168) - 예방프로그램 / 프로그램 2(Prevention program / Program 2; 40 CFR 68.170) - 예방프로그램 / 프로그램 3(Prevention program / Program 3; 40 CFR 68.175) - 비상대응프로그램(Emergency response program; 40 CFR 68. 180) - 인증(Certification; 40 CFR 68.185) - 업데이트(Updates; 40 CFR 68.190) - 수정(Required corrections; 40 CFR 68.195)

출처 : 안전보건공단 연구보고서

□ RMP 업무처리 절차

RMP 업무처리 절차는 〈그림 3.2〉와 같다.

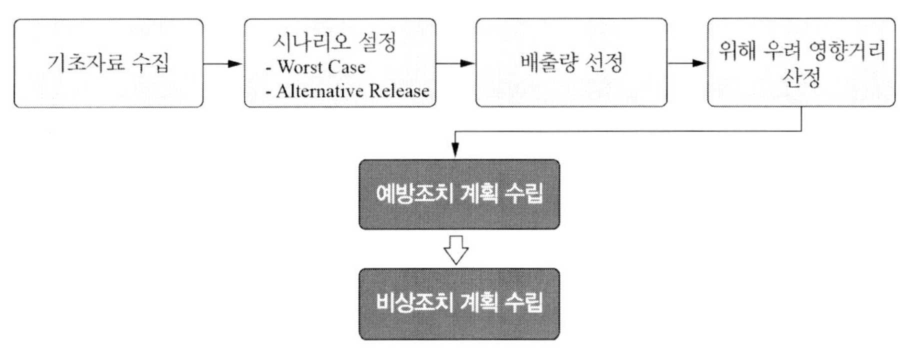

그림 3.2 RMP 업무처리 절차

출처 : 안전보건공단 연구보고서

□ Program 주요 내용

미국 RMP에서 프로그램-1, 프로그램-2, 프로그램-3의 주요 내용은 다음과 같다.

1. 프로그램-1

① 과거 5년간 공장 외부로 영향을 미치는 사고가 없었고, worst-case 시나리오(WCS) 결과, 가장 가까운 대중지역 및 특별 관리지역에 영향을 주지 않고 비상대응 활동이 지역 비상계획위원회와 공조를 이루고 있을 경우

② 최악의 사고 시나리오 1건

③ 40 CFR PART 68에서 프로그램-1의 요소는 별도로 정해진 바가 없음

2. 프로그램-2

① 프로그램-1 또는 프로그램-3에 속하지 않을 경우

② 해당하는 사업장은 위험성 평가 시 임의의 시나리오에 대해서도 위험성 평가를 실시해야 하고, 최소 5년마다 갱신하여야 함

③ 40 CFR PART 68에서 프로그램-2의 요소

- Safety information(40 CFR 68.48)
- Hazard review(40 CFR 68.50)
- Operating procedures(40 CFR 68.52)
- Training(40 CFR 68.54)
- Maintenance(40 CFR 68.56)
- Compliance audits(40 CFR 68.58)
- Incident investigation(40 CFR 68.60)

3. 프로그램-3

① 프로그램-1에 해당되지 않으면서 다음의 조건에 포함될 경우

- PSM(공정안전관리) Standard(OSHA Process Safety Management Standard, 29 CFR 1910.119)
- North American Industrial Classification System(NAICS)의 10가지 코드(NAICS code 32211, 32411, 32511, 325181, 325188, 325192, 325199, 325211, 325311, or 32532) 중 하나로 분류될 경우

② 해당하는 사업장은 위험성 평가 시 임의의 시나리오에 대해서도 위험성 평가를 실시해야 하고, 최소 5년마다 갱신하여야 함

③ 40 CFR PART 68에서 프로그램-3의 요소

- Process safety information(40 CFR 68.65)
- Process hazard analysis(40 CFR 68.67)
- Operating procedures(40 CFR 68.69)
- Training(40 CFR 68.71)
- Mechanical integrity(40 CFR 68.73)
- Management of change(40 CFR 68.75)
- Pre-startup review(40 CFR 68.77)
- Compliance audits(40 CFR 68.79)
- Incident investigation(40 CFR 68.81)
- Employee participation(40 CFR 68.83)
- Hot work permit(40 CFR 68.85)
- Contractors(40 CFR 68.87)

표 3.5 미국 RMP 적용 대상별 요구항목

구분	적용기준	요구항목	비고
Program 1	• 최악 시나리오에 피해주민 없음 • 최근 5년간 사고가 없는 경우 • 비상대응이 지역 공조를 이룰 경우	• 일반사항 : 최악의 시나리오, 5년간 사고이력 • 예방프로그램 : 추가적인 예방조치 볼필요 증빙 • 비상대응 : 지역과의 조직화(공조)계획	-
Program 2	• Program-1, 3에 속하지 않을 경우 • OSHA PSM 비대상 • 소도매 동 공정 활동이 없는 경우	• 일반사항 : 최악의 시나리오 대안의 시나리오, 5년간 사고이력, 관리문서 • 예방프로그램 : 안전정보, 위험성검토, 훈련, 정비, 사고조사, 이행감시 • 비상대응 : 지역과의 조직화(공조)계획 및 발점계획 프로그램	대안의 시나리오 위험성평가 실시 및 5년 마다 평가갱신
Program 3	• Program-1에 부적절한 경우 • NAICS*코드로 분류된 경우 (*북미산업분류체계) • OSHA PSM 대상	• 일반사항 : Program 2와 동일 • 예방프로그램 : OSHA PSM 프로그램 준용 • 비상대응 : Program 2와 동일	Program 2와 동일

□ 미국 40 CFR PART 68에서 Program-2,3의 주요 항목 비교

표 3.6 40 CFR PART 68에서 Program-2,3의 주요 항목 비교

주요 항목	Program-2	Program-3
공정안전 정보	• 소유자 및 운영자는 다음의 안전정보를 유지해야 함 • 29 CFR 1910.1200(g)의 요구사항을 충족한 물질안전자료(MSDS) • 규제물질이 저장되거나 처리되는 장비의 최대량 • 안전조건(상한·하한의 온도, 압력, 흐름 및 조성) • 장비 사양 • 설계, 구축 및 운전공정에 사용된 코드와 표준	• 공정위험성 분석을 위해 소유자 또는 운영자는 다음의 공정안전 정보를 유지해야 함 (a) 물질 유행성 관련 정보 - 독성 정보 - 허용노출한계 - 화학적 데이터 - 반응성 데이터 - 부식성 데이터 - 열 및 화학적 안정성 데이터 - 다른 재료와 부주의 혼합에 따른 유해 효과 (b) 29 CFR 1910.1200(g)의 요구사항을 충족하는 물질안전자료(MSDS) (c) 공정기술정보 - 블록선도(block flow diagram 또는 간략한 공정도(process flow diagram) - 공정 화학 - 의도한 최대량 - 안전조건(상한·하한의 온도, 압력, 흐름 및 조성) - 이탈에 따른 사고결과의 평가 (d) 공정 장비에 관한 정보 - 건축 재료 - P&ID - 전기 구분도 - 릴리프시스템 설계 및 설계기준 - 환기시스템 설계 - 적용된 설계 코드 및 표준 - 물질 및 에너지 수지
위험평가/ 공정위험 분석	• 소유자 및 운영자는 규제물질, 공정 및 절차와 관련된 위험검토를 수행해야 함	• 소유자 및 운영자는 규제물질, 공정 및 절차와 관련된 위험검토를 수행해야 함 • 검토는 매 5년마다 한 번 이상 업데이트해야 함 • 소유자 또는 운영자는 초기에 공정 위험성 분석을 다음의 방법 중에서 하나 이상의 방법으로 수행함 - What-If - Checklist - What-If / Checklist

주요 항목	Program-2	Program-3
		- Hazard and Operability Study(HAZOP) - Failure Mode and Effects Analysi(FMEA) - Fault Tree Analysis - An appropriate equivalent methodology • 공정위험성 평가는 엔지니어링 및 과정 운영에 전문성을 갖춘 팀에 의해 수행되어야 하며, 공정을 평가하는 경험과 지식을 갖춘 직원이 한 명 이상 포함되어야 함
설비 유지·보수 /기계적 무결성	• 소유자 또는 운영자는 공정설비의 기계적 무결성을 유지하기 위한 절차를 수립하고, 이행해야 함 • 소유자 또는 운영자는 공정의 기계적 무결성 유지와 관련된 직원을 훈련해야 함 • 유지보수 계약은 유지보수 관련 직원이 개발된 유지보수 절차를 수행할 수 있도록 훈련이 보장되어야 함 • 소유자 또는 운영자는 공정장치의 테스트 또는 점검을 절차에 따라 수행해야 함	• 적용 - 압력 용기 및 저장 탱크 - 배관시스템 - 릴리프 및 방출 시스템 및 장치 - 긴급 차단시스템 - 제어기(감시 장치, 센서, 경보, 인터록 포함) - 펌프 • 소유자 또는 운영자는 공정 장비의 지속적인 무결성을 유지하기 위해 문서화 된 절차를 수립하고, 이행해야 함 • 소유자 또는 운영자는 공정의 기계적 무결성 유지와 관련된 직원을 훈련해야 함 • 유지보수 계약은 유지보수 관련 직원이 개발된 유지보수 절차를 수행할 수 있도록 훈련이 보장되어야 함 • 소유자 또는 운영자는 공정장치의 테스트 또는 점검을 절차에 따라 수행해야 함 • 소유자 또는 운영자는 장치 결함을 수정해야 함 • 소유자 또는 운영자는 신규 설비및 장비의 구성의 품질 보증을 보장해야 함

출처 : 안전보건공단 연구보고서

(2) 미국 PSM

미국 PSM은 사업주의 의무사항으로 규정되어 있고, 폭발, 화재, 누출 등 재해 및 사고를 최소화하거나, 예방하기 위해 실행되고 있는 제도

□ 규제 내용

PSM에서의 규제 내용은 다음과 같다.

표 3.7 PSM 규제 대상

PSM 규제 대상	• 법에서 정하는 화학물질의 기준수량(29CFR1920. 119, Appendix A) 이상을 보유하고 있는 사업장과 한 장소에서 양이 10,000pounds(4535.9 kg) 이상이고, 가연성 가스 중에서 category 1(29CFR 1910.1200)과 인화점이 100°F(37.8°C) 이하인 인화성 액체도 포함

□ PSM 제도에서 사업주의 의무

① 직원 참여

② 공정위험분석을 수행하기 전에 필요한 공정안전정보를 문서화함

③ 공정위험분석(위험평가) 수행

- 공정위험분석은 엔지니어링 및 과정 운영에 전문성을 갖춘 팀에 의해 수행
- 초기 공정위험분석을 완료한 후 매 5년마다 분석·갱신하여야 함

④ 공정안전정보와 일치된 안전사항이 포함된 운전절차 지침을 개발함

⑤ 잠금/태그아웃 등의 작업 시 위험을 통제할 수 있는 작업방법을 구현함

⑥ 직원이 안전하게 임무와 책임을 수행하는데 필요한 지식과 기술에 대한 교육을 실시함 (재교육은 적어도 3년마다 제공)

⑦ 협력업체

- 계약자를 선택하는 경우 안전 성능과 프로그램에 관한 정보를 평가해야 함
- 계약자의 작업과 프로세스에 관련된 잠재적인 화재,폭발 및 독성누출의 위험을 계약자에 통보해야 함
- 비상조치계획의 해당 규정을 계약자에게 설명해야 함
- 계약자의 의무이행을 평가해야 함

⑧ 공정장비에서 수행된 각 검사 및 시험자료를 기록·유지함

⑨ 화학물질, 기술, 장치 및 절차가 변경 시 기록·유지함

⑩ 사고조사를 실시하고, 5년간 보고서를 보존함

⑪ 29.CFR1910.38의 규정에 따라 공장 전체에 대한 비상조치계획을 시행함

⑫ 절차와 표준에 따라 준수되고 있는지 확인하고, 평가하며, 감사결과 보고서를 작성함

□ 분석결과

① 미국의 공정안전보고서는 자율적으로 사업장에서 시행하도록 하고 있음
② 사업주는 위험분석 및 법규상의 안전관리를 시행하는 과정에서 근로자의 참여계획을 수립하고, 협의하는 과정을 거침
③ 위험평가 결과에 대한 검토결과, 수정·보완할 내용이 발생한 때에는 이에 대한 조치사항 등을 문서화함
④ 위험성 평가는 적어도 5년마다 실시하고, 재평가 시 과거 분석팀과는 다른 분석팀에 의해 재평가하여 갱신하도록 함
⑤ 공정안전보고서 내용에 대한 사업주의 이행상태를 정기적으로 확인하는 절차는 없음

2) 세베소 지침

EU는 1974년의 영국 Flixborough 폭발사고와 1976년에 이탈리아 세베소에서 발생한 TCDD 누출사고가 직접적인 계기가 되어 1982년에 EU 차원에서 총회지침 82 / 501 / EEC인 유해물질 중대사고 위험의 관리지침(세베소지침 Ⅰ)이 제정되었다. 1984년에 발생한 Bhopal 사고 및 여러 차례의 중대 화학사고를 계기로, 일부 내용이 개정되었다가 1996년과 2012년에 대대적인 내용보완을 통해 96 / 82 / EC인 세베소지침 Ⅱ와 2012 / 18 / EU인 세베소지침 Ⅲ으로 개정되었다.

세베소 지침 Ⅱ에 따라 사업장은 중대산업사고를 예방하고, 사고 피해를 최소화하기 위한 필요한 대책을 갖추어야 하며 세부 요구 사항은 중대산업사고 예방정책의 수립, 관련정보의 제공, 안전보고서의 작성 및 제출, 비상조치계획서의 작성 및 제출, 안전관리시스템의 수립과 이행 등이다. 이러한 요구사항은 하위계층(lower tier)와 상위계층(upper tier) 업체에 따라 달라질 수 있으나, 기본적으로 중대사고 예방정책의 수립 공통된 요구사항이다.

세베소 지침의 특징 중 하나는 규정량에 차이를 두어 대량 취급 업체인 상위계층과 소량 취급 업체인 하위계층으로 구분하여 관리하고 있으며, 소량 취급업체는 안전보고서, 비상대응계획 및 안전대책의 정보제공 의무가 제외되었다. 또한 세베소 지침 Ⅲ은 시민의 알 권리와 참여권을 확대하고 있다는 점이 특징이다.

(1) EU(Seveso Ⅱ, Ⅲ 지침)

□ Seveso Ⅱ 지침

① 사업자의 대형사고 방지의무를 법문에 명시함

② 사업자는 관계 당국에 대해 대형사고에 적절히 대응하는 대책을 마련하고, 종업원에게 정보를 제공하며, 교육을 수행함을 의무화함

③ 이와 병행하여 사업자는 다음을 관계 당국에 제출해야 함

- 유해·유해화학물질의 종류, 수량, 상태, 성상 등
- 사업소의 지리적, 인원적 및 프로세스적 개요
- 대형사고를 유발하는 시설, 조업조건 및 이에 대한 안전대책
- 사업소 내의 비상시(대응) 계획
- 사업소 내의 비상시(대응) 계획을 관계 당국이 작성하는 데 필요한 자료
- 비상시 연락책임자 성명

④ 제출된 자료를 심사하고, 필요 시 검사할 수 있는 관청을 지정하거나 창설

⑤ 대형사고 시 지역주민이 안전하게 대응할 수 있도록 정보를 제공하고, 필요에 따라 다른 나라에도 제공

⑥ 대형사고의 보고 방법과 이를 EU 각국에서 활용하는 방법

⑦ 제출된 정보 등의 비밀 보장

□ Seveso Ⅲ 지침에 추가된 사항

① 사업자는「대형사고 방지 방침(Policy)을 문서화하고, 특히 관리시스템과 그 실시 방법을 강구해야 함」

② 인근 시설군에 대한 도미노 효과, 집적효과의 배려 등(공동)책임을 명확하게 함

③ 건설 또는 변경 시에 토지이용계획서를 심사 받고, 이때 해당관청이 관여하며, 지역주민이 참여함

표 3.8 EU Seveso III 지침의 추가적인 세부 구성 항목

구분	내용
Article I	제 1 0조에서 언급된 안전보고서에서 고려해야할 최소한의 자료 및 정보
Article II	중대 사고 예방을 위한 안전관리시스템 및 시설에 관한 제 8조 제 5항 및 제 10조에 언급된 정보
Article Ill	제 12조에 언급된 비상 계획에 포함될 자료 및 정보
Article IV	제 14조 제 1 항 및 제 14조 제 2 항의 요지에 규정된 일반인에 대한 정보
Article V	제 181 조에 규정된 위원회 에 중대 사고를 통보하는 기준
Article VI	관할 기관
Article VII	상관 관계

출처 : 국제환경규제기업지원센터 분석보고서 311-17-016

□ 분석 결과

① Seveso Ⅱ 지침에서 Ⅲ 지침으로 추가된 주요 내용은 대형사고 방지
특히, 사업장 외부에 대한 규제가 강화되는 경향이 뚜렷함

② 또한 이에 따라 주민의 알 권리에 대한 부분으로 해석될 수 있는 주민에 대한 위험성 고지 강화도 크게 보임

3) 영국의 COMAH 제도

영국은 세베소 지침 Ⅱ가 개정됨에 따라 1998년에 CIMAH(The Control of Industrial Major Accident Hazards Regulations)를 개정한 COMAH(The Control of Major Accident Hazards) 법령을 근거로 공정안전관리제도를 시행하고 있다. 이때, COMAH에는 사고예방 프로그램에 관리정책을 포함하고 있어서 미국 RMP와 차별화되고 있으며, COMAH 규정 7에 따라 대상사업장을 하위계층과 상위계층으로 구분하고, Safety Report를 관할기관에 제출하고, 평가를 받아야 한다. 이때, 사업장 특성에 맞도록 5단계의 평가절차를 충분한 시간을 갖고 평가하는 것이 특징이다.

1) 주요 내용

영국은 1974년의 영국 Flixborough 폭발사고와 1976년 이탈리아의 Seveso 누출사고가 계기

가 되어 1982년 EU 차원에서 Seveso I 지침이 도입되었으며, 이후 1984년 보팔사고 이후 1997년에 완전히 새로운 개념의 Seveso II를 제정하여 1999년부터 EU 국가는 의무적으로 화학사고 예방프로그램을 도입하였다.

COMAH(Control of Major Accident Hazards)는 Seveso II의 안전관리시스템(Safety Management System)을 EU 각 나라의 사정과 형편에 따라 다른 수준으로 적용한 제도

□ 관할기관의 Safety Report 평가

① Overview(개요)

② Roles and Responsibilities(역할 및 책임)

③ Assessment Procedures(평가절차)

④ Applications for Limiting Information in Safety Reports(안전보고서 내의 제한 정보 응용)

⑤ Designating Domino Groups(도미노 그룹 지정)

⑥ Proportionality and Targeting of Assessment(평가 배분 및 대상)

⑦ How to use The Criteria(사용기준 결정)

⑧ Descriptive Aspects(서술적인 측면)

⑨ Predictive Aspects(예측적인 측면)

⑩ Major Accident Prevention Policy & Safety Management Systems Aspects(주요 사고 예방정책 및 안전관리시스템 측면)

⑪ Technical Aspects(기술적인 측면)

⑫ Guidance for Environmental Assessment(환경평가에 대한 지침)

□ Safety Report 평가절차

① Safety Report 평가절차는 크게 5단계로 구분할 수 있음

② 1단계는 제출기한 6개월 전에 실시하는 사전접수 평가단계로, 문서검토와 방문회의가 이루어짐

③ 2단계는 수정된 Safety Report를 제출하는 단계로, 협의된 제출기한 내에 제출하여야 함

④ 3단계인 초기평가와 4단계인 작동성 평가진행은 보고서를 제출한 후 1개월 내에 이루어짐

⑤ 5단계인 심사완료는 보고서 제출 후 4개월 내에 이루어짐

□ Safety Report 평가절차

평가절차 1 : 사전 접수 평가 단계
[문서 검토 : Safety Report(접수 전)]
- 이전 SR평가의 모든 문서 취합
- 평가 팀과 관련 문서 공유

↓

평가절차 1 : 사전 접수 평가 단계
[방문회의 : 늦어도 기한 6개월 전]
- 다음의 사항을 검토
  ·이전의 개선 계획 사항
  ·사업장 변경 사항
  ·이전의 지적 사항
- 제출기한 협의
- 개정 된"Guldance for operators of top tier COMAH establieshment" 참조

→ **방문회의 (필요시)**

↓

평가절차 2 : Safety Report 제출
- 운영자가 제출

↓

평가절차 3 : 초기 평가[보고서 접수]
- 결함 보고서는 반려
- 개정된 지침 사항 반영 여부 확인

→ **보고서 반려**
- 이전 버전에 대한 참조가 없는 경우
- 정보가 불충분한 경우
- EMM 적용된 경우

↓

평가절차 4 : 평가 진행[보고서 평가]
- 평가팀은 최신의 정보를 기초로 해서 목적에 맞게 작성되었는지 평가

→ **보고서 반려**
- 중대사고 시나리오, 위험성 평가, 관리에 근본적인 결함이 있는 경우
- EMM 적용된 경우

↓

평가절차 5 : 평가 결과[평가절차 종료]
- 평가팀은 평가 기록 및 결과를 정리
- Safety Report를 전문 검사관에게 전달

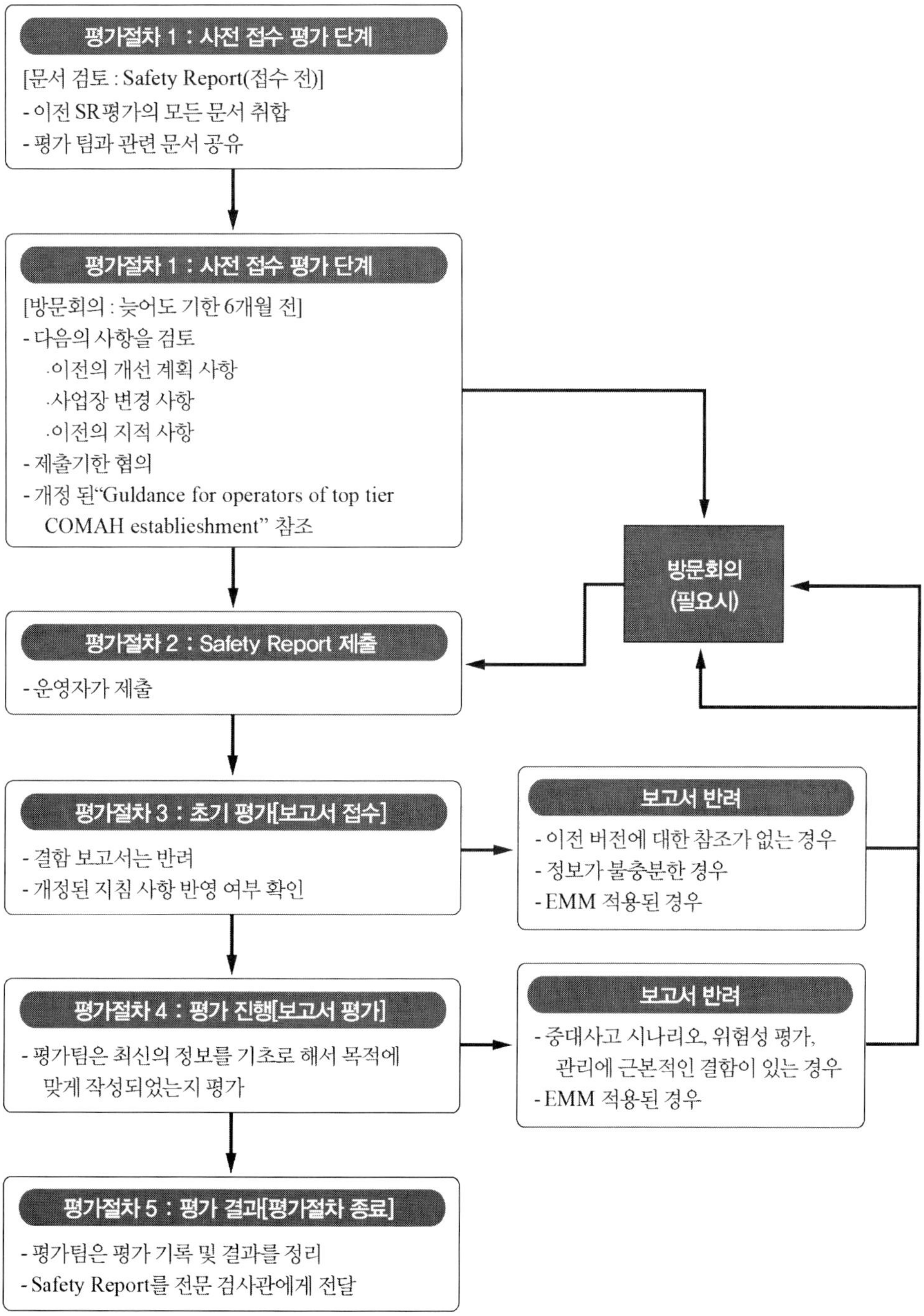

그림 3.3 COMAH 관할기관의 Safety Report 평가절차

출처 : 안전보건공단 연구보고서

2) 분석 결과

① 규정량에 따른 대상사업장은 Safety Report를 관할기관(Competent Authority, CA)에 제출하고, 평가를 받음

② 지정된 관할기관에 보고서를 제출하고, 평가를 받는 것은 우리나라 공정안전보고서 제도와 유사함

③ Safety Report의 세부적인 양식은 없으며, 단지 관할기관에 Safety Report를 평가할 내용을 명시해 줌으로, 주요 내용이 누락되지 않도록 하고 있음

3) 각국의 산재 예방프로그램의 구분

표 3.9 미국 산재 예방프로그램의 구분

관련 정책	프로그램이나 사업
범칙금 부과 강화	• 중대위반 단속프로그램(Severe Violation Enforcement Prooram, SVEP)
중소규모 사업장 안전보건 프로그램 개발	• 중소기업 현장컨설팅 프로그램(On-site Consultation Program)
근로자의 이의제기 기제 마련	• 내무고발자 보호 제도(Whistleolower Protection Program; WPP) 마련
재해 예방 자율 거버넌스의 강화	• 각 지역 및 주별 사무소 간의 협력을 통한 재해예방 프로그램(Local Emohasis Prooorams) • 자율 보호프로그램(Voluntary Protection Program, VPP) 강화
차별적 재해 감소 전략	• 특정 고위험 사업장에 대한 감독 강화(Site Specilie Targeting; SST) • 특정 유해요인에 대한 조사감독 프로그램 (National Emphasis Program, NEP)
사전 예방 강화	• 설계단계 부터 안전추구(prevention Through Design, PtD)

출처 : 안전보건공단 연구보고서

표 3.10 독일 산재 예방프로그램의 구분

구분	프로그램
특정부문별 프로그램에 대한 정책조정	• 건설업, 조립업, 운수업, 비정 규직 / 신규 취업자, 보건의료업, 습기관련 업무, 공공운수, 식료품산업, 음식숙박업, 업무 및 신체 동작이 비원활 생산작업의 안전과 건강보호
산재집행의 거버넌스 구축	• 연방정부, 주정부, 산재보험의 통일되고 구속적 기준 적용(카테고리 I) • 연방정부, 주정부, 산재보험 선택적 참여(카테 고리 II)
산재예방 개념의 확대	• 학내 안전과 건강보호

출처 : 안전보건공단 연구보고서

표 3.11 영국 산재 예방프로그램의 구분

구분	프로그램
사업주의 책임 강화	• 상해, 질병 및 위험 사고에 대한 보고 강화(Reporting of Injuries Disease and Dangerous Occurrences Regulation) • 사망을 야기한 보건안전위법행위와 기업 살인법의 최종지침서(2010년 2월 Corporate Manslaughter & Health and Safety Offences Causing Death (Sentencing Guidelines Council, February 2010) • 안전보건근로감독비 제도 Fee For Intervention(FFI)
산재예방 거버넌스 구축	• 산업안전보건 컨설턴트 등록(Occupational Safety and Health Consultants Register, OSHCR)
규제합리화(규제 순응 및 완화) 장치의 마련	• 잠재적 위해위험성의 촉발자에 대한 규제면제(Lofstedt report) • 중복·불필요 규제 철폐(Simplifying the regulatory framework)
규제업무의 위임	• 보건안전규정에 대한 지도 단속의 위임(The enforcement of health and safety regulations)
잠재적 위험 산업에 대한 규제 강화	• 다지역 기업에 대한 HSE의 지도단속 권한

출처 : 안전보건공단 연구보고서

표 3.12 일본 산재예방 프로그램의 구분

구분	프로그램
정신 건강 대책과 과로 대책	• 건강 장해 방지 대책 • "과로사" 등과 정신 장애의 인정
산업 보건 활동의 촉진	• 과중한 노동에 대응 • 위생위원회 활동의 활성화 • 50인 미만의 작업장에 대 한 '지역 산업보건센터' 지원
특정산업 중심의 산재예방 대책	• 육상화물 운송 사업에서의 노동 재해 방지 대책 • 제3차 산업 (소매업, 사회복지 시설)의 노동 재해 방지 • 추락·전락 재해 방지 • 기계 재해 예방 • 직업성 질병 등의 예방 대책
자발적 산쟁예방도모	• 자주적인 노동재해 방지 활동 추진
위험물질관리	• 석면에 의한 건강 장해 예방 • 직장에서의 화학 물질 관리 • 나노 물질에 대한 노출 방지 • 위험 평가에 근거 화학 물질 관리
근로조건과 산재의 연계성 강화	• 근로조건과 노동 조건의 준수 • 최저 임금의 적정한 운영과 인상 • 직장 내 권력적 괴롭힘 문제 관리
규제강화	• 사법적 처분의 강화 • "산재 은폐" 대책 추진
범부처적 정책연계 강화	• 산재예방의 범부처적 연계성 강화조치

출처 : 안전보건공단 연구보고서

표 3.13 한국 위해관리계획서, 미국 RMP, EU SEVESO-III 주요내용 비교

구분	화관법 위해관리계획서	미국 위험관리계획(RMP)	EU SEVESO-III Directive
대상 사업장	• 사고 대비 물질 • 규정수량이상 취급시설	• 독성물질, 가연성물질 규정수량이상 취급고정시설(주정부 시설에도 적용)	• 단일물질, 물질그룹 규정수량 이상 취급시설
대상 물질	• 사고대비물질 (69종)	• 독성물질(77종) • 가연성물질(63종)	단일물질(48종) 물질그룹(21종)
주요 내용 및 구성	• 사업장 및 취급시설개요 • 유해성 정보 • 방제 시설 및 장비 • 공정안전정보 사항	• 등록 : 사업장 기본현황 • 독성물질 - 최악의 사고 시나리오 -대안의 사고 시나리오	• 화학사고 신고시스템 • 토지이용계획 • 사고예방정책과 안전관리 시스템

구분	화관법 위해관리계획서	미국 위험관리계획(RMP)	EU SEVESO-III Directive
	• 운전책임자 등 현황 • 교육 훈련 계획 • 비상대응 계획 • 누출시나리오 응급조치 • 주민 소산계획 • 피해최소화 조치계획	• 가연성물질 - 최악의 사고시나리오 - 대안의 사고 시나리오 • 5년간의 사고사례 • 예방프로그램 2, 3 • 비상대응 프로그램	• GHS에 의한 위험성표시제도 • LUP 및 COMAH 시행과정에서 시민 정보제공 • 사고조사 강화
	(구성요소) • 사고예방프로그램 • 비상대응프로그램 • 장외평가	(구성요소) • 위험성평가 • 예방프로그램 • 비상대응프로그램	(구성요소) • 위험을 취급업체 의무 • 회원국의 주된 의무 • 시민의 권리
작성 방식	• 서술식	• 제시된 항목별 세부내용에 대하여 예 또는 아니오 형식의 단답식 • 간단한 숫자 • 날짜기입 형식	• 대기업 중심으로 단층식 접근방법으로 작성 • 중소기업은 기본현황으로 만 단순 작성
제출 방법	• 온라인으로는 작성만 가능 직접 방문 제출	• 단답형 형식으로 온라인으로 작성 및 제출	• 단답형 형식으로 온라인으로 작성 및 제출
시스템	• korea off-site Risk Assessment Supporting Tool(KORA)	• RMP eSubmit	• J8afety Management System
보고서 형태	• 서술식 보고서	• 간략한 보고서	• 간략한 보고서
	• 보고서 내 근거자료를 모두 첨부하여야 함	• 상세한 근거자료 사업장 내부 비치	• 상세한 근거자료 사업장 내부 비치
작성자	• 기업이 직접 작성[일부 전문기관(컨설팅)을 통해 작성됨]	• 기업이 직접 작성	• 기업이 직접 작성

출처 : 국제환경규제기업지원센터 분석보고서 311-17-016

연습문제

01. 우리나라 화학사고 예방제도에 대해 간략히 비교하시오.

02. 미국의 PSM과 RMP제도를 비교 설명하시오.

03. 세베소지침 II와 III의 주요 내용을 간략히 설명하시오.

04. 영국의 COMAH제도에 대해서 설명하시오.

CHAPTER

04

화학물질관리법의 이해

학습목표

1. 화학물질관리법 및 화학사고예방관리계획서의 도입 배경을 이해한다.
2. 화학사고예방관리계획서의 구성과 위험성평가를 설명한다.
3. 비상대응 계획, 이행점검과 지역사회 고지에 대해 학습한다.

1 화학물질관리법의 개요

화학물질관리법의 큰 목적은 "화학물질의 체계적인 관리와 화학사고 예방을 통해 국민과 환경을 보호하는 것"이다. 이를 위해서는 사업장에서 전통적으로 분리되어 운영되던 환경관리 분야와 안전관리 분야가 유기적으로 연계될 필요가 있다. 화학물질관리법은 크게 화학물질 정보, 안전관리, 영업자 관리, 사고 대응의 네 가지로 요소로 구성되어 있다. 이중 특히 안전관리 분야는 〈그림 4.1〉에서 보듯이 영업허가를 중심으로 시설 기준, 취급할 때 주의할 사항, 화학사고예방관리계획서 운영 등을 담고 있으며, 환경과 안전 분야의 협력이 되어야 효과적으로 운영될 수 있도록 설계되었다.

2014년에 처음 화학물질관리법이 제정되었을 때는 화학사고예방관리계획서가 아닌 장외영향평가서와 위해관리계획서가 도입되었으며, 2021년 3월에 화학물질관리법이 개정되어 시행되면서 기존 두 가지 제도를 합쳐 화학사고예방관리계획서가 되었다.

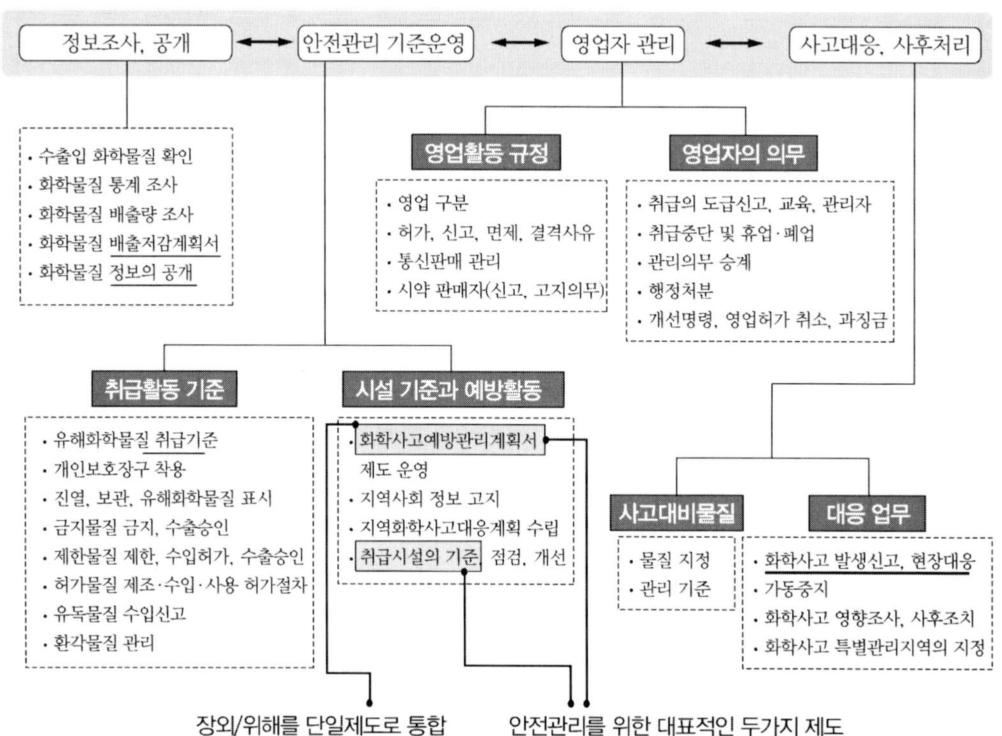

그림 4.1 화학물질관리법의 주요 구성내용

장외영향평가서와 위해관리계획서가 도입되면서 사업장의 부담이 크게 늘어났지만, 유해화학물질 취급시설을 설치할 때 화학사고 가능성, 영향 정도 등을 고려하여 안전성을 확보하도록 유도하고, 사고 시 대응체계를 정비하는 등 환경 안전에 대한 긍정적 효과를 가져왔다. 또한 사고대비물질 취급 사업장이 주민에 대한 사고위험을 알리고 유사시 정보를 공유하는 체계를 만들고 실효성 있는 주민 소산 방법을 강구하는 등 지역사회와 협력체제를 정비하는 데 도움이 되었다.

1.1 장외영향평가서의 개념

장외영향평가서는 유해화학물질을 취급하려는 모든 사업장이 취급량과는 상관없이 해당 시설을 설치하기 전에 화학사고가 날 것을 가상하여 주변 지역 사람이나 환경에 미치는 영향을 평가하는 제도이다. 따라서 사업장에서는 유해화학물질 취급시설을 설치하기 전에 장외영향평가서를 화학물질안전원에 제출해서 평가를 받아야 했으며, 심사 결과는 영업허가를 받을 때 제출서류로 관할청에 내야 했다. 장외영향평가서는 단위공정이 아닌 단위공장 단위로 작성해야 했으며, 평가 기간 30일, 보완 기간 30일, 보완 기간 연장(사업장 요구 시) 30일을 고려하여 최종결과가 나올 때까지 최장 90일 소요되도록 설계되었다.

유럽 세베소 지침의 신규시설 입지허가를 위한 토지이용계획의 개념을 최초로 도입한 것이지만, 우리나라는 주거지역과 산업지역을 분리할 수 있는 공간이 충분하지 않고, 공장이 밀집된 오래된 공업지역이 도시 주변에 많이 있어 장외영향평가를 토지이용계획 수준으로 접근할 수 없었다. 이러한 한계를 극복하고자, 영향 범위와 위험도 평가 결과를 바탕으로 사고 위험성을 줄일 수 있는 안전성을 확보하도록 유도하는 환경안전제도로 고안되었다. 위험도 분석은 영향 범위 내 주민의 수와 사고 발생 빈도가 기준이 되었으며, 주변 지역 사업장의 근로자도 인근 주민으로 간주하였다.

위험성을 평가하기 위해서는 사고 시나리오를 도출하는 것이 가장 중요한데, 공정위험성 분석에서 얻은 발생이 가능한 모든 시나리오에 대해 주변 지역에 대한 영향을 평가해야 했다. 이때 사고 영향의 끝점은 사망률이 아닌 독성 값, 과압, 복사열을 각각 ERPG-2(독성), 1 psi(폭발), 5 kW/m^2(화재)으로 하여 실질적으로 사고로 주민이 영향을 받을 수 있는 상황을 평가의 기준이 되도록 하였다.

1.2 위해관리계획서의 개념

장외영향평가서와는 달리 위해관리계획서는 사고대비물질을 수량 기준 이상 쓰는 사업장만 제출대상이었다. 위해관리계획서는 사고대비물질 취급시설의 위험관리를 위한 종합적 사고예방 프로그램의 성격을 가지며, 사고예방분야, 장외평가분야, 비상대응분야로 구성되었다. 따라서 시설물을 설치하기 전에 검토하는 것이 아니며, 시설이 만들어져 있다는 전제하에서 비상대응 등 사업장이 어느 정도 얼개가 짜진 상태에서 화학물질안전원에 제출하고 평가를 받도록 하였다. 따라서 제출 시기도 영업허가를 받기 30일 전까지 제출하도록 하였다.

시설설치 전 일회성으로 제출되는 장외영향평가와 달리 위해관리계획서는 사업장에서 안전을 위해 계속 관리하고 활용해야 하는 계획서이다. 따라서 적합을 받은 사업장을 대상으로 화학물질안전원에서 주기적으로 이행점검을 나가 계획서가 잘 운용되는지 확인하였다. 또한 사업장은 시설의 변경사항이 없더라도 적합을 받고 5년이 지나면 다시 위해관리계획서를 제출하여 처음 계획했던 내용을 어떻게 진행하였고 변경사항은 제대로 현행화하여 관리하고 있는지 평가를 받아야 했다.

사업장 주변 주민의 알 권리를 보장하는 차원에서 적합을 받으면 사업장은 3개월 이내에 화학사고 위험 정보, 사고 시 응급행동 요령 등을 지역사회에 고지하는 의무가 있으며, 그 이후는 매년 1회 이상 고지를 함으로써 지역사회에 필요한 정보를 지속적으로 제공하도록 하였다.

2 화학사고예방관리계획서의 구성

2.1 적용대상

화학사고예방관리계획서 제출대상 여부를 판단하려면 다양한 상황을 확인해야 한다. 기본적으로 유해화학물질을 사용하는지, 제출제외대상에 명시되어 있는지, 사용하는 유해화학물질의 양이 제출 수준의 어디에 해당하는지를 확인해야 한다. 면제 대상에 해당하는 사업장 여부는 〈표 4.1〉에 정리하였다.

표 4.1 화학사고예방관리계획서 제출면제 대상 및 근거 규정

	제출 면제 대상	근거
1	연구실(「연구실 안전환경 조성에 관한 법률」 제2조제2호)	법
2	학교(「학교안전사고 예방 및 보상에 관한 법률」 제2조제1호)	
3	유해화학물질을 운반·보관하는 시설(별표 1 제5호라목 단서)	시행규칙
4	하위 규정수량 미만 취급 사업장(화관법 시행규칙 별표 3의2)	
5	유해화학물질을 운반하는 차량(상하차는 제외)	
6	군사기지 내 취급시설(「군사기지 및 군사시설 보호법」 제2조제1호)	
7	의료기관 내 취급시설(「의료법」 제3조제2항)	
8	항만시설 내 보관시설 중 자체안전관리계획을 수립, 승인받은 경우	
9	철도시설 내 보관시설 중 지체 없이 역외로 반출하는 경우	
10	농약 판매업자의 보관·저장시설(「농약관리법」제3조제2항)	
11	항공운송사업자, 공항운영자가 지정 보호구역에 설치·운영하는 취급시설	
12	소비자에게 판매하기 위해 보관·진열하는 시설	안전원 고시
13	유해화학물질 폐기물 처리(수집·운반·보관·재활용·처분)를 위해 임시 보관하는 시설	
14	대기 및 수질오염 방지시설 등과 같이 공정의 마지막 단계에서 대기나 수질로 배출되는 오염물질을 제거 및 감소시키는 취급시설 끝단의 배출 시설(중화, 제거 등 처리를 위해 방지시설에 유해화학물질을 투입하기 위한 저장, 사용시설은 제외)	
15	유해화학물질 취급 시 기계 및 장치에 내장되어 정상적 사용과정 중 누출이 없는 경우	
16	유해화학물질 취급 시 특정한 기능을 발휘하는 고체 형태의 제품에 함유되어 있는 경우	
17	사업장 시설의 유지보수를 위해 도료, 염료를 구매 및 취급하는 경우	

또한 수량을 기준으로 제출대상 여부를 판단할 때는 화관법 시행규칙 별표 3의 2에 있는 규정 수량을 활용하여 판단하는데, 사업장 내에서 유해화학물질을 취급하는 모든 제조·사용시설과 보관·저장시설이 대상이 된다. 보유량을 산정할 때 아래 4가지 설비는 합산에서 제외한다. 그러나 이 설비는 보유량 산정에서만 제외되는 것이며, 관리에서 포함되어야 한다. 즉 화학사고예방관리계획서 내용에는 포함되어야 한다.

① 운송·운반차량

② 사외배관

③ 최종 함량이 유해화학물질 함량 기준 미만인 취급시설

④ 영업허가자의 휴·폐업 또는 60일 이상 취급시설 가동중단 신고시설

사고의 규모와 영향 범위는 연간사용량이 아닌 특정 시점에서 사업장이 보유하고 있는 양에 의해 결정된다. 따라서 화학예방관리계획서 제출 여부를 판단할 때도 사업장에 있는 각 유해화학물질 취급시설에서 해당 물질이 어느 순간이라도 최대로 체류할 수 있는 양의 합을 기준으로 한다. 이때 취급시설의 설계용량과 순수 유해화학물질의 상온에서의 비중 값 등을 고려한다.

상위 규정수량이 없는 물질을 사용하는 사업장의 경우 다른 물질을 같이 쓰는지 여부에 따라 판단기준이 달라진다. 하위 규정수량이 400톤인 물질만 취급하는 사업장은 상위규정 수량이 없으므로 최대보유량이 400톤 이상이면 2군으로 판단한다. 하위 규정수량 400톤인 물질과 다른 유해화학물질을 같이 취급하는 사업장의 경우에는 규칙 별표3의 2 또는 환경부 고시에서 상위 규정수량이 규정되어 있는 물질의 최대보유량도 함께 고려한다. 화학사고예방관리계획서 운영 단위를 두 개 이상으로 구분하여 제출하는 경우는 사업장 내 모든 취급시설의 합으로 최대보유량을 산정한다.

〈그림 4.2〉는 사용량, 업종 등을 고려하여 판단할 때 쉽게 확인할 수 있도록 정리한 흐름도이다.

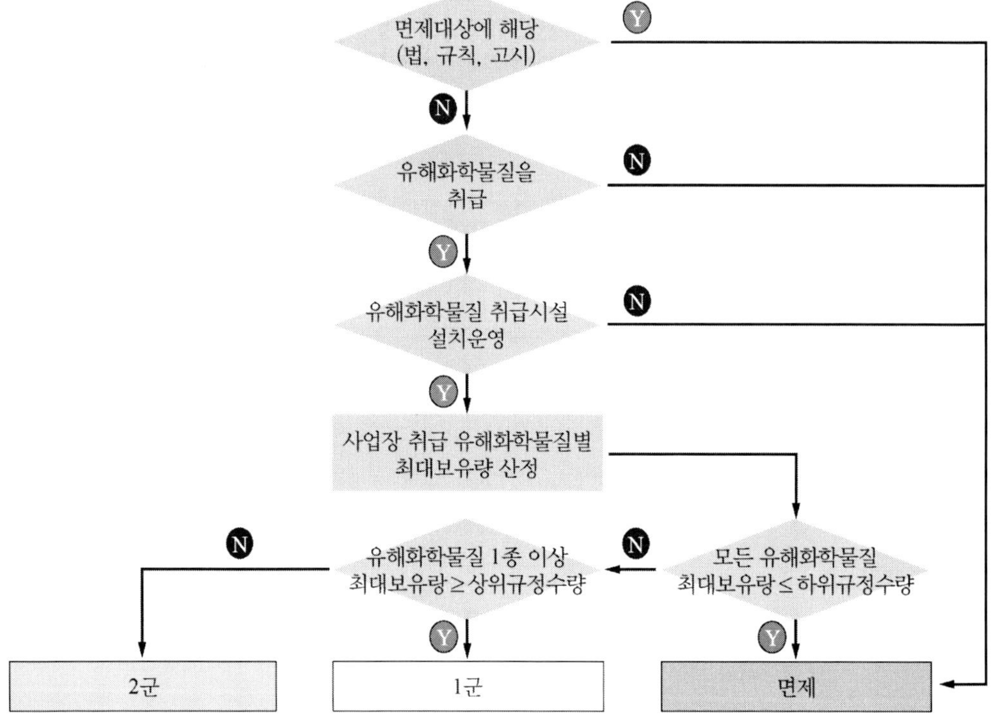

* 2군 사업의 경우 가질 수 있는 유해화학물질의 수량범위(2번만 또는 1번과 2번 둘 다)
(1) 하위규정수량 ≤ 최대보유량 < 상위규정수량 (2) 최대보유량 < 하위규정수량

그림 4.2 화학사고예방관리계획서 제출대상 및 제출수준 판단 흐름

2.2 기본구성과 특징

화학사고예방관리계획서는 크게 기본정보, 시설정보, 장외평가정보, 사전관리방침, 내부비상대응계획, 외부비상대응계획의 6개 항목으로 구성된다. 〈표 4.2〉에 정리된 것과 같이 1군 사업장은 기본정보, 시설정보, 장외평가정보, 사전관리방침, 내부비상대응계획, 외부비상대응계획까지 모두 제출하며, 2군 사업장은 기본정보, 시설정보, 장외평가정보, 사전관리방침, 내부비상대응계획까지 5개 항목에 대해 제출한다.

화학사고 예방·대비·대응·복구 운영 단위를 구분하여 제출할 때는 기본정보, 시설정보, 장외평가정보는 사업장 단위로 작성하여 제출하며, 사전관리방침, 내부비상대응계획, 외부비상대응계획은 운영 단위별로 제출한다. 기본정보, 시설정보는 함량기준보다 높은 유해화학물질을 쓰는 취급시설에 대해 작성한다.

장외평가정보는 전체 유해화학물질 취급시설 중 "화학사고예방관리계획서 작성 규정"의 별표2에 있는 사고 시나리오 규정 수량 이상인 시설에 대해 작성한다. 기본정보부터 장외평가정보까지는 정해진 서식을 제공하여 틀을 활용할 수 있다. 그러나 4~6장은 사업장의 상황에 맞게 안전문화를 구축하는 것이기 때문에 정해진 서식이 없다.

표 4.2 화학사고예방관리계획서 기본 구성 및 세부 제출항목

대분류	중분류	세분류	서식제공
1. 기본정보	가. 사업장 일반정보	1) 사업장 일반 정보	○
		2) 취급시설 개요(총괄개요, 단위공장별 세부개요)	○
	나. 유해화학물질 목록 / 유해성 정보	1) 유해화학물질 목록 및 명세	○
		2) 유해화학물질 대표 유해성 정보(대표 2종 물질)	○
	다. 취급시설 입지 정보	1) 전체배치도	×
		2) 설비배치도	×
		3) 주변 환경정보(큰 시나리오 원점 기준 반경 500m 내)	○
2. 시설정보	가. 공정안전정보	1) 공정개요	×
		2) 공정도면(공정흐름도, 공정배관계장도)	×
		3) 장치 설비 목록 및 명세	○
	나. 안전장치 현황	1) 확산방지 설비 현황 및 배치도	×
		2) 고정식 유해감지시설 및 배치도	○
		3) 안전밸브 및 파열판 명세	×
		4) 배출물질 처리시설 현황	×

<table>
<tr><th>대분류</th><th>중분류</th><th>세분류</th><th>서식제공</th></tr>
<tr><td rowspan="7">3.
장외
평가
정보</td><td rowspan="3">가. 사고시나리오 선정</td><td>1) 대상설비 선정</td><td>×</td></tr>
<tr><td>2) 사고시나리오 영향범위 평가</td><td>×</td></tr>
<tr><td>3) 사고시나리오 선정(총괄영향범위 표기)</td><td>×</td></tr>
<tr><td rowspan="2">나. 사업장 주변지역 사고영향 평가</td><td>1) 사고시나리오 사업장 주변지역 영향평가</td><td>○</td></tr>
<tr><td>2) 총괄영향범위내 영향평가(보호대상 종류, 주민 수 등)</td><td>○</td></tr>
<tr><td rowspan="2">다. 위험도분석</td><td>1) 사고시나리오별 시설빈도</td><td>○</td></tr>
<tr><td>2) 위험도 분석</td><td>○</td></tr>
<tr><td rowspan="7">4.
사전
관리
방침</td><td rowspan="4">가. 안전관리계획</td><td>1) 안전관리운영계획(사업장의 안전관리 방향성)</td><td>×</td></tr>
<tr><td>2) 안전관리계획의 실행 및 변경관리</td><td>×</td></tr>
<tr><td>3) 교육·훈련 계획</td><td>×</td></tr>
<tr><td>4) 자체점검계획</td><td>×</td></tr>
<tr><td rowspan="3">나. 비상대응체계</td><td>1) 비상연락체계</td><td>×</td></tr>
<tr><td>2) 비상대응조직</td><td>×</td></tr>
<tr><td>3) 비상통제실 운영계획</td><td>×</td></tr>
<tr><td rowspan="6">5.
내부
비상
대응
계획</td><td rowspan="4">가. 사고대응 및 응급조치 계획</td><td>1) 화학사고 발생시 가동중지 권한 및 절차</td><td>×</td></tr>
<tr><td>2) 방재 인력, 장비, 물품 운용 계획</td><td>×</td></tr>
<tr><td>3) 사업장 내부 경보전달체계</td><td>×</td></tr>
<tr><td>4) 응급조치 계획(차단시스템, 확산차단 / 방지대책, 비상대피 / 응급의료계획)</td><td>×</td></tr>
<tr><td rowspan="2">나. 화학사고 사후조치</td><td>1) 사고원인 파악 및 재발 방지 계획</td><td>×</td></tr>
<tr><td>2) 사고 복구 계획</td><td>×</td></tr>
<tr><td rowspan="7">6.
외부
비상
대응
계획</td><td rowspan="2">가. 지역사회와 공조</td><td>1) 지역사회와의 소통계획 (화학사고시, 평상시)</td><td>×</td></tr>
<tr><td>2) 지역 비상대응기관 , 인근사업장 등과 공조 계획</td><td>×</td></tr>
<tr><td rowspan="4">나. 주민보호 및 대피 계획</td><td>1) 사고 발생 시 대피경보 및 전달체계</td><td>×</td></tr>
<tr><td>2) 사고 발생 시 주민행동 요령</td><td>×</td></tr>
<tr><td>3) 응급의료 계획</td><td>×</td></tr>
<tr><td>4) 주민대피 장소 및 방법</td><td>×</td></tr>
<tr><td>다. 지역사회 고지 계획</td><td>총괄영향범위 내 주민목록 및 고지 정보</td><td>×</td></tr>
</table>

3 화학사고예방관리계획서의 위험성평가

3.1 위험성평가를 이용한 화학물질관리

화학물질관리에 위험성평가는 활용하는 수준을 결정하는 것은 아주 다양하다. 〈그림 4.3〉은 위험성관리의 일반적인 절차 중 영향분석, 빈도분석, 위험도 평가에 대한 절차와 내용을 설명한 것이다. 정량적 위험성평가는 빈도분석을 하는 단계에서 활용된다. 그러나 확률을 기반으로 한 정량적 위험성평가는 많은 변수자료를 요구하므로 제한요소가 많아 화학물질관리 정책에 모두 적용하기에는 무리가 따른다. 따라서 유럽의 경우 위험성평가를 토지이용계획의 개념으로 활용하지만 구체적인 방식은 각국의 사정에 따라 다양하게 변형하여 사용되고 있다.

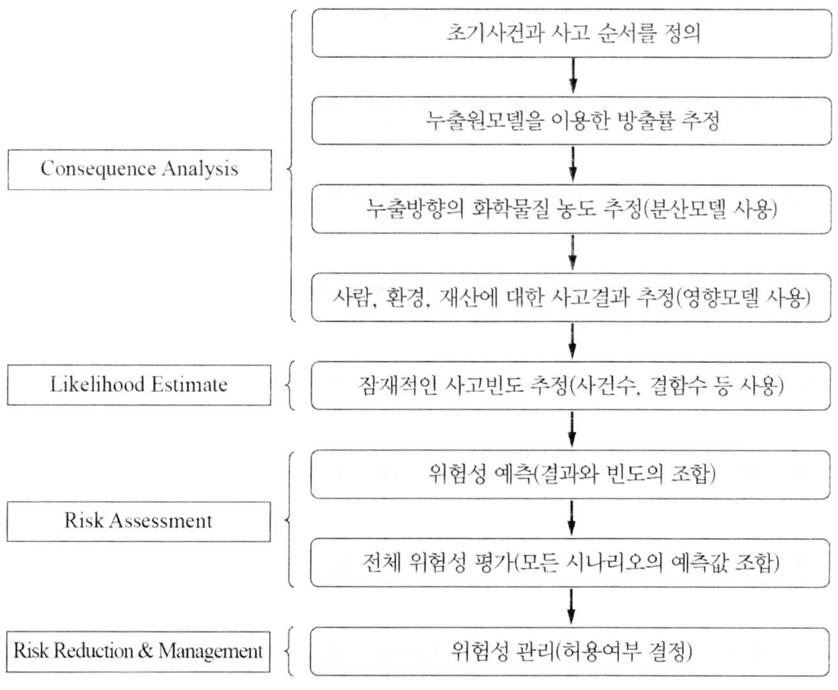

그림 4.3 영향분석과 빈도분석으로부터 위험성관리까지 도출하는 일반적인 절차

유럽에서는 화학물질 사업장관리에 위험성평가를 고려한 토지이용계획이 많이 활용된다. 토지이용계획에 접근하는 방식은 크게 "안전거리 개념", "영향 중심", "위험도 중심"으로 나눌 수 있다.

안전거리 개념의 접근은 산업체의 환경에 대한 영향에 따라 안전거리 적용하는 것으로 화학산업의 생산 활동이 환경에 미치는 효과에 근거하고 있다. 이러한 방식은 화학시설 경계면 밖으로는 위험도가 없다는 것을 전제로 하며, 일상적인 활동으로 인한 소음, 냄새 및 일상적인 배출은 허용한다. 이격 거리는 위험성, 소음, 악취 등을 고려하여 산업체와 거주지역 사이에 거리를 설정하는 것으로 대부분 과거의 경험에서 도출하며 시설의 종류, 규모에 따라 달라진다. 주로 독일, 스웨덴 등에서 활용하고 있다.

영향 중심의 접근법은 대표적인 몇 개의 타당한 시나리오에 대한 영향을 평가하여 적용하며, 치명적인 효과나 심각한 부상을 유발하는 영향 범위만을 보여주는 방식이다. 개연성 있는 사고의 영향평가를 평가하는 결정론적인 방법으로써 사고 영향만 산정하고 발생 가능성 평가는 하지 않음으로써 사고빈도 계산에 따른 불확실성과 논란을 배제하고자 하였다. 따라서 유사시에 대한 대책 마련은 발생빈도가 낮아도 영향이 큰 사고에만 집중하는 경향이 있다. 프랑스 및 인접 국가에서 주로 활용되고 있다.

위험도 중심으로 접근하는 것은 가능한 사건 시나리오에 대한 영향을 평가하고, 영향 범위는 물론 관련 발생 가능성까지 평가하여 위해 수준 결정하는 것으로 확률론적 정량적 위험성평가의 개념이지만 빈도의 불확실성에 대해 항상 논란의 여지가 있다. 영국의 위험도 관리방식이 가장 이 개념에 가깝다. 위험도를 나타내는 방식은 개인적인 위험도, 사회적인 위험도, 영역 위험도로 표현한다. 개인적인 위험도는 시설의 사고로 인하여 개인이 사망할 확률을 평가하여 위험 등고선으로 표현하는 것으로 각 개인이 위험에 노출될 때 보호를 위한 것이다. 따라서 공장 주변의 인구밀도에 무관하게 개인이 노출되어서는 안 되는 수준을 설정할 때 활용한다. 사회적인 위험도는 특정 숫자 이상의 사망을 초래하는 사고의 발생 확률을 F-N 곡선으로 표현한 것으로 주변의 대규모 인구와 일간 밀도 변화는 물론 비상 대응조치의 가능성까지 포함한다. 영역 위험도는 몇 개의 위험요소에 의한 위험도를 조합하는 방식이다. 따라서 몇 개의 공장에 대한 위험도를 측정하는 데 유용하다.

3.2 화학사고예방관리계획서의 위험성평가

"영향범위 내 주민 수"와 "사고발생빈도"의 곱으로 표현되었던 기존 장외영향평가서의 위험성평가와 달리 화학사고예방관리계획서에는 매트릭스 기법을 위험성평가에 도입하였다. 위험성 평가를 위한 판단요소를 크게 사고빈도와 사고영향으로 구분하였으며, 〈표 4.3〉과 같이 각각의 세부요소 별로 0~3점의 구간점수를 부여하고 이를 조합하여 위험도를 산정하도록 하였다. 이중 사고빈도에 포함되는 세부요소는 "사고시나리오 개수"와 "사고시나리오 시설빈도"이며, 사고 영향에 포함되는 세부요소는 "사고시나리오 영향거리"와 "영향범위 내 주민 수"이다.

표 4.3 위험성평가에서 위험도 판단기준을 위한 요소별 구간점수

구간 점수	사고시나리오 개수 합(개)	사고시나리오 시설빈도(연)	사고시나리오 거리의 합(m)	영향범위 내 주민 수 합(명)
0	4 미만	0.1 미만	10 미만	10 미만
1	16 미만	1 미만	100 미만	100 미만
2	64 미만	10 미만	1,000 미만	1,000 미만
3	64 이상	10 이상	1,000 이상	1,000 이상

[구간조정점수]

① 갑종 및 환경 수용체 포함 시 : 각각 최대 1점 가점
- 총괄영향범위 내 갑종보호대상 및 환경수용체 존재 여부로 결정되며, 환경 수용체의 면적은 고려하지 않음

② 안전성 확보방안 : 최대 2점 감점
- 위험도에 최대 영향을 미치는 시나리오 설비에 대한 감소방안에 적용할 수 있음

먼저 평가의 대상이 되는 사고 시나리오를 판단해야 한다. 사고 시나리오를 선정해야 하는 대상은 취급하는 유해화학물질 최종 농도가 함량 기준 이상이면서 동시에 취급량이 사고 시나리오 규정 수량 이상인 설비이다. 이때 사고 시나리오 규정 수량이란 〈표 4.4〉에 정리하였다. 이 수량은 시나리오 구동 여부의 판단기준이며, 화학물질안전원 고시인 "화학사고예방관리계획서 작성 등에 관한 규정" 별표 2에 수록되어 있다. 최초 제출 여부를 판단하는 취급량과는 다른 것이다.

표 4.4 사고 시나리오 규정 수량

성상	유해성 구분	규정 수량(kg)
고체	구분 없음	2,000
액체	구분 없음	400
기체	독성구분 1*	5
	독성구분 2	5
	독성구분 3	100

* "화학물질의 분류 및 표시에 관한 규정" 별표 4에 따른 건강유해성 급성독성 구분

※ 기체 중 급성독성이 없거나 급성독성 구분이 4인 경우는 100 kg 적용

※ 액화가스 : 양을 산정하는 최대보유량과 설비의 취급량은 액상을 적용하여 신청. 단 액화가스는 가스상으로 누출되므로 사고 시나리오 규정수량은 기체 기준을 적용

"사고 시나리오 개수"는 설정한 사고 시나리오 중 영향범위가 사업장 밖으로 벗어나는 시나리오만 대상이 된다. "사고 시나리오 시설 빈도"는 유해화학물질 취급시설에서 발생할 수 있는 누출유형별 사고 발생 가능성을 모두 고려한 개별 사고 시나리오의 개시사건 고장빈도의 합을 말한다. 화학사고예방관리계획서에서 개시사건은 방호계층분석기법을 사용한다.

"사고 시나리오 영향거리"는 사업장 밖으로 나가는 각 사고 시나리오에서 분석된 장외영향거리를 합산한 것으로, 사업장 밖에 미치는 영향에 대한 지표를 고려하기 위해 설계되었다. 이때 사고 영향의 끝점은 사망률이 아닌 독성값, 과압, 복사열을 각각 ERPG-2(독성), 1 psi(폭발), 5 kW/m^2(화재)으로 하였다. 이러한 끝점의 기준은 〈표 4.5〉와 같으며 장외영향평가서에서 사용하던 것과 동일하다.

표 4.5 위험성평가에서 영향범위 결정을 위한 끝점농도 기준

구분	독성값	폭발	화재
기본 값	ERPG-2값(mg/m^3 또는 ppm)	1 psi 과압	5 kW/m^2 복사열(40초)
대체값 순서*	1시간 AEGL-2 → PAC-2 → IDLH값의 10%		

* IDLH값이 없는 경우 대신 사용하는 값의 순서 :

① 급성흡입독성값(0.1×LC_{50} 또는 0.2×LC_{50}) : 30분 노출값은 0.1, 4시간 노출값은 0.2 적용

② 급성흡입독성값(1×LC_{Lo}) : mg / L는 mg/m^{3}으로 전환 [1 mg/m^3 = 0.001 mg / L]

③ 급성경구독성값(0.01×LD_{50}) : mg/kg(실험동물 체중)은 mg/m^{3}으로 전환 [X mg/m^3 = [(Y mg/kg)(70 kg)] / 0.4 m^3]

④ 급성경구독성값(0.1×LD_{Lo})

"영향범위 내 주민 수"는 각 사고 시나리오별로 사업장 바깥의 영향범위에 포함된 거주민 수와 근로자 수를 더한 것으로 시나리오별로 주민 수가 중복되어 계산될 수 있다. 다만 산업단지(국가산업단지, 일반산업단지, 외국인 투자지역, 농공단지) 사업장의 경우 근로자는 숫자에서 제외하고 순수 주민만을 고려하도록 하여 근로자 수가 많은 산업단지의 위험도가 지나치게 높게 나오는 것을 보정하고자 하였다.

또한 조정점수를 도입하여 환경요소(갑종, 환경 수용체)가 있는 경우 점수를 최대 2점을 추가 부여하고 안전성 확보방안이 추가로 마련되면 최대 2점을 빼게 하였다. 이를 통해 환경요인이 위험성 평가에 제한적이기는 하지만 반영될 수 있도록 하였다.

사고영향점수와 사고빈도점수를 구한 다음 구간조정점수까지 고려한 최종 점수가 나오면 〈그림 4.4〉에 나온 것과 같은 구간에 따라 위험도가 결정된다.

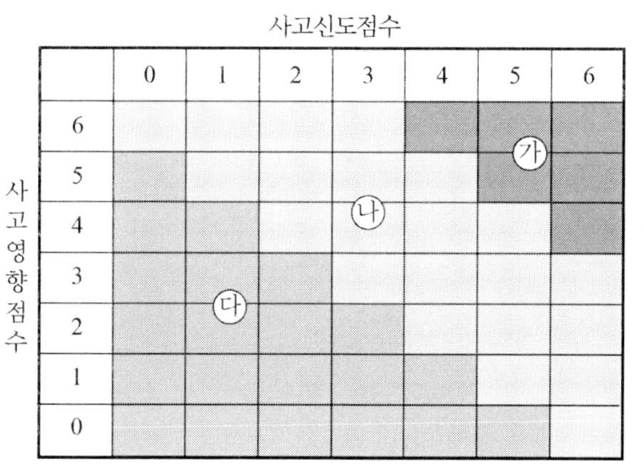

최고 위험도 결정
- 10점≤가 군
- 6점≤나 군∠10점
- 다 군∠6점

그림 4.4 화학사고예방관리계획서의 위험도 판정표

4 비상대응계획

비상대응계획은 사고가 났을 때 신속한 전파와 대응을 위해 실제 해야 할 일들과 활용할 자원 등에 대해 구체적으로 정리한 것이다. 피해를 받을 수 있는 대상에 따라 근로자 보호에 중점을 둔 내부비상대응계획과 주변 주민에 초점을 맞춘 외부비상대응계획을 각각 수립한다.

4.1 내부비상대응계획

내부비상대응계획은 기본적으로 화학사고 시 사업장 내부 근로자를 효과적으로 보호하기 위한 계획이다. 화학사고가 일어난 시점에 대응할 내용과 사고가 마무리된 후 필요한 내용으로 구분하여 작성하며, 이 부분 역시 다른 사업장과의 공동비상대응계획이 있는 경우 관련 항목을 포함하여 작성한다. 이 계획의 핵심은 초동대응과 사후조치를 어떻게 체계적으로 함으로써 피해를 최소화할 것인지 고민한 결과물을 정리하는 것이다. 내부비상대응계획의 각 요소별 내용은 〈표 4.6〉에 정리하였다.

표 4.6 내부비상대응계획의 주요 구성 및 내용

구성요소	사고대응 및 응급조치계획	사고 사후조치계획
특징	• 가동중지 권한 및 절차는 구체적이고 명확하게 작성 • 자원운용계획과 응급조치 계획은 내부역량(인력, 경보성능 등)과 외부지원 필요성을 모두 고려	• 사고복구 계획은 관할지역 비상대응기관의 사고조사 및 복구 역할 여부 확인 필요
주요구성	• 가동중지 권한 및 절차 • 방재 인력, 장비·물품 운용 계획 • 사업장 내부 경보전달체계 • 응급조치계획(차단, 2차 오염방지, 응급환자 대응 등 포함)	• 사고원인 조사 및 재발방지 계획(팀 구성, 보고서 작성, 이행계획 등 포함) • 사고복구 계획(책임보험, 외부 기관 활용 계획 등 포함)

※모든 요소를 이행가능성을 바탕으로 사업장 수준에 맞춰 작성

4.2 외부비상대응계획

외부비상대응계획은 1군 사업장만 작성하며, 2군 사업장은 작성 의무가 없다. 그러나 2군 사업장도 시나리오 분석 결과 사고 영향이 주변 지역까지 미쳐서 외부 비상대응 계획이 필요한 경우가 생긴다. 이때는 사전관리방침의 비상대응분야에 외부비상대응 계획을 포함해서 작성한다.

지역사회 공조계획, 주민보호 및 대피 계획, 지역사회 고지 계획이 외부비상대응계획을 구성하는 핵심 요소이다. 실효성 있는 계획을 도출하기 위해서는 사업장의 규모, 지리적 특성, 주변 사업장의 업종, 지방자치단체의 지원 범위 등을 모두 고려한 다음, 사업장 상황에 맞는 계획을 수립해야 한다. 즉 모든 계획은 사업장에서 실행 가능한 방법으로 작성하라는 의미이지만 최소

한 총괄영향범위를 구성하는 사고 시나리오에 대해서는 작성을 해야 한다.

지역사회 공조 계획에는 지역사회와의 소통이 포함되는데, 화학사고가 발생할 때와 평상시를 구분하여 소통계획을 따로 세울 필요가 있다. 화학사고가 발생할 때 대외소통 계획에는 소통 조직 및 임무, 정보제공 방법, 이해당사자 목록, 이해당사자별 제공 정보 등을 정리하여 수록한다. 반면에 평상시 지역사회와의 소통계획에는 주민·산단·지역 협의체 운영과 참여, 환경안전 관리회의 운영과 참여, 화학안전 문화 활동, 주민 간담회 운영 등 서로 이해의 장을 넓히는 다양한 소통경로를 만들어 운영하는 내용으로 구성된다.

특히 외부비상대응 분야는 유관기관과 협력하거나 이미 수립된 계획이 있으면 이를 적극적으로 활용할 것을 권장한다. 관할 지자체에서 작성한 지역화학사고대응계획을 활용할 경우는 관련 항목에 포함하면 된다. 또한 소통·공조계획이 이미 수립된 사업장은 그 운영결과(근거)를 제출하면 인정된다. 그리고 대피장소의 경우 해당 지자체에서 화학사고 대피장소를 지정하고 있는 경우에는 사전 협의를 한후 지정된 대피장소를 우선 활용할 것을 추천하고 있다. 외부비상대응계획의 각 요소별 내용은 〈표 4.7〉에 정리하였다.

표 4.7 외부비상대응계획의 주요 구성 및 내용

구성요소	지역사회 공조계획	주민 보호, 대피 계획	지역사회 고지계획
특징	• 모든 계획은 사업장의 상황에 맞게 실행 가능한 방법으로 작성 • 소통·공조계획이 기수립된 사업장은 운영결과(근거)를 제출 • 지역의 화학사고 대피장소가 지정된 경우 해당 대피 장소를 우선 활용(협의한 후 활용)		• 총괄영향범위가 사업장 밖으로 나가지 않으면 일반정보, 물질정보, 총괄영향범위 표시만 제공
주요구성	• 비상시 대외소통 계획 • 평상시 지역사회 소통 계획 • 공조계획(지역기관, 인근 사업장)	• 대피경보, 전달체계 • 주민 대피, 행동요령(사고 유형, 대피 시 유의사항) • 응급의료계획 • 주민대피 장소·방법(집결지 / 대피장소 구분)	• 고지 대상 • 작성 정보(10항목)

※ 유관기관과 협력하거나 이미 수립된 계획이 있으면 이를 적극적으로 활용

5 이행점검과 지역사회 고지

실행되지 않는 계획은 무의미한 서류작업으로 전락하게 되므로 화학사고예방관리계획서는 누구나 필요한 부분에 쉽게 접근하고, 항상 활용될 수 있도록 운용되어야 한다. 이러한 작동성을 확인하는 제도가 이행점검과 지역사회 고지이다.

이행점검의 방식은 정기이행점검과 특별이행점검이 있다. 특별이행점검은 매년 계획을 수립하여 현장점검 실시하는 것으로 모든 사업장 중 대상 선정하여 실시한다. 정기이행점검은 서면점검과 현장점검으로 나뉘는데, 현장점검은 1군 사업장 중 위험도가 가군에 해당하는 사업장을 대상으로 하며, 적합을 받은 후 5년 이내에 실시한다. 서면 점검은 1군 사업장과 2군 사업장이 모두 대상이 된다.

이행점검에서 부적합 판정을 받게 되면 화학사고예방관리계획서를 다시 제출해야 한다. 반면에 사업장이 스스로 이행점검(주민 고지 포함)을 잘하면 현장점검을 받을 의무가 줄어든다는 유인책도 같이 마련되어 있다. 이행점검의 종류와 대상 등은 〈그림 4.5〉에 정리하였다.

지역사회 고지는 정보를 통해 어떻게 교감하고 이해도를 넓혀갈 것인가가 중요하다. 지자체, 지역사회와 정보를 공유함으로써 상호 이해도를 향상시킬 수 있으며, 사업장 입장에서는 허가용 서류가 아닌 살아있는 문화로 안전관리가 정착되는 계기가 될 수 있다. 또한 비상대응 계획 수립단계에서 지역 사회와 협력도 가능해진다.

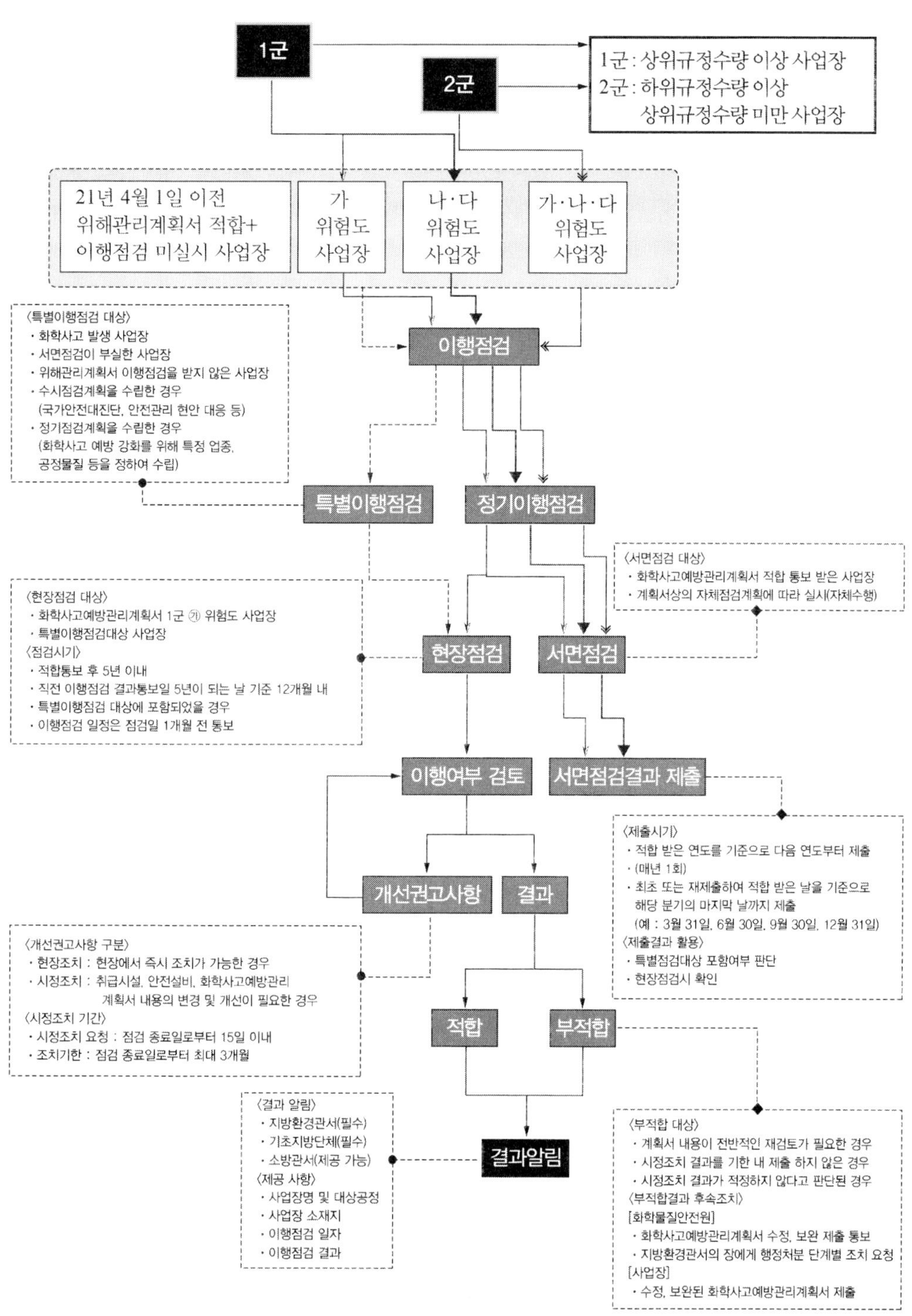

그림 4.5 이행점검의 대상별 실행체계와 전체 흐름

5.1 서면 점검

서면 점검은 사업장 스스로 이행 여부를 매년 확인하는 것으로 단순 기계적인 이행 여부를 확인하는 체크리스트 수준이 아니다. 〈표 4.8〉에 정리하였듯이 사업장 스스로 계획서 내용 전반을 검토하고 이행이 된 부분과 미흡한 부분을 분석하고 보완하는 순환적인 절차이다. 이를 위해서는 사업장에서 자체 평가역량을 강화하는 것이 필요하다.

1군 사업장은 매년 사업장에서 자체 실시 후 그 결과를 화학물질안전원에 제출하는 반면, 2군 사업장은 매년 사업장 자체로 실시하는 것은 같지만 별도 제출 절차가 없이 그 결과를 사업장에서 관리하면서 예방관리계획서의 보완이 필요한 부분은 수정하고 보완하면서 운용하면 된다. 이렇게 이행점검 방식을 사업장 군별로 차등 적용하는 이유는 사업장 스스로 계획을 평가하고 이행하는 역량을 강화할 필요가 있기 때문이다.

표 4.8 서면점검의 주요 요소 및 세부내용

점검 요소	세부 내용
서면점검시 확인 항목	• 사업장이 계획서의 안전관리 방향성에 맞게 운영되는가 • 기본정보, 시설정보, 장외평가정보 등 변경관리가 적절하게 시행되고 있는가 • 사전관리방침, 내·외부 비상대응계획 등 이행이 지연되거나 누락되는 것이 있는가 • 적합 이후 사업장 내·외부 여건 변화에 따라 계획서 변경이 필요한가 • 그 밖의 계획서 이행 및 변경 확인에 필요한 내용
서면점검 방법	• 자체 확인반 구성(2인 이상, 유해화학물질관리자, 관련 업무 담당자 포함) • 외부 전문가 포함 가능(지역협의체, 지자체·소방, 관련 분야 전문가 등) • 화학물질안전원의 이행점검 매뉴얼 활용 가능
서면점검 결과 후속조치	• 자체 이행결과 개선계획 수립 후, 사업주 보고 및 실행(사업주는 개선계획 적극 지원) • 필요시 계획서 변경관리 실시
변경관리 방식	• 변경내역 관리사항을 기록하고, 최소 5년 이상 보관 • 적합 받은 계획서 원본은 수정 또는 변경 불가 • 변경사항이 발생한 부분은 별도 보관철에 기록 관리
결과의 제출과 활용	• 계획서 변경제출 및 재제출 시 자체 이행확인 결과를 모두 포함하여 제출 • PSM, SMS 등 유사제도 자체감사 결과 인정(계획서 이행확인 항목 모두 포함된 경우에만) • 서면 점검 결과는 현장점검과 특별점검 시 활용 가능

화학물질안전원에서는 제출받은 서면 점검 결과를 바탕으로 사업장의 이행 완성도와 수준에 대해 검토하며. 이때 서면 점검이 부실하다고 판단될 경우 특별이행점검과 정기현장점검 대상을 선정할 때 우선 대상으로 포함시켜 현장에서 확인할 수 있도록 한다.

즉 서면 점검은 이행 여부를 확인하는 체크리스트 수준을 넘어 사업장 스스로 계획서 내용 전반을 검토하고 이행 사항과 미흡 사항을 분석하여 보완하는 절차이며, 자율과 책임을 동시에 부여한 것이므로 자체 역량과 적극 활용하는 분위기를 만들어 가는 것이 중요하다.

5.2 현장점검과 특별점검

현장점검은 1군 중 위험도 가 사업장을 대상으로 한다. 현장점검 주기는 5년에 1회이다. 화학사고예방관리계획서를 적합 판정 받은 사업장이 변경제출을 하지 않으면, 적합 통보를 받은 날로부터 5년이 되기 전에 현장점검을 받는다.

현장점검은 면담, 기록검토, 현장 확인의 절차로 진행된다. 현장점검에서는 주로 아래의 내용에 대해 점검을 한다.

① 적합을 받은 이후 실시한 서면 점검 결과와 후속 조치 이행상황
② 사업장의 안전관리 방향성과 화학사고예방관리계획서 내용의 작동성
③ 확산방지 설비, 고정식 유해감지시설 등 안전설비의 유지관리
④ 총괄영향범위 내 공공수용체, 환경 수용체 등 주변 환경 변화 관리
⑤ 화학사고 대비 교육·훈련 내용
⑥ 지역사회 고지실시 여부 및 이력 관리
⑦ 비상대응조직도 및 업무분장 현행화
⑧ 비상통제실 운영 작동성

특별이행점검은 매년 계획을 수립하여 실시한다. 1군, 2군, 위험도(가,나,다) 모두가 대상이 되며, 계획에 맞춰 모든 사업장 중 대상을 선택한다. 특별이행점검을 하는 대표적인 경우는 화학사고 발생 사업장 중 확인이 필요한 경우이거나 서면 점검 결과 현장점검 필요한 경우, 특정 물질이나 공정 등을 대상으로 이행 여부를 중점적으로 점검할 필요가 있는 경우 등이 해당된다.

5.3 지역사회 고지

지역사회 고지계획은 고지 대상이 되는 사고 시나리오별 총괄영향범위 내 주민의 목록 및 고지정보, 제공 방법 등을 주민들이 알기 쉽게 작성하는 것이다. 지역사회 고지의 경우 사업장에 따라서 각기 다른 공조체계, 대피경보·전달, 대피장소 등을 보유하고 있기 때문에 별다른 작성 예시 없이 사업장의 현황에 맞게 작성해야 하는 것이 원칙이다.

작성내용은 〈표 4.9〉에 정리된 것과 같이 총괄영향범위에 따라 차등 작성한다. 총괄영향범위가 사업장 밖으로 나가지 않으면 일반정보, 물질정보, 총괄영향범위표시만 제공한다, 반면에 총괄영향범위가 사업장 외부까지 해당이 되어 내외부가 다 영향을 받는 경우는 10개 항목 모두 정하여 고지해야 한다.

표 4.9 지역사회 고지 작성 정보

작성항목 및 내용	총괄영향범위	
	사업장 내부	사업장 내외부
1. 일반정보 : 사업장명, 주소, 대표전화	○	○
2. 유해화학물질 목록 및 대표 유해성	○	○
3. 사고시나리오 총괄영향범위 : 행정구역명 및 이를 표시한 지도	○	○
4. 사업장의 안전관리 방침	×	○
5. 비상연락체계		○
6. 지역사회와의 소통 계획		○
7. 지역사회와의 공조를 통한 비상대응 활동 계획		○
8. 대피경보 방법		○
9. 응급의료 계획		○
10. 주민대피 장소 및 방법		○

고지를 받는 대상은 총괄영향범위 내 주민이며, 대표 전달을 할 경우는 공공수용체 목록을 작성하여 활용한다. 고지의무가 있는 사업장은 모두 화학물질안전원에서 운영하는 화관법 민원 24 시스템(https : / / icis.me.go.kr /cdms)에 무조건 등록해야 하며, 그 외 고지 1개 이상의 방법으로 고지하면 된다. 그 외 방법이란 아래의 네 가지 중 하나를 말한다.

① 개별 통지 : 우편, 전자우편(서면통지서 활용 가능)

② 개별 설명 : 개별 설명 후 서명 날인

③ 집합 전달 : 공청회, 설명회 등

④ 기타 고지 : 기초지방자치단체(행정복지센터, 구·군청, 시청 등) 누리집 게시판, 공동주택 관리사무소 반상회보, 소식지 게재, 주민대표(이·통장 등) 전달 등

여러 사업장이 공동으로 지역사회 고지를 할 수도 있다. 다만 이때는 사업장 단위가 같은 행정구역 내에 있고, 공동 비상대응계획을 수립한 사업장이며, 사고 시나리오의 총괄영향범위 내 고지를 받아야 하는 주민이 같은 경우로 한정된다.

최초로 고지를 할 경우 시스템 고지와 그 외 고지의 시기가 다르다. 시스템 고지는 적합을 받은 후 3개월 이내에 등록해야 하지만, 그 외 고지 방법은 적합 받은 연도 내에 고지한다. 다만, 해당 연도가 6개월 미만으로 남은 경우는 적합 후 6개월 이내 고지를 한다. 최초 고지를 한 다음 해부터는 매년 1회씩 정기 고지를 해야 한다. 이때 시스템 고지는 최초 시스템 고지 연도 다음 해 1월 1일부터 12월 31일 이내에 한다. 그 외 고지는 최초 시스템 고지 연도 다음 해 1월 1일부터 12월 31일 이내 실시하되, 시스템 고지 후 그 외 고지가 해를 넘기는 경우는 그 다음 해부터 매년 실시한다.

지역사회 고지 제도도 화학사고예방관리계획서의 변경(재제출, 변경제출)이나 자체점검 변경사항에 따라 고지의 시기가 다양하게 바뀐다. 예방계획서를 5년 만에 다시 제출하는 경우는 최초 고지와 동일하게 실시한다. 변경제출의 경우 변경 제출한 예방계획서에 고지계획(고지내용이 아님)을 변경하는 것이 포함되어 있으면 최초 고지와 같은 방식으로 실시하며, 고지계획 변경이 필요 없는 경우에는 연도 내 고지 여부(정기 고지)에 맞춰 진행하면 된다. 마지막으로 예방계획서 제출사항이 아니지만, 자체점검결과 고지계획의 변경이 발생하면 고지 방법, 고지 변경항목에 따라 다르지만 〈그림 4.6〉에 나온 것 같은 주기로 실시한다.

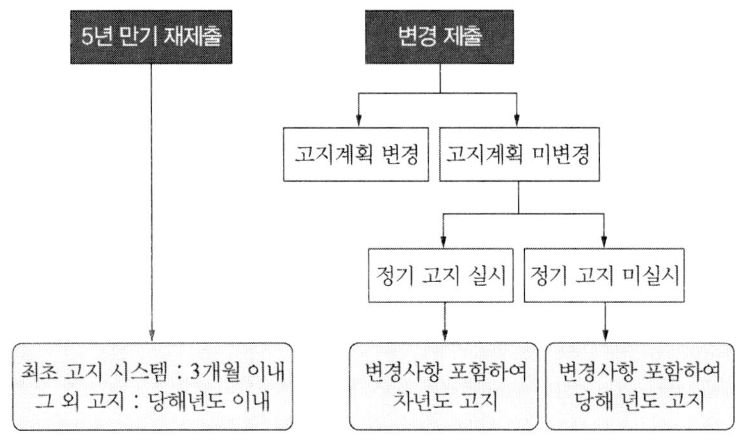

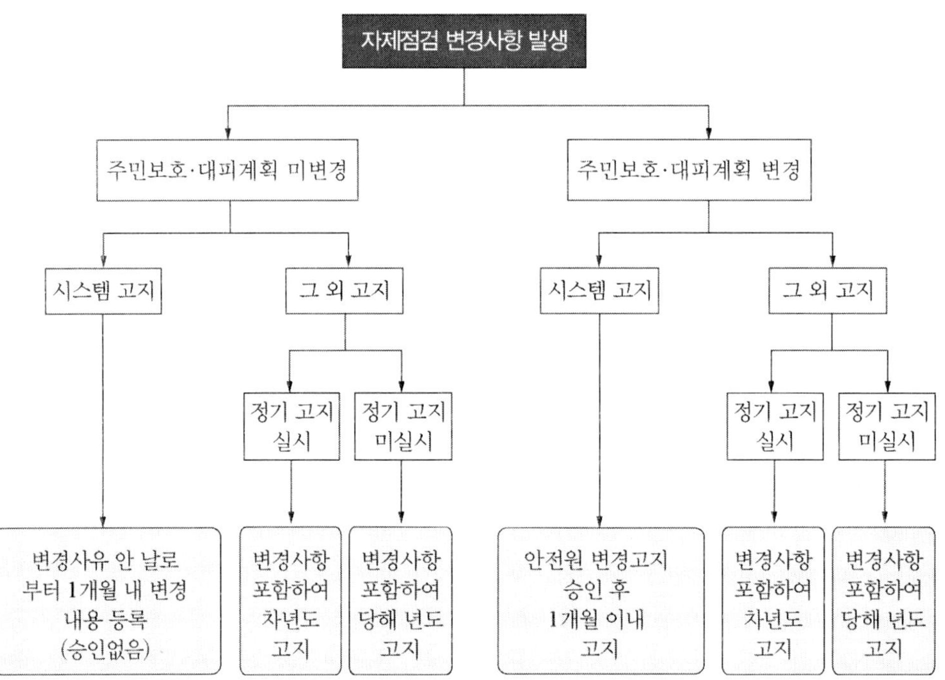

그림 4.6 지역사회 고지의 변경고지 방법 및 시기

연습문제

01. 화학사고예방계획서의 기본구성과 세부내용에 대해 간략히 설명하시오.

02. 화학사고예방계획서의 위험성평가 시 영향범위 결정을 위한 끝점농도 기준을 적으시오.

03. 내부비상대응계획과 외부비상대응계획의 주요구성 요소를 비교 설명하시오.

04. 지역사회 고지 작성항목 10가지를 쓰시오.

CHAPTER

05

화학취급시설의 안전

학습목표

1. 화학취급시설의 안전관리 필요성을 이해한다.
2. 취급시설을 정의하고 안전기준 주요 내용을 학습한다.

1 취급시설의 개요

산업의 발전과 더불어 전 세계적으로 1,500만 종 이상의 화학물질이 유통되고 있으며, 국내에서도 약 43,000종 이상의 화학물질 유통되고 있고 또한 매년 400종 이상의 신규 화학물질이 개발, 생산되고 있다. 이렇듯 화학물질은 우리 사회에서 없어서는 안 될 필수적인 요소이지만, 대부분의 화학물질은 누출 시 위험성을 가지고 있다. 따라서, 화학물질은 관리가 매우 중요한 요소이며, 이러한 관리 체계 및 제도는 중대한 누출사고가 계기가 되어 발전하였다.

특히, 국내에서는 2012년 경북 구미에서 불산가스 누출사고로 인해 유출된 유독가스 흡입으로 23명의 사상자가 발생하고, 공장 일대 농작물 200 ha 이상 및 4,000두 이상의 가축까지 피해를 주었다. 이 사고의 피해 보상을 위해 500억 원 이상의 복구 예산까지 편성하여 집행하였다. 이렇듯 한순간의 실수로 인한 누출로 막대한 인명과 물적 손실을 입히게 되어 국내에서는 화학사고에 대한 위험 인식이 급격히 전환되었다.

이에 따라 정부는 구미 불산 유출사고 이후, 계속되는 화학사고로 국민 불안이 심화되고 안전 불감증이 상존하는 가운데 화학사고로부터 국민 불안을 해소하고자 하였다. 기존의 유해화학물질관리법을 화학물질로 인한 국민건강 및 환경상의 위해(危害) 예방, 화학물질의 적절한 관리, 그리고 화학물질로 인하여 발생하는 사고에 신속한 대응 측면으로 법규를 보완하여 2015년 1월 1일부로 화학물질관리법을 시행하였다.

화학물질관리법은 화학물질의 통계조사 및 정보체계 구축·운영, 배출량 조사, 조사결과 정보공개, 취급시설 안전관리, 영업 허가·관리, 화학사고 대비 및 대응 그리고 벌칙 조항으로 구성되어 있다. 화학물질을 대량으로 취급하는 화학공장은 화학물질관리법 전반에 대해 영향을 받지만, 안전관리와 밀접하게 관련이 있는 부분은 취급기준, 취급시설의 설치·운영 부분이다.

취급 시설은 설치 이전에 화학사고예방관리계획서의 제출을 통해 정부 기관인 화학물질안전원의 승인을 받아 운영이 가능하며, 설치 이후에는 설치 검사, 정기·수시검사, 자체점검, 안전진단 등을 통해 지속 관리된다.

따라서, 화학공장 건설 이후 즉 취급시설 설치 이후 설비의 안전성 또는 건전성을 유지하기 위한 안전관리는 취급시설 설치·관리 기준에 따라 운영되는지의 유무를 자체점검, 정기검사, 수시검사 등을 통해 지속 점검하고 관리해야 한다.

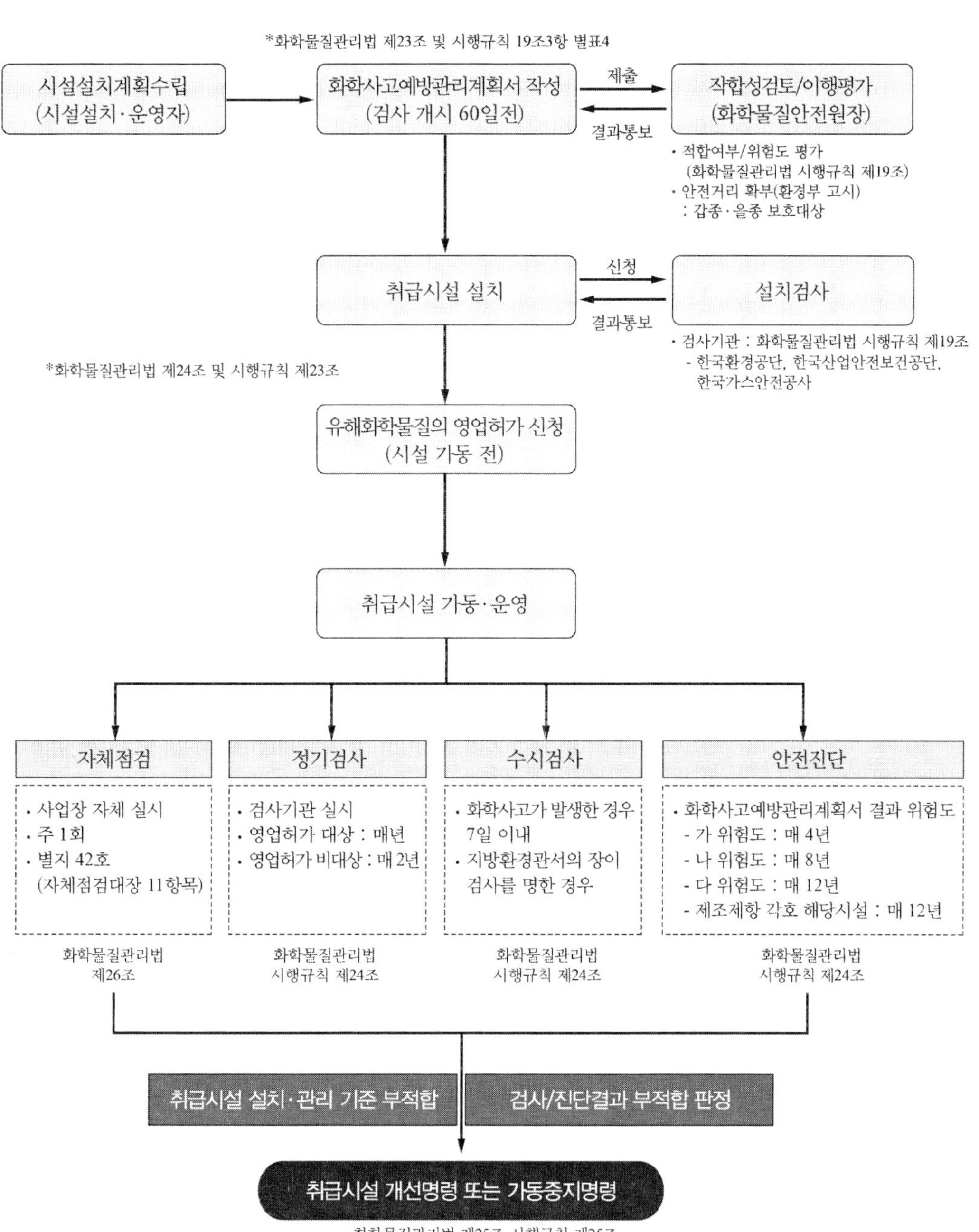

그림 5.1 화학물질관리법 업무처리 절차

2 취급시설의 안전 기준

2.1 취급시설의 정의 및 종류

화관법 제2조(정의) 제11호에 따라 '화학물질을 제조, 보관·저장, 운반(항공기·선박·철도를 이용한 운반은 제외) 또는 사용하는 시설이나 설비를 말한다. 취급시설은 다음과 같이 구분될 수 있다.

(1) 제조·사용시설

판매할 목적으로 유해화학물질을 제조하는 시설과 제품의 제조, 제품의 세척(洗滌)·도장(塗裝) 등을 목적으로 유해화학물질을 사용하는 시설을 말한다.

(2) 실내 / 실외 / 지하 저장·보관시설

유해화학물질의 제조, 사용, 판매 및 운반 등을 목적으로 유해화학물질을 실내, 실외 또는 지하에 보관하는 시설을 말한다.

(3) 차량운송시설

유해화학물질을 충전·운반할 수 있는 탱크 및 그 부속설비로 구성된 운송 차량에 의하여 유해화학물질을 운반하는 시설과 그 부대시설을 말한다.

(4) 차량운반시설

유해화학물질 또는 유해화학물질을 충전한 용기를 적재하여 운반할 수 있는 운반차량에 의하여 유해화학물질을 운반하는 시설과 그 부대시설을 말한다.

(5) 사외 배관이송시설

배관, 밸브, 각종 안전장치 등 유해화학물질을 이송하는 시설과 그 부대시설로 사업장 밖에 있는 것을 말한다.

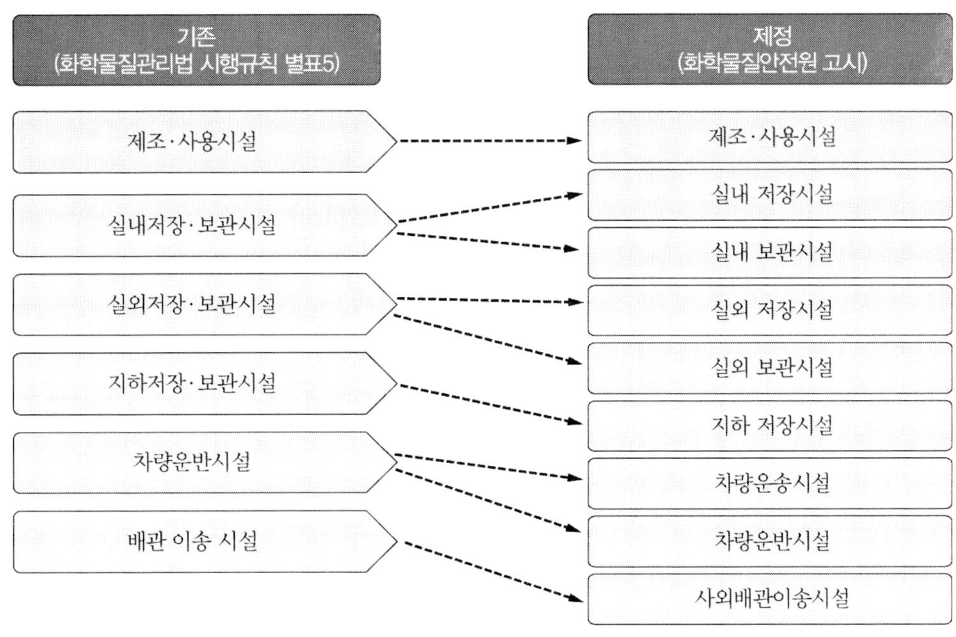

그림 5.2 취급시설 설치 및 관리기준

2.2 취급시설의 안전기준 주요 내용

1) 제조·사용시설

(1) 건축물

① 유해화학물질 제조·사용시설의 기초는 그 설비에 유해한 영향을 끼치지 않도록 필요한 조치를 마련한다.

② 유해화학물질을 취급하는 건축물의 구조는 바닥에 물이 고이지 아니하는 구조이거나 지하층이 없도록 해야 하고 지붕·벽·창 등은 빗물이 새어들지 아니하는 구조로 한다.

③ 부식성 물질을 취급하는 건축물은 물질이 스며들 우려가 있는 부분에 대하여는 부식되지 아니하는 재료로 피복한다.

④ 물리적 위험성이 있는 유해화학물질을 취급하는 시설의 창 및 출입구에 유리를 이용하는 경우는 망입유리(또는 방화유리)로 설치한다. 다만, 산화성, 유기과산화물, 금속부식성 물질은 제외한다.

⑤ 유해화학물질을 취급하는 건축물의 바닥은 물질이 스며들지 못하고 해당 물질에 견딜

수 있는 재료를 사용하여야 하며, 적당한 경사를 두어 그 최저부에 집수설비를 설치한다.

⑥ 인화성, 자연발화성, 산화성 유해화학물질을 취급하는 건축물은 벽·기둥·바닥·보·서까래 및 계단은 불연재료로 하고, 연소의 우려가 있는 외벽은 출입구 외의 개구부가 없는 내화구조의 벽으로 하여야 한다. 다만, 해당 사업장에 적합한 불연재료의 사용이 어려운 것으로 인정되는 경우로서 「위험물안전관리법 시행규칙」 제47조 제2항에 따른 한국소방산업기술원의 안전성 평가 결과 적정 판정을 받은 경우는 불연재료를 사용하지 않을 수 있다.

⑦ 폭발성 유해화학물질을 취급하는 건축물의 지붕은 폭발력이 위로 방출될 정도의 가벼운 불연재료로 덮어야 한다. 다만, 유해화학물질을 취급하는 시설이 발생할 수 있는 내부의 과압 또는 부압에 견딜 수 있는 철근 콘크리트 구조이거나 외부 화재에 90분 이상 견딜 수 있는 구조인 경우는 그 지붕을 내화구조로 할 수 있다.

⑧ 인화성, 자연발화성, 산화성 유해화학물질을 취급하는 시설은 다음에 해당하는 부분을 내화구조로 하여야 한다.

ⓐ 건축물의 기둥 및 보
지상 1층(지상 1층의 높이가 8 m를 초과하는 경우에는 8 m)까지

ⓑ 유해화학물질 저장·취급용기의 지지대(높이가 30 cm 이하인 것은 제외)
지상으로부터 지지대의 끝부분까지

ⓒ 배관·전선관 등의 지지대
지상으로부터 1단(1단의 높이가 8 m를 초과하는 경우에는 8 m)까지

다만, 건축물 등의 주변에 화재에 대비하여 물 분무시설 또는 폼 헤드(foam head) 설비 등의 자동소화설비를 설치하여 건축물 등의 화재에 2시간 이상 그 안전성을 유지할 수 있도록 한 경우에는 내화구조로 하지 아니할 수 있다.

⑨ 출입구와 「산업안전보건기준에 관한 규칙」 제17조(비상구의 설치)에 따라 설치하여야 하는 비상구에는 갑종방화문 또는 을종방화문을 설치하여야 한다.

⑩ 유해화학물질을 취급하는 건축물의 바닥은 물질이 스며들지 못하고 해당 물질에 견딜 수 있는 재료를 사용하여야 하며, 적당한 경사를 두어 그 최저부에 집수설비를 설치하여

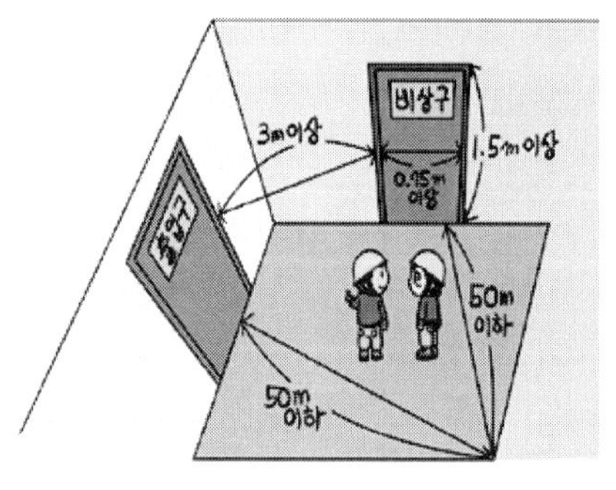

그림 5.3 비상구 위치

야 한다.

⑪ 액체 유해화학물질을 취급하는 실외 시설(적재하거나 하역하는 시설을 포함)의 바닥 둘레는 유해화학물질이 외부로 흘러나가지 아니하도록 방지턱(15 cm 이상) 등을 설치하여야 한다.

다만, 비수용성 고체상태인 물질(분말이나 미립자 형태의 것은 제외)의 경우에는 그러하지 아니하고, 적정한 용량의 트렌치(trench)를 설치한 경우는 방지턱을 설치한 것으로 본다.

그림 5.4 방지턱 및 트렌치 설치 사례

(2) 배관 밸브

① 배관은 물질을 안전하게 수송할 수 있는 적절한 구조를 가지고 있어야 한다. 특히, 고압가스 화학물질 배관은 그 화학물질의 종류, 성질, 압력 및 그 배관의 주위의 상황에 따라 안전한 구조를 갖도록 하기 위하여 다음 기준에 따라 이중관 구조로 한다. 이중관으로 하여야 하는 화학물질은 다음과 같다.

② ⓐ 암모니아, ⓑ 아황산가스, ⓒ 염소, ⓓ 염화메탄, ⓔ 산화에틸렌, ⓕ 시안화수소, ⓖ 포스겐, ⓗ 황화수소, ⓘ ⓐ~ⓗ의 화학물질과 동등 이상의 독성을 갖는 것

③ 배관의 재료는 해당 물질의 취급에 적합한 기계적 성질 및 화학적 성분을 가지는 것이어야 한다.

④ 배관은 유해화학물질을 안전하게 취급할 수 있는 적절한 강도 및 두께를 가지고 있어야 한다.

⑤ 배관의 덮개·플랜지·밸브 및 콕의 접합부는 유해화학물질의 누출을 방지할 수 있도

록 적절한 개스킷을 사용하고 접합면을 서로 밀착시키는 등 확실한 방법으로 하고, 이를 확인하기 위해 필요한 경우는 비파괴시험 등을 해야 한다. 이 경우 화학물질안전원장은 유해화학 물질별 개스킷의 재질, 두께, 종류 등에 대한 기준을 구체적으로 정한다.

⑥ 배관은 수송하는 유해화학물질의 특성 및 설치 환경조건을 고려하여 사고의 우려가 없도록 설치하고, 배관의 안전한 유지·관리를 위하여 필요한 조치를 하여야 한다.

⑦ 제조·사용 시설 및 설비에 설치된 밸브 또는 콕(조작스위치에 의하여 그 밸브 또는 콕을 개폐하는 경우에는 그 조작스위치를 말한다. 다음의 기준에 따라 취급자가 그 밸브 등을 적절히 조작할 수 있도록 조치하여야 한다.

ⓐ 밸브 등에는 그 밸브 등의 개폐방향(조작스위치에 의하여 그 밸브 등이 설치된 저장 설비에 안전상 중대한 영향을 미치는 밸브 등에는 그 밸브 등의 개폐 상태를 포함한다)을 색채 등으로 표시하여 구분되도록 하여야 한다.

ⓑ 밸브 등(조작스위치로 개폐하는 것은 제외한다)이 설치된 배관에는 그 밸브 등의 가까운 부분에 쉽게 알아볼 수 있는 방법으로그 배관 내의 물질의 종류 및 방향이 표시되도록 하여야 한다.

ⓒ 상시 사용하지 않는 밸브 등은 자물쇠를 채우거나 봉인하는 등의 조치를 하여야 한다. 다만, 긴급 시에 사용하는 것이거나 일반인의 출입이 철저히 통제된 구역의 경우에는 그러하지 아니하다.

ⓓ 밸브 등을 조작하는 장소에는 밸브 등의 기능 및 사용빈도에 따라 그 밸브 등을 확실히 조작하는 데 필요한 발판과 조명도를 확보해야 한다.

ⓔ 안전밸브 또는 방출밸브에 설치된 스톱밸브는 그 밸브의 수리 등을 위하여 특별히 필요한 때를 제외하고는 항상 완전히 열어 놓아야 한다.

⑧ 배관에 걸리는 최대상용압력의 1.2배 이상의 압력으로 수압시험(불연성의 액체 또는 기체를 이용하여 실시하는 시험을 포함한다)을 실시하여 누출 등 그 밖의 이상이 없는 것으로 하여야 한다.

⑨ 배관을 지상에 설치하는 경우는 지진·풍압·지반침하 및 온도변화에 안전한 구조의 지지물에 설치하고, 지면에 닿지 아니하도록 하여야 하며 배관의 외면에 부식방지를 위한 도장을 하여야 한다. 다만, 불변강관 또는 부식의 우려가 없는 재질의 배관의 경우에는 부식방지를 위한 도장을 아니할 수 있다.

그림 5.5 취급물질 이송 방향 및 밸브 개폐 상태 표시 사례

(3) 사고 예방

① 다음에 해당하는 제조·사용시설을 설치하는 경우는 내부의 이상상태를 조기에 파악하기 위하여 필요한 온도계, 유량계, 압력계 등의 계측장치를 설치하여야 한다.

ⓐ 발열반응이 일어나는 반응장치

ⓑ 증류, 정류, 증발, 추출 등 분리를 하는 장치

ⓒ 가열시켜 주는 물질이 온도가 가열되는 유해화학물질의 분해온도 또는 발화점보다 높은 상태에서 운전되는 설비

ⓓ 반응폭주 등 이상 화학반응에 의하여 유해화학물질이 발생할 우려가 있는 설비

ⓔ 온도가 350℃ 이상이거나 게이지 압력이 980 kPa 이상인 상태에서 운전되는 설비

ⓕ 가열로 또는 가열기

ⓖ 기타 가열, 냉각 등 유해화학물질의 취급에 수반하여 온도변화가 생기는 설비

② 유해화학물질을 취급함에 있어 정전기가 발생할 우려가 있는 설비에는 다음의 어느 하나에 해당하는 방법으로 정전기를 유효하게 제거하여야 한다.

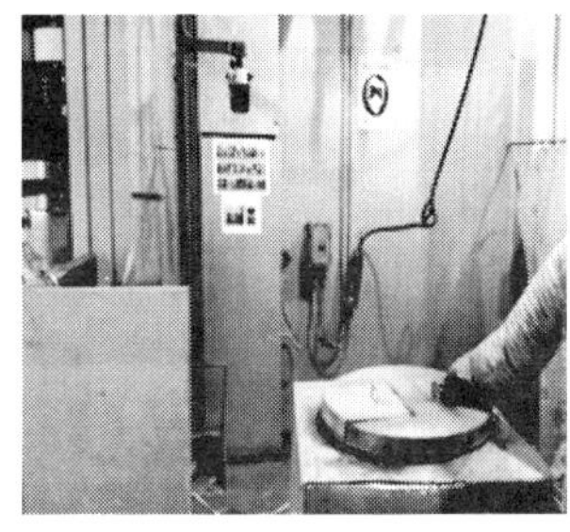

그림 5.6 고체상 유해화학물질 취급시설에 정전기 제거설비 설치 사례

ⓐ 접지에 의한 방법

ⓑ 공기 중의 상대습도를 70% 이상으로 하는 방법

ⓒ 공기를 이온화하는 방법

③ 유해화학물질의 취급시설에서 인화성 물질에 따른 증기나 가스에 의한 폭발이나 화재를 미리 감지하기 위하여 가스 검지 및 경보 성능을 갖춘 가스 검지 및 경보장치를 설치하여야 한다. 다만, 「산업표준화법」의 KS에 따른 0종 또는 1종 폭발위험장소에 해당하는 경우로서 방폭구조 전기기계, 기구를 설치한 경우는 제외한다.

④ 제조·사용 설비 중 다음의 어느 하나에 해당하는 설비에 대해서는 과압에 따른 폭발을 방지하기 위하여 폭발 방지 성능과 규격을 갖춘 안전밸브 또는 파열판(이하 "안전밸브 등"이라 한다)을 설치하여야 한다. 다만, 안전밸브 등에 상응하는 방호장치를 설치한 경우에는 그러하지 아니하다.

ⓐ 압력용기(안지름이 150 mm 이하인 압력용기는 제외하며, 압력 용기 중 관형 열교환기의 경우에는 관의 파열로 인하여 상승한 압력이 압력용기의 최고사용압력을 초과할 우려가 있는 경우만 해당한다)

ⓑ 정변위 압축기

ⓒ 정변위 펌프(토출측에 차단밸브가 설치된 것만 해당한다)

ⓓ 배관(2개 이상의 밸브에 의하여 차단되어 대기온도에서 액체의 열팽창에 의하여 파열될 우려가 있는 것으로 한정한다)

ⓔ 그 밖의 제조·사용 설비 및 그 부속설비로써 해당 설비의 최고사용압력을 초과할 우려가 있는 것

⑤ 안전밸브 등을 설치하여야 하는 제조·사용 시설이 다음의 어느 하나에 해당하는 경우 파열판만을 설치할 수 있다.

ⓐ 반응 폭주 등 급격한 압력상승 우려가 있는 경우

ⓑ 운전 중 안전밸브에 이상 물질이 누적되어 안전밸브가 작동되지 아니할 우려가 있는 경우

ⓒ 운전 중 안전밸브에 물질이 점착하여 안전밸브의 기능을 저하시킬 우려시

ⓓ 유체의 부식성이 강하여 안전밸브 설정에 문제가 있을 경우(산업안전보건기준에 관한 규칙 제261조)

⑥ 안전밸브 등은 안전밸브 등을 통하여 보호하려는 설비의 최고사용압력 이하에서 작동되도록 하여야 한다. 다만, 안전밸브 등이 2개 이상 설치된 경우 1개는 최고사용압력

의 1.05배(외부화재를 대비한 경우에는 1.1배) 이하에서 작동되도록 설치할 수 있다.

⑦ 유해화학물질의 유출, 누출로 인한 사고를 방지하기 위한 조치사항은 다음과 같다.

ⓐ 사업장 내 유해화학물질 저장 및 취급량 최소화

ⓑ 유해화학물질을 취급, 저장하는 설비의 연결부분 누출되지 않도록 밀착, 매주 1회 이상 연결부분에 이상이 있는지를 점검

ⓒ 유해화학물질을 폐기, 처리하는 냉각, 분리, 흡수, 흡착, 소각 등의 처리공정은 유해화학물질이 외부로 방출되지 않도록 할 것

ⓓ 유해화학물질 취급시설의 이상 운전으로 유해화학물질(아황산가스 외 7종)이 외부로 방출될 경우 저장, 포집 또는 처리설비를 설치하여 안전하게 회수할 수 있도록 할 것

ⓔ 유해화학물질을 폐기, 처리 또는 방출하는 설비를 설치하는 경우에는 자동으로 작동될 수 있는 구조 또는 원격 조정할 수 있는 수동조작 구조로 설치

ⓕ 유해화학물질 취급 설비에 이상이 발생한 경우 작업자가 쉽게 알 수 있도록 필요한 경보설비를 작업자와 가까운 장소에 설치해야 하며, 경보장치를 설치하는 것이 곤란한 경우에는 감시인 또는 CCTV를 둘 것

ⓖ 화학물질안전원장이 고시한 규모 이상의 취급시설은 유해화학물질이 외부로 누출된 경우, 물질을 감지·경보할 수 있는 설비 또는 CCTV를 갖출 것

ⓗ 배관의 말단부에는 캡, 마개, 블라인드 등 적절한 방법으로 마감 처리를 할 것

ⓘ 이상 상태 발생의 경우, 원재료 공급의 긴급 차단, 제품의 방출, 불활성가스의 주입이나 냉각용수 등의 공급을 위한 장치를 설치하여야 하며, 안전하고 정확하게 조작할 수 있도록 보수·유지할 것

⑧ 유해화학물질 취급시설에 대한 정비나 보수 작업을 할 경우에는 유해화학물질관리자의 입회하에 실시하여야 한다. 다만, 취급시설 내 유해화학물질을 완전히 비운 이후로서 기체상 물질의 화재·폭발 위험이 없는 경우에는 그러하지 아니할 수 있다.

⑨ 유해화학물질 소분작업을 할 경우에는 유해화학물질관리자 또는 화관법 시행규칙 제37조(안전교육의 실시 등) 제1항에 따른 안전교육을 받은 자의 입회하에 실시하여야 한다.

(4) 피해 저감

① 화학물질의 증기 또는 분진이 체류할 우려가 있는 경우에는 그 증기 또는 미분을 실외

의 높은 곳으로 배출할 수 있도록 다음의 기준에 의하여 배출설비를 설치하여야 한다.

② 유해화학물질로 인한 위해를 예방하기 위하여 물질에 적합한 방제약품 또는 방제장비 및 응급조치 장비를 구비하여야 하며, 개인보호장구는 상시 출입자 및 방문객 등을 고려하여 충분한 수량을 비치해야 한다.

③ 유해화학물질을 제조·사용하는 경우에 해당 작업장소와 격리된 장소에 탈의실·긴급 세척시설 및 작업복 갱의실을 설치하고, 필요한 용품과 용구를 갖추어 두어야 한다.

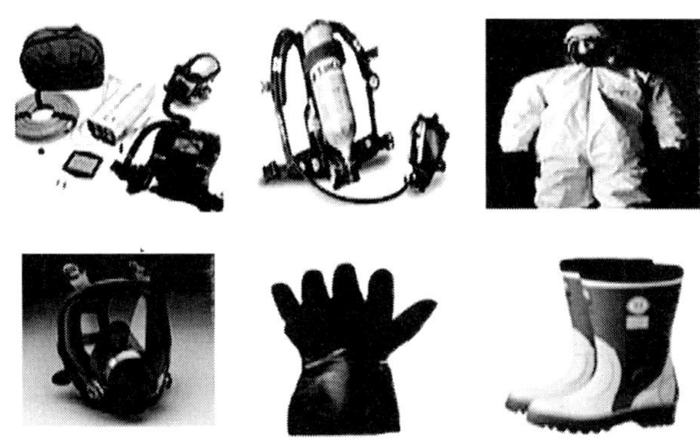

그림 5.7 개인보호장구 예시

2) 실내 저장·사용시설

(1) 건축물

① 단층 건물의 실내 저장·보관시설은 지면에서 처마까지 높이를 8 m 미만으로 하고 그 바닥은 지반면보다 높게 하여야 한다. 다만, 벽·기둥·보 및 바닥이 내화구조(인화성, 자연발화성, 산화성 유해화학물질에 한한다)이고, 출입구에 갑종방화문, 피뢰침을 설치한 경우에는 20 m 이하로 가능하다.

② 실내 저장·보관시설은 화재의 위험이 있는 경우에는 벽·기둥 및 바닥은 내화구조로 하고, 보와 서까래는 불연재료로 하여야 한다.

③ 실내 저장·보관시설의 지붕은 폭발력이 위로 방출될 정도의 가벼운 불연재료로 하고, 천장을 만들지 아니하여야 한다. 다만, 폭발 위험이 없는 유해화학물질을 취급하는 경우는 지붕을 내화구조로 할 수 있고 난연재료 또는 불연재료로 된 천장 설치가 가능하다.

④ 실내 저장·보관시설의 바닥은 물질이 스며들지 못하고 해당 물질에 견딜 수 있는 재료

를 사용하여야 하며, 적당한 경사를 두어 그 최저부에 집수설비를 설치한다. 다만, 고상의 유해화학물질을 보관·저장하는 경우로서 지붕으로 빗물이 스며들지 않고 바닥이 지면보다 높아 물이 고이지 않는 구조일 때에는 집수설비를 설치하지 아니할 수 있다.

⑤ 실내 저장·보관시설의 출입구의 턱 높이는 당해 실내 저장·보관설비(실내 저장·보관설비가 2개 이상인 경우는 최대용량이 시설을 기준)의 용량을 수용할 수 있는 높이 이상으로 하거나, 실내 저장·보관시설로부터 유출된 물질이 시설 외의 부분으로 유출하지 아니하는 구조로 되어 있어야 한다.

⑥ 실내 저장·보관시설의 구조는 유해화학물질의 유출·누출을 방지하기 위하여 저장하는 물질의 종류·온도·압력 및 사용 환경에 따라 적절한 것으로 하고, 지진 발생에 대비하여 안전장치 설치 등 필요한 조치를 마련한다.

⑦ 실내 저장·보관 설비와 벽과의 사이 및 설비 상호 간에는 0.5 m 이상의 간격을 유지한다. 다만, 시설의 점검 및 보수에 지장이 없는 경우에는 그러하지 아니하다.

⑧ 다층건물의 실내 저장·보관시설은 각층 바닥을 지면보다 높게 하고, 바닥 면으로부터 상층의 바닥(상층이 없는 경우에는 처마)까지의 높이는 6 m 미만으로 하여야 한다. 다만, 저장탱크가 설치된 경우로서 누출검지장치 등 안전설비를 갖춘 경우에는 6 m 이상으로 할 수 있다.

(2) 사고 예방

① 저장·보관시설에는 물질이 누출될 경우 이를 신속히 검지하여 대응할 수 있도록 필요한 조치를 하여야 한다.

② 저장·보관 설비는 부식방지에 필요한 조치를 하여야 한다. 부식방지를 위하여 다음과 같은 방법을 사용한다.

ⓐ 내식성 재료를 사용하는 방법

ⓑ 금속이나 비금속의 피복법

ⓒ 환경처리법

ⓓ 전기화학적 방식법

③ 부식방지를 위하여 다음과 같은 사항을 고려하여야 한다.

ⓐ 특정 물질에 대한 적절한 재질 선정, 재질과 물질의 안전성 상관관계는 운전조건(운전온도 및 운전압력 등)에 따라 차이가 날 수 있으므로 재질 선정 시 주의가

필요하다.

ⓑ 일반적인 재질 선정 기준은 다음과 같다.

- 질산 : 스테인레스강(Stainless Steel)
- 염기성 : 니켈 및 니켈 합금
- 플루오르화수소산 : 모넬(Monel)
- 강 염산 : 하스텔로이(Hastelloy)
- 희석 황산 : 납
- 오염되지 않는 대기 조건 : 알루미늄
- 증류수 : 주석
- 고온 강 산화용액 : 티타늄

ⓒ 금속 순도 유지

ⓓ 비금속 재질 사용

ⓔ 환경의 개선

- 가급적 유체의 속도를 낮춘다.
- 유속을 낮춘다.
- 액체로부터 산소를 제거한다.
- 이온농도를 낮춘다.

ⓕ 부식 억제 약제 주입

ⓖ 신뢰할 수 있는 부식 데이터를 적용한 두께

ⓗ 설계기준 준수

- 두께 : 기계적 강도와 더불어 부식의 침투 작용의 고려
- 균열을 줄이기 위하여 리벳보다는 용접 시공
- 이종 금속 접촉 부식 : 전기적 접촉의 방지
- 응력 부식 균열을 방지하기 위하여 과다한 응력과 응력 집중 방지
- 유체가 흐르는 곳에서는 가능한 굽힘부의 곡률반경을 크게 할 것

ⓘ 전기방식

ⓙ 코팅

④ 압력계는 압력계로써의 기능을 유지할 수 있도록 관리하여야 한다. 대기압보다 높은 압력이 걸리는 용기에 설치된 압력계에 대하여는 6개월에 1회 이상 정상 작동 여부를 점검한다.

⑤ 저장·보관시설의 안전을 확보하기 위하여 필요한 곳에는 유해화학물질을 취급하는 시설 또는 일반인의 출입을 제한하는 시설이라는 것을 명확하게 알아볼 수 있도록 적절한 표지를 하고, 관계자가 아닌 자의 출입을 통제할 수 있도록 적절한 조치를 하여야 한다.

그림 5.8 유해화학물질 저장시설 펜스 및 표지판 설치 사례

⑥ 자연발화의 위험이 있는 유해화학물질을 쌓아 두는 경우 위험한 온도로 상승하지 못하도록 화재예방을 위한 조치를 하여야 한다. 온도의 상승에 의하여 분해·발화할 우려가 있는 것의 저장창고는 당해 위험물이 발화하는 온도에 달하지 아니하는 온도를 유지하는 구조로 하거나, 다음 각 기준에 적합한 비상전원을 갖춘 통풍장치 또는 냉방장치 등의 설비를 둘 이상 설치하여야 한다.

ⓐ 상용전력원이 고장인 경우에 자동으로 비상전원으로 전환되어 가동되도록 할 것

ⓑ 비상전원의 용량은 통풍장치 또는 냉방장치 등의 설비를 유효하게 작동할 수 있는 정도일 것

⑦ 실내 저장·보관설비는 두께 3.2 mm 이상의 강철판 또는 이와 동등 이상의 기계적 성질 및 용접성이 있는 재료로 틈이 없도록 제작하여야 한다. 다만, 금속부식성 물질을 저장·보관하는 경우는 폴리에틸렌, 섬유강화플라스틱 등 내부식성 재질을 사용 할 수 있되, 압력 또는 자체 하중을 견딜 수 있는 충분한 강도이어야 한다.

⑧ 실내 저장·보관설비의 펌프설비는 다음의 기준을 따라야 한다.

ⓐ 펌프 및 이에 부속하는 전동기를 위한 건축물 그 밖의 공작물(이하 "펌프실"이라 한다)의 벽·기둥·바닥 및 보는 불연재료로 할 것

ⓑ 펌프실의 지붕은 폭발력이 위로 방출될 정도의 가벼운 불연재료로 할 것

ⓒ 펌프실의 창 및 출입구에는 갑종방화문 또는 을종방화문을 설치할 것

ⓓ 펌프실의 창 및 출입구에 유리를 이용하는 경우는 망입유리로 할 것

ⓔ 펌프실의 바닥의 주위에는 높이 0.2 m 이상의 턱을 만들고 바닥은 콘크리트 등 물질이 스며들지 아니하는 재료로 적당히 경사지게 하여 그 최저부에는 집수설비를 설치할 것

ⓕ 펌프실에는 물질을 취급하는데 필요한 채광, 조명 및 환기의 설비를 설치할 것

ⓖ 물질의 증기가 체류할 우려가 있는 펌프실에는 그 증기를 실외의 높은 곳으로 배출하는 설비를 설치할 것

ⓗ 펌프실 외의 장소에 설치하는 펌프설비에는 그 직하의 지반면의 주위에 높이 0.15 m 이상의 턱을 만들고 당해 지반면은 물질이 스며들지 아니하는 재료로 적당히 경사지게 하여 그 최저부에는 집수설비를 할 것

⑨ 실내 저장설비에는 밸브 없는 통기관 또는 대기밸브 부착 통기관을 다음의 기준에 따라 설치한다.

ⓐ 화학물질안전원장이 고시한 물질(인화점 40℃ 미만)의 저장설비에 설치되는 통기관의 선단은 건축물의 창·출입구 등 개구부로부터 1 m 이상 떨어진 실외 장소에 지면으로부터 4 m 이상의 높이로 설치하고, 저장설비에 설치하는 통기관에 있어서는 부지경계선으로부터 1.5 m 이상을 이격할 것

ⓑ 통기관은 가스 등이 체류할 우려가 있는 굴곡이 없도록 할 것

ⓒ 직경은 30 mm 이상일 것

ⓓ 선단은 수평면보다 45도 이상 구부려 빗물 등의 침투를 막는 구조로 할 것

ⓔ 가는 눈의 구리망 등으로 인화방지 장치를 할 것

ⓕ 가연성의 증기를 회수하기 위한 밸브를 통기관에 설치하는 경우에 있어서는 당해 통기관의 밸브는 저장설비에 물질을 주입하는 경우를 제외하고는 항상 개방되어 있는 구조로 하고, 폐쇄하였을 경우에는 10 kPa 이하의 압력에서 개방되는 구조로 할 것

(3) 피해 저감

① 저장·보관 설비와 사고피해 우려가 높은 다른 유해화학물질 취급시설간 사이에는 물질의 폭발에 따른 충격에 견딜 수 있는 방호벽을 설치하여야 한다. 다만, 방호벽의 설치로 인하여 조업이 불가능할 정도로 특별한 사정이 있다고 인정되는 경우는 그러하지 아니하다.

② 유해화학물질을 액체상태로 저장하는 저장설비를 설치하는 경우는 물질이 누출되어 확산되는 것을 방지하기 위하여 방류벽을 설치하여야 한다(방류벽 설치가 어려운 경우로서 화학물질안전원이 인정하여 고시하거나 정한 경우에는 저장설비 주위에 배수시설(트렌치 등), 집수시설, 안전장치(유출·누출 경보장치) 등을 설치한 경우에는 방류벽을 설치 예외 인정).

3) 실외 저장·사용시설

(1) 배관 및 밸브

① 단층 건물의 배관은 수송하는 유해화학물질의 특성 및 설치 환경조건을 고려하여 사고의 우려가 없도록 설치하고, 배관의 안전한 유지·관리를 위하여 필요한 조치를 하여야 한다. 배관 노후화 시 사고 위험성이 높아질 수 있으므로 물질 특성에 맞는 재질과 강도를 갖는 배관으로 교체할 필요가 있다.

② 배관 또는 그 배관(저장시설 또는 그 배관의 밸브나 콕은 제외한다) 중 유해화학물질이 접촉하는 부분에 대해서는 유해화학물질에 의하여 그 부분이 부식되어 화재·폭발 또는 누출되는 것을 방지하기 위하여 물질의 종류·온도·농도 등에 따라 부식이 잘 되지 않는 재료를 사용하거나 도장(塗裝) 등의 조치를 하여야 한다.

(2) 사고 예방

① 저장·보관시설에는 물질이 누출될 경우 이를 신속히 검지하여 대응할 수 있도록 필요한 조치를 하여야 한다.

그림 5.9 감지(CCTV, pH 센서), 저장 및 회수 시스템 설치 사례

② 저장·보관시설에는 물질이 유출·누출된 경우 해당 물질을 처리할 수 있도록 하고, 유출·누출을 알릴 수 있는 경보장치를 설치하여야 한다.

③ 저장·보관시설의 안전을 확보하기 위하여 필요한 곳에는 유해화학물질을 취급하는 시설 또는 일반인의 출입을 제한하는 시설이라는 것을 명확하게 알아볼 수 있도록 적절한 표지를 하고, 관계자가 아닌 자의 출입을 통제할 수 있도록 적절한 조치를 하여야 한다.

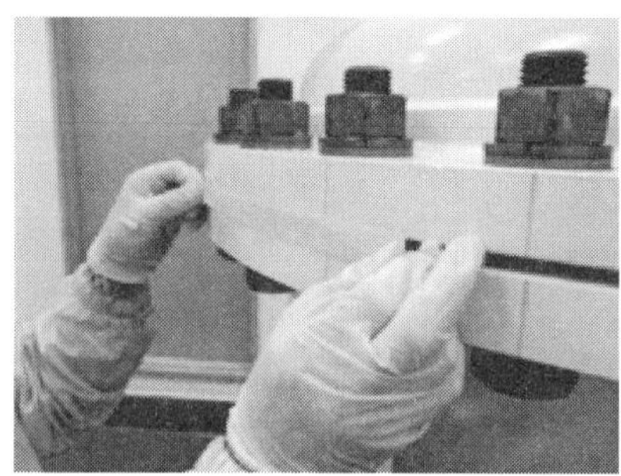

그림 5.10 플랜지 등 누출물질 감지 센서 부착 사례

그림 5.11 도색 및 배관 표지판 설치 사례

④ 저장·보관설비 중 진동이 심한 곳에는 진동을 최소화할 수 있는 조치를 하여야 한다. 예를 들면, 저장·보관설비 중 진동이 심한 부분(압축기, 펌프 등)에 대해서는 주름관을 사용하는 등의 방법으로 방진조치를 할 수 있다.

⑤ 저장·보관시설의 출입문·창문 및 잠금장치의 부식·노후를 예방하고, 잠금장치의 열쇠는 저장·보관시설 관리책임자가 관리하여야 한다.

⑥ 유해화학물질의 유출·누출에 대비하여 실외 저장·보관시설의 주위는 다음의 기준에 따라 방류벽을 설치하여야 한다. 다만, 방류벽 설치가 어려운 것으로 인정되는 경우로

서 폐수처리장 또는 집수조로 모든 물질이 유입되고 폐수처리장 또는 집수조의 용량이 방류벽의 용량 이상이며 외부로의 유출·누출 차단이 가능한 경우에는 그러하지 아니할 수 있다.

ⓐ 하나의 취급설비 주위에 설치하는 방류벽의 용량은 당해 설비용량의 110% 이상으로 하고, 둘 이상의 취급설비 주위에 하나의 방류벽을 설치하는 경우에는 그 방류벽의 용량은 당해 설비 중 용량이 최대인 것의 110% 이상이어야 한다. 이 경우 방류벽의 용량은 당해 방류벽의 내용적에서 용량이 최대인 설비 외의 설비의 방류벽 높이 이하 부분의 용적, 당해 방류벽 내에 있는 모든 설비의 지반면 이상 부분의 기초의 체적과 칸막이 둑의 체적 및 당해 방류벽 내에 있는 배관 등의 체적을 뺀 것으로 한다.

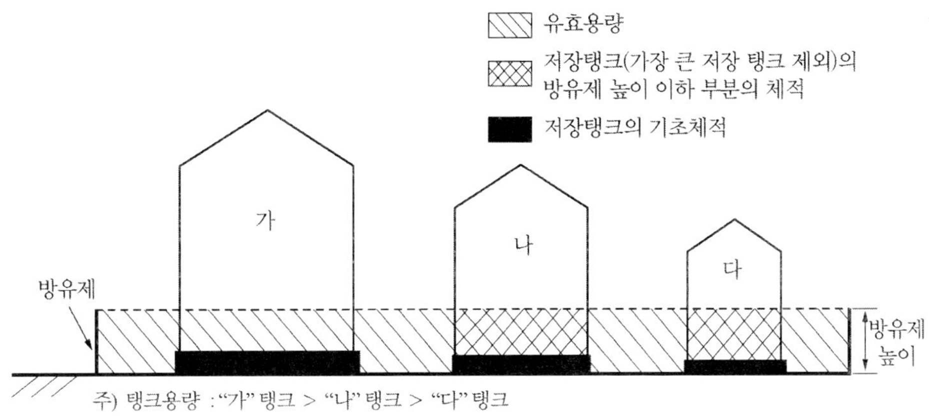

그림 5.12 방유제 유효 용량 계산법

ⓑ 방류벽의 높이는 0.5 m 이상으로 할 것

ⓒ 방류벽 내의 면적은 8만 m^2 이하로 할 것

ⓓ 방류벽 내의 설치하는 실외저장·보관설비의 수는 10 이하로 할 것. 다만, 화학물질안전원장이 정한 물질을 저장 또는 취급하는 실외 저장·보관 설비의 경우에는 그러하지 아니할 수 있다.

ⓔ 방류벽 외면의 4분의 1 이상은 자동차 등이 통행할 수 있는 3 m 이상의 노면 폭을 확보한 구내도로(실외 저장·보관설비가 있는 부지 내의 도로를 말한다)에 직접 접하도록 할 것. 다만, 방류벽 내에 설치하는 실외 저장·보관설비의 용량합계가

20만 L 이하인 경우에는 화학사고 대응 활동에 지장이 없다고 인정되는 3 m 이상의 노면 폭을 확보한 도로 또는 공지에 접하는 것으로 할 수 있다.

ⓕ 방류벽은 실외 저장·보관설비의 지름에 따라 그 저장설비의 옆판으로부터 화학물질안전원장이 정하는 거리를 유지할 것

ⓖ 방류벽은 철근콘크리트 또는 흙 등으로서 물질에 의한 액압을 충분히 견딜 수 있는 구조로 만들고, 물질이 방류벽의 외부로 유출되지 아니하는 구조로 하며, 방류벽 내의 바닥은 불침투성이고 해당 물질에 견딜 것

ⓗ 용량이 1,000만 L 이상인 실외저장·보관설비의 주위에 설치하는 방류벽은 다음의 당해 시설마다 칸막이 둑을 설치할 것

- 칸막이 둑의 높이는 0.3 m(방류벽 내에 설치되는 실외저장·보관설비의 용량의 합계가 2억 L를 넘는 방류벽에 있어서는 1 m) 이상으로 하고, 방류벽의 높이보다 0.2 m 이상 낮게 할 것
- 칸막이 둑은 흙 또는 철근콘크리트로 할 것
- 칸막이 둑의 용량은 칸막이 둑 안에 설치된 저장설비 용량의 10% 이상일 것

ⓘ 방류벽 내에는 당해 방류벽 내에 설치하는 실외 저장·보관설비를 위한 배관, 조명설비 및 계기시스템과 이들에 부속하는 설비 그 밖의 안전 확보에 지장이 없는 부속설비 외에는 다른 시설을 설치하지 아니할 것

ⓙ 방류벽 또는 칸막이 둑에는 당해 방류벽을 관통하는 배관을 설치하지 아니할 것. 다만, 방류벽 또는 칸막이 둑에 손상을 주지 아니하도록 조치를 한 경우에는 그러하지 아니하다.

ⓚ 방류벽에는 그 내부에 고인 물을 외부로 배출하기 위한 배수구를 설치하고, 이를 개폐하는 밸브 등을 방류벽의 외부에 설치할 것

ⓛ 용량이 100만 L 이상인 물질을 저장하는 실외 저장·보관 설비에 있어서는 밸브 등에 그 개폐상황을 쉽게 확인할 수 있는 장치를 설치할 것

ⓜ 높이가 1m를 넘는 방류벽 및 칸막이 둑의 안팎에는 방류벽 내에 출입하기 위한 계단 또는 경사로를 약 50 m마다 설치할 것

⑦ 유해화학물질로 인한 위해를 예방하기 위하여 물질에 적합한 방제약품 또는 방제장비 및 응급조치 장비를 구비하여야 하고 개인보호장구는 상시 출입자 및 방문객 등을 고려하여 충분한 수량을 비치해야 한다.

그림 5.13 비상대응차량, 보호구함, 화학보호복, 공기호흡기 등 방제장비 비치 사례

4) 지하 저장·사용시설

(1) 건축물

① 지하 저장·보관시설은 지하의 가장 가까운 벽·피트·가스관 등의 시설물 및 대지 경계선으로부터 0.1 m 이상 떨어진 곳에 설치하고, 지하 저장설비와 지하 저장·보관시설의 안쪽과의 사이는 0.1 m 이상의 간격을 유지하여야 한다.

② 지하 저장·보관시설은 벽·바닥 및 뚜껑을 다음의 기준에 적합한 철근콘크리트구조 또는 이와 동등 이상의 강도가 있는 구조로 설치하여야 한다.

ⓐ 벽·바닥 및 뚜껑의 두께는 0.3 m 이상일 것

ⓑ 벽·바닥 및 뚜껑의 내부에는 직경 9 mm부터 13 mm까지의 철근을 가로 및 세로로 5 cm부터 20 cm까지의 간격으로 배치할 것

ⓒ 벽·바닥 및 뚜껑의 재료에 수밀콘크리트를 혼입하거나 벽·바닥 및 뚜껑의 중간에 아스팔트층을 만드는 방법으로 적정한 방수조치를 할 것

(2) 피해 저감

① 지하 저장설비에는 다음의 방법으로 과충전을 방지하는 장치를 설치한다.

ⓐ 지하 저장설비의 용량을 초과하는 물질이 주입될 때 자동으로 그 주입구를 폐쇄하거나 물질의 공급을 자동으로 차단하는 방법

ⓑ 지하 저장설비 용량의 지정된 수위가 찰 때 경보음을 울리는 방법

② 액체 유해화학물질의 지하 저장·보관시설 및 설비의 주입구는 다음의 기준에 따라야 한다.

ⓐ 화재 예방상 지장이 없는 장소에 설치할 것

ⓑ 주입호스 또는 주입관과 결합할 수 있고, 결합하였을 때 물질이 새지 않을 것

ⓒ 정전기에 의한 재해가 발생할 우려가 있는 액체 유해화학물질의 지하 저장·보관설비의 주입구 부근에는 정전기를 유효하게 제거하기 위한 접지전극을 설치할 것

ⓓ 주입구에는 주입구를 나타낼 수 있는 표시를 할 것

ⓔ 주입구 주위에서 새어 나온 물질이 외부로 유출되지 않도록 방지턱을 설치하거나 집수설비 등의 장치를 설치할 것

ⓕ 주입구에는 밸브 또는 뚜껑을 설치하고 물질 유입시 외에는 닫힘 상태를 유지할 것

(3) 사고 예방

① 지하 저장설비의 주위에는 당해 설비로부터 유해화학물질 누출을 검사하기 위한 관을 다음의 기준에 따라 4개소 이상 적당한 위치에 설치하여야 한다.

ⓐ 이중관으로 할 것. 다만, 소공이 없는 상부는 단관으로 할 수 있다.

ⓑ 재료는 금속관 또는 경질합성수지관으로 할 것

ⓒ 관은 설비전용실의 바닥 또는 설비의 기초까지 닿게 할 것

ⓓ 관의 밑부분으로부터 설비의 중심 높이까지의 부분에는 소공이 뚫려 있을 것. 다만, 지하수위가 높은 장소에 있어서는 지하수위 높이까지의 부분에 소공이 뚫려 있어야 한다.

ⓔ 상부는 물이 침투하지 아니하는 구조로 하고, 뚜껑은 검사 시에 쉽게 열 수 있도록 할 것

② 지하 저장설비의 펌프 또는 전동기를 지하 저장설비 안에 설치하는 펌프설비(이하 "액중펌프설비"라 한다)에 있어서는 다음의 기준에 따라 설치하여야 한다.

ⓐ 액중펌프설비의 전동기의 구조는 다음에 정하는 기준에 의할 것

- 고정자는 유해화학물질에 침투되지 아니하는 수지가 충전된 금속제의 용기에 수납되어 있을 것

- 운전 중에 고정자가 냉각되는 구조로 할 것
- 전동기의 내부에 공기가 체류하지 아니하는 구조로 할 것

ⓑ 전동기에 접속되는 전선은 유해화학물질 침투되지 아니하는 것으로 하고, 직접 유해화학물질에 접하지 아니하도록 보호할 것

ⓒ 액중펌프설비는 체절운전에 의한 전동기의 온도상승을 방지하기 위한 조치가 강구될 것

ⓓ 액중펌프설비는 다음의 경우에 있어서 전동기를 정지하는 조치가 강구될 것

- 전동기의 온도가 현저하게 상승한 경우
- 펌프의 흡입구가 노출된 경우

5) 차량운송시설

(1) 차량 고정탱크

① 탱크의 아랫부분에 배출구를 설치하는 경우에는 해당 설비의 배출구에 밸브(이하 "배출밸브"라 한다)를 설치하고 비상시에 직접 해당 배출밸브를 폐쇄할 수 있는 긴급차단밸브 등을 설치하여야 한다.

② 탱크(맨홀 및 주입관의 뚜껑을 포함한다)의 재료는 두께 3.2 mm 이상의 강철판 또는 이와 동등 이상의 강도·내식성 및 내열성이 있는 것으로 하여야 한다.

③ 탱크의 배관 및 그 부속품의 재료는 강관 또는 이와 동등 이상의 기계적 성질 및 화학적 성분을 가지는 금속성 재료로 하여야 한다.

④ 탱크는 내압시험을 실시하여야 한다.

⑤ 탱크는 그 내부에 4,000 L 이하마다 3.2 mm 이상의 강철판 또는 이와 동등 이상의 강도·내열성 및 내식성이 있는 금속성의 것으로 칸막이를 설치하여야 한다.

⑥ 탱크의 상부에 맨홀·주입구 및 안전장치 등이 돌출되어 있는 경우에는 부속장치의 손상을 방지하기 위한 측면틀 또는 방호틀을 설치하여야 한다.

⑦ 탱크의 외면에는 방청도장을 하여야 한다. 다만, 탱크의 재질이 부식의 우려가 없는 스테인레스 강판 등인 경우에는 그러하지 아니하다.

⑧ 탱크의 주입호스는 물질을 저장 또는 취급하는 설비의 주입구와 결합할 수 있는 금속구를 사용하여야 한다. 다만, 다음 중 어느 하나에 해당하는 경우에는 금속구를 대신할 수 있다.

ⓐ 인화성 물질은 놋쇠 그 밖에 마찰 등에 의하여 불꽃이 생기지 아니하는 재료를 사용한다.

ⓑ 금속부식성물질은 해당 물질에 내구성이 있는 재질을 사용한다.

⑨ 액체 물질을 운송하는 탱크의 공간용적은 내용적의 100분의 5 이상 100분의 10 이하의 용적으로 하여야 한다.

(2) 사고 예방

① 운송차량에서 저장시설로 배관 등을 통해 유해화학물질을 이송하는 경우 운송차량 측 유출배관에 긴급차단밸브(과량유출방지 밸브, 원격차단 밸브 등)와 유량조절밸브를 각각 설치하여야 한다. 이 경우 유량조절밸브의 수동손잡이는 핸들형이어야 한다.

② 배출밸브를 설치하는 경우 그 배출밸브에 대하여 외부로부터의 충격으로 인한 손상을 방지하기 위하여 필요한 조치를 하여야 한다.

③ 인화성, 폭발성, 산화성 유해화학물질의 탱크에는 접지도선을 설치하여야 한다.

④ 탱크 내부의 이상상황을 감지할 수 있는 온도계, 압력계, 액면계 등의 장치를 설치하여 이를 확인할 수 있도록 하여야 한다.

⑤ 탱크에는 누출을 방지하기 위하여 액면요동방지 조치, 돌출 부속품의 보호조치, 밸브콕 개폐표시 조치 등 필요한 조치를 하여야 한다.

(3) 피해 저감

① 운송차량은 그 차량에 적재된 물질로 인한 사고를 예방하기 위하여 물질에 적합하고 충분한 수량의 방제약품 또는 방제장비 및 응급조치 장비를 구비하여야 하고 개인보호장구는 탑승자 수를 고려하여 충분한 수량을 비치하여야 한다.

6) 차량운반시설

(1) 운반 용기

① 용기는 견고하여 쉽게 파손될 우려가 없고 그 입구로부터 수납된 물질이 샐 우려가 없도록 하여야 한다.

② 기계에 의하여 하역하는 구조로 된 용기는 다음 사항을 따라야 한다.

ⓐ 용기는 부식 등의 열화에 대하여 적절히 보호될 것

ⓑ 용기는 수납하는 물질의 내압 및 취급 시와 운반 시의 하중에 의하여 당해 용기에 생기는 응력에 대하여 안전할 것

ⓒ 용기 본체가 틀로 둘러싸인 용기는 다음의 요건에 적합할 것

- 용기 본체는 항상 틀 내에 보호되어 있을 것
- 용기 본체는 틀과의 접촉 및 신축 등에 의하여 손상을 입을 우려가 없을 것

ⓓ 하부에 배출구가 있는 용기는 다음의 요건에 적합할 것

- 배출구에는 밸브가 설치되어 있을 것
- 배출을 위한 배관 및 밸브에는 외부로부터의 충격에 의한 손상을 방지하기 위한 조치를 할 것
- 폐지판 등에 의하여 배출구를 이중으로 밀폐할 수 있는 구조일 것. 다만, 고체의 물질을 수납하는 용기에 있어서는 그러하지 아니하다.

(2) 피해 저감

① 운반차량에는 그 차량에 적재된 물질로 인한 사고를 예방하기 위하여 물질에 적합하고 충분한 수량의 방제약품 또는 방제장비 및 응급조치 장비를 구비하여야 하고 개인보호 장구는 탑승자 수를 고려하여 충분한 수량을 비치하여야 한다.

(3) 운영 및 관리

① 유해화학물질을 충전·운반할 수 있는 탱크와 그 부속설비(이하 "운반차량"이라 한다)를 운영하는 자는 자체 보유한 모든 운반차량을 주차할 수 있는 규모의 차고지를 갖추어야 한다. 다만, 「화물자동차 운수사업법」에 따른 공동차고지, 공영차고지, 화물자동차휴게소 또는 화물터미널을 차고지로 이용하는 경우에는 그러하지 아니하다.

② 실외에 있는 인화성, 산화성, 자연발화성 물질 운반차량의 차고지는 화기를 취급하는 장소 또는 인근의 건축물로부터 5 m 이상(인근의 건축물이 1층인 경우에는 3 m 이상)의 거리를 확보하여야 한다.

③ 실내에 있는 인화성, 산화성, 자연발화성 운반차량의 차고지는 벽·바닥·보·서까래 및 지붕이 내화구조 또는 불연재료로 된 건축물의 1층에 설치하여야 한다.

④ 운반차량을 운영하는 자는 세차 후 폐수를 모을 수 있는 집수조를 갖춘 세차시설에서

세차를 하여야 한다.

⑤ 운반차량에 용기를 적재하거나 하역할 때에는 차량정지목을 설치하는 등 그 차량이 고정되도록 하여야 한다.

⑥ 용기를 차에 싣거나 차에서 내릴 때는 충격을 받지 않도록 해야 한다.

⑦ 운반차량으로 용기를 적재하여 운반할 때는 넘어짐 등으로 인한 충격을 방지하기 위하여 다음의 기준에 따라 운반하여야 한다.

ⓐ 운행 중에 용기가 흔들려 충돌하지 않도록 용기에 고무링을 씌우거나 적재함에 넣어 세워서 적재할 것

ⓑ 용기는 1단으로 적재할 것. 다만, 목재·플라스틱 또는 강철재 등으로 만든 운반대(견고한 상자 또는 틀 형태의 것을 말한다)에 안전하게 적재하는 경우는 2단 이상으로 적재할 수 있다.

ⓒ 용기를 차량에 단단하게 고정시키되, 밀폐된 적재함 또는 운반대를 이용하지 않고 용기를 적재하는 경우에는 용기를 그물 등으로 덮고 로프 또는 짐을 조이는 공구 등을 사용하여 고정시킬 것

(4) 운반

① 운반차량으로 용기를 적재하여 운반할 때는 용기를 운반차량에 세워서 운반하여야 한다.

② 운반차량은 「자동차 및 자동차부품의 성능과 기준에 관한 규칙」에 따른 최대적재량을 초과하여 적재하여서는 아니 된다.

③ 밸브가 돌출한 용기는 고정식 프로텍터 또는 캡을 부착시켜 밸브의 손상을 방지하는 조치를 하고 운반하여야 한다.

④ 물질을 수납한 용기가 전도·낙하 또는 파손되지 아니하도록 적재하여야 한다.

⑤ 물질을 운반하는 운반차량은 차량의 고장, 교통사정, 운송책임자 또는 운전자의 휴식 등 부득이한 경우를 제외하고는 장시간 정차해서는 아니되며, 운반책임자와 운전자가 동시에 차량에서 이탈하지 않아야 한다.

⑥ 물질을 운반할 때는 운반책임자 또는 운반차량의 운전자에게 그 물질의 위해 예방에 필요한 사항을 주지시켜야 한다. 또한, 「화학물질관리법」 제15조에 따른 운반계획서를 제출하지 아니하는 자는 운반하는 물질의 명칭, 함량, 수량 및 물질에 대한 방재요

령을 기재한 카드를 운반차량에 비치하여야 한다.

⑦ 유해화학물질 운반차량 운전자는 유해화학물질 안전교육을 이수한 자 또는 유해화학물질 관리자이어야 한다.

⑧ 용기를 적재하여 운반할 때는 노면이 나쁜 도로에서는 가능한 운행하지 말아야 한다. 다만, 부득이하게 노면이 나쁜 도로를 운행할 때는 운행개시 전과 운행한 후 이상 유무를 확인하여야 한다.

⑨ 물질을 운반하는 자는 시장·군수 또는 구청장이 지정하는 도로·시간·속도에 따라 운반하여야 한다.

⑩ 운반차량이 통과할 도로(예비도로 1개를 포함한다)는 강·하천 등 전복사고 등으로 수질오염을 유발하지 아니할 수 있는 곳을 선정하여야 한다.

⑪ 물질의 운반 도중 물질이 누출 우려가 있거나 현저하게 새는 등 재난 발생의 우려가 있는 경우에는 응급조치를 강구하는 동시에 가까운 소방관서, 지방환경관서 그 밖의 관계기관에 통보하여야 하며, 물질을 도난당하거나 분실한 때에는 즉시 그 내용을 경찰서에 신고하여야 한다.

⑫ 운전자는 운반 도중에 응급조치를 위한 긴급지원을 요청할 수 있도록 운반경로의 주위에 소재하는 그 물질의 제조·저장·판매자, 수입업자 및 경찰서·소방서의 위치 등을 파악하고 있어야 한다.

연습문제

01. 인화성, 자연발화성 및 산화성 유해화학물질을 취급하는 시설은 어떤 경우에 내화구조로 하여야 하는가?

02. 고압가스 화학물질 배관은 안전한 구조를 갖도록 이중관으로 하여야 하는 화학물질 5개 이상을 적으시오.

03. 화학물질의 제조·사용시설을 설치하는 경우에는 내부의 이상상태를 조기에 파악하기 위하여 필요한 온도계, 유량계, 압력계 등의 계측장치를 설치하여야 하는 장치나 설비를 적으시오.

04. 유해화학물질의 유출, 누출로 인한 사고를 방지하기 위한 조치사항을 설명하시오.

CHAPTER

06

화학산업의 폐수처리시설 안전

학습목표

1. 폐수처리시설의 안전 및 밀폐형 폐수집수조의 위험성을 이해한다.
2. 주요 사고사례를 살펴보고 동종사고 예방대책을 논의한다.

1 폐수처리시설과 안전

울산·여천·대산 등 석유화학단지를 포함한 수도권과 같은 대도시지역에서의 오존오염 및 악취 문제 등을 유발하는 휘발성 유기화합물질 배출저감을 환경규제가 대폭 강화되어 시행되고 있다.

이에 따라 폐수처리시설에서 비산 또는 휘발되는 휘발성 유기화합물 저감을 위한 환경규제에 따라 석유 및 화학공장의 폐수 집수시설을 밀폐구조로 변경하고 발생하는 증기를 처리하기 위한 방지시설을 설치하여 운영 중이다.

그러나 밀폐구조의 적용에 있어 내부농도의 증가로 인한 폭발위험이 생성되는 문제가 있으며 실제로 이로 인한 폭발사고와 엄청난 피해가 발생하고 있어 밀폐집수조 내의 위험요인을 평가하고, 적절한 대책 수립이 필요한 실정이다.

표 6.1 폐수시설관련 환경규제 내용

관련 조항	주요내용
[대기환경보전법 시행규칙 별표10의2] 비산배출의 저감을 위한 시설관리기준	• 중간 폐수 집수조는 덮개를 설치하거나 덮개 및 환기장치 설치 • 집수조 개방 면으로부터 THC 500 이상일 경우 부상지붕 또는 상부덮개 설치 • 유수분리장치는 부상지붕 또는 상부덮개를 설치하고 배출가스는 방지시설에 연결 처리
[대기환경보전법 시행규칙 별표16] 휘발성 유기화합물 배출억제, 방지시설 설치 등 기준	• 중간 폐수 집수조는 덮개를 설치하거나 덮개 및 환기장치 설치 • 집수조에서 검출 불가능한 농도 이상으로 휘발성 유기화합물이 배출될 경우 덮개 및 부상지붕을 설치하여 80% 이상 억제, 제거 • 폐수처리장 유수분리조나 휘발성 유기화합물을 배출하는 저장탱크는 상부지붕 또는 부상지붕을 설치하고, 휘발성 유기화합물 포집, 처리시설을 설치하여야 함

2 밀폐형 폐수 집수조의 안전 이슈

1) 폐수 집수조의 운전특성 및 밀폐구조의 위험성

폐수 집수조는 석유화학공정시설, 저장시설의 수분 제거, 세척수, 탈수, 공장 내 생활오수 등 다양한 폐수를 집수하여 폐수처리시설로 이송하거나 일정 기간 체류하도록 저장하는 시설을 말한다.

2) 화학공장의 폐수 집수조의 특성

화학공장에서 배출되는 폐수에는 가연성물질, 반응성물질, 부식성물질 등 다양한 오염물질이 포함되어 있다. 특히 공정설비를 정비하거나 정기보수 시에는 장치에 남아있는 잔존물질을 배출하거나 스팀(steam) 등을 이용하여 퍼지(purge)하기 때문에 고농도의 오염물질을 함유한 폐수가 배출된다. 이러한 오염물질이 포함된 폐수는 폐수처리장으로 보내 처리하기 위해 단위 공정 또는 일정한 범위 내에서 배출되는 폐수를 집수하기 위해 폐수 중간 집수조 또는 폐수 집수조를 설치하여 운영하고 있다.

화학공장 폐수 집수조에는 공기보다 무거운 가연성가스가 존재하고, 충분한 산소가 공급되는 구조이기 때문에 점화원이 존재할 경우 화재폭발로 이어질 수 있다.

폐수 집수조에는 액위 측정을 위한 장치, 폐수 유입배관, 폐수 이송을 위한 장치, 환기장치 등 점화원으로 작용할 수 있는 여러 요인이 존재한다. 폐수 집수조는 폐수 관로와 서로 연결되어 있고, 구간마다 환기장치를 설치하여야 하는 구조상 문제 및 대부분 지면보다 아래에 설치되기 때문에 질식사고 위험이 있어 가연성가스 축적으로 인한 사고를 방지하기 위해 통상적으로 적용하는 질소와 같은 불활성가스를 주입하여 산소농도를 LOC(Limiting Oxygen Concentration : 최소산소농도) 이하로 관리하는 방안도 적용이 어렵다.

따라서 화학공장의 폐수 집수조는 이러한 화재폭발사고를 예방하기 위해 연소의 3요소 중 정전기, 기계적 마찰, 스파크 등 점화원(Ignition Source) 관리가 필요하다. 그러나 대부분 폐수 집수조의 위험성을 간과하여 적절한 조치 없이 주변에서 화기작업을 수행하는 등의 위험관리 소홀과 부적합한 전기, 계장설비 또는 기계장치설치 등 설계 미흡으로 유사 사고가 빈번하게 발생하고 있다.

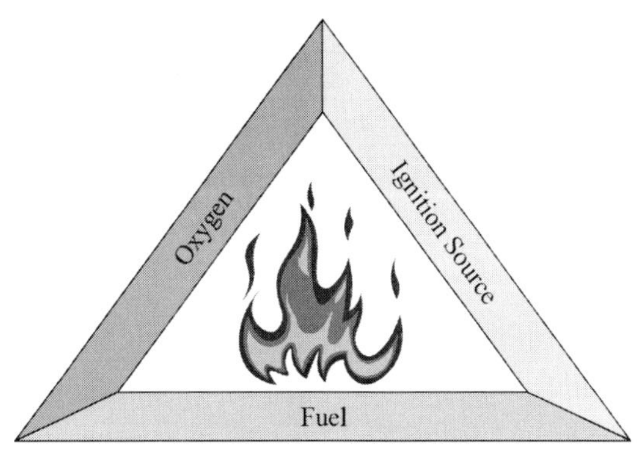

그림 6.1 화재의 3요소, 연료 / 산소 / 점화원

3) 밀폐구조 폐수 집수조의 위험성

① 공정 폐수의 경우 미반응된 인화성 액체 및 생활 하수의 경우 집수조 하부에 축적된 슬러지 층의 혐기 조건에서 발생되는 메탄(CH_4), 황화수소(H_2S), 일산화탄소(CO) 등 바이오가스에 의하여 집수조 상부 공간에 폭발분위기가 형성될 가능성이 크다.

② 석유 및 석유화학공장의 폐수 집수조는 대기환경보전법에 따라 휘발성 유기화합물, 냄새물질 확산 방지를 위해 지붕이나 덮개를 설치하여야 하며, 밀폐계가 형성되어 가연성가스가 폭발범위 내로 존재하므로 점화원이 존재할 경우 화재 / 폭발이 발생할 가능성이 크다.

③ 집수조에 모인 폐수를 이송하는 펌프의 형태, 폐수 관로의 집수조 유입형태에 따라 전기적, 기계적 작용에 의한 점화원이 내부에 존재할 수 있다.

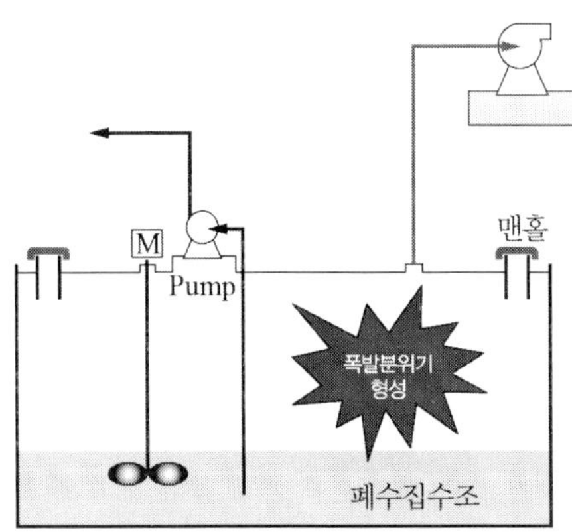

그림 6.2 폐수 집수조 구조(출처 : 안전보건공단)

④ 집수조의 폐수를 처리하기 위해 이송하는 펌프 설비가 점화원으로 작용할 위험이 매우 높다.

- 침수형 펌프(Submersible motor pump)일 경우 동력케이블 소손이나 케이싱 파손에 의한 전기적 점화원 발생 위험성
- 수직형 펌프(Vertical pump)의 경우 집수조 내부 기체상태 부분에 위치한 회전축과 부싱(Bushing)의 이상에 의해 발생된 마찰열 등 기계적 점화원 발생 위험성

⑤ 정전기 점화원 가능성

- 공정폐수 등의 유입 배관과 집수조 연결부위의 유입 낙차에 의해 발생된 분출대전에 의한 점화 가능성
- 공정폐수 이송 시 배관 내 마찰 등에 의해 발생된 유동대전에 의한 점화 가능성
- 집수조 내 교반 등에 의해 생성된 정전기에 의한 점화 가능성

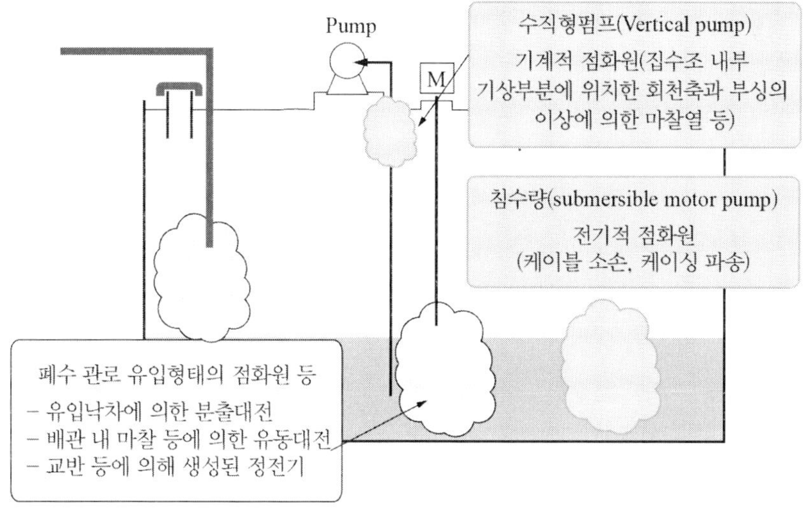

그림 6.3 폐수 집수조에서의 점화원 요소(출처 : 안전보건공단)

3 주요 사고사례 및 사고 예방대책

3.1 주요사고 사례

1) 사고사례 1 : 폐수처리장의 집수조 상부 펌프의 앵커볼트 용접작업 시 화재사고

(1) 사고개요

1997년 9월 11일 10 : 00경 전남 여천지역에 있는 ○○정유공장 내 폐수처리장 집수조의 상부에 설치된 펌프고정용 앵커볼트 4개소 중 절단된 1개소를 용접기로 연결 작업을 시도하던 중 집수조 뚜껑 등의 틈새에서 발생된 가연성 물질에 점화, 폭발하여 작업근로자 등 4명이 화상을 입은 사고가 발생하였음.

(2) 사고발생 설비

① 당해 집수조(4단구조)의 용량은 130 m^3(7,000 L×4,000 W×4,800 H, mm)이고 사각박스 형식임. 사고가 발생한 집수조의 재질은 콘크리트 라이닝(concrete lining)으로 되어 있음.

② 당해 설비의 용도는 제품(휘발유 등) 수송선 내의 ballaster(선박내의 중량 조절을 위해 채운 물) 및 공장 내 탱크 등에서 배출된 응축수를 저장하여 유수를 분리하는 설비임.

③ 휘발유의 물리, 화학적 성질(휘발유 등 탄화수소 계열의 가연성 물질이 포함되어 있음)은 다음과 같음.

표 6.2 일반적인 휘발유의 물성

물질	인화점(℃)	폭발범위(%)	증기비중	증기압(psi)
휘발유	-45 이하	1.4～7.6	3～4	5～15(atm 18℃)

(3) 사고발생 설비현황

① 폐수 집수조로 1%의 기름을 포함한 폐수가 유입되면 기름 회수장치를 이용하여 기름을 수거하여 기름회수조로 보내고 기름이 제거된 폐수는 폐수처리장 내의 폐수 저장탱크로 이송하여 처리함.

② 폐수 집수조의 집수조 벤트(통기구)에는 화염방지기가 설치되어 있지 않았음.

(4) 사고발생 설비상황

① 9월 5일에 집수조 상부에 설치된 폐수이송 펌프의 흡입 측 배관 등에 슬러지 부착 등으로 인한 고장이 발생되어 보수를 요청

② 9월 8일에서 9월 10일에는 집수조 상부에 설치된 펌프를 크레인으로 들어올린 후 펌프에 부착된 슬러지(sludge) 제거 등 보수를 실시함.

③ 9월 11일에 보수가 끝난 펌프를 재설치하기 위해 플레이트(plate) 상부에 고정되어 있는 앵커볼트 4개 중 절단된 1개를 연결시키기 위하여 "열작업 허가증"을 발행함.

④ 폐수이송펌프는 집수조에서 40 cm 높이의 기초(foundation)에 고정볼트(anchor bolt) 4개로 고정되어 있는 볼트 1개의 보수를 위해 이송펌프를 취외하였음.

⑤ 이송펌프의 개구부를 철판으로 덮고 비닐테이프로 밀봉(sealing) 처리를 하였으나 밀봉이 미흡한 상태로 볼트를 용접함.

(5) 사고원인

① 집수조 내 축적되어 있는 가연성가스 누출 가능 위치인 플레이트 손잡이 구멍 등에 대하여 테이프로 밀봉(sealing) 처리한 후 용접기로 점화하는 순간 틈새에서 발생된 가연성 및 주위에 축적된 가스에 착화하면서 폭발이 발생되었음.

② 작업장소에 가연물질이 새어나오지 않도록 적절한 조치를 강구해야 하나 미조치함.

③ 작업 장소 및 주변에 대하여 가연물에 대한 농도를 수시로 측정하여야 하나 미측정함.

④ 작업을 시작하기 전 설비 내부 환기를 실시하여 가연물 증기 발산이 되지 않도록 하여야 하나 자연환기에 의존함.

⑤ 설비에 대한 개·보수작업 후에는 관련도면(P&ID 등)에 개·보수상황을 표시하여 관계 부서장의 승인 후 공정기술자료로 활용하여야 하나, 개·보수상황이 기록되지 않아 현장 설치와 공정기술자료가 불일치함.

⑥ 화재·폭발위험장소에서의 용접 등 열작업 시에는 화재, 폭발방지를 위한 안전작업방법, 사고 시 조치사항 등에 대하여 지식을 갖춘 반장급 이상의 관리감독자를 작업 지휘자로 지정하여 당해 작업을 지휘토록 하여야 하나 일반 사원을 작업지휘자로 지정하여 작업을 지휘토록 함.

(6) 동종재해 예방대책

① 재해발생 장소는 폭발위험장소로 동 장소에서는 열작업을 수행하기 위해서는 집수조 내의 가연성 증기의 제거 등 충분한 안전조치를 한 후 실시되어야 함.

② 부득이하게 열작업을 수행할 수밖에 없는 경우에는 다음의 조치를 강구하여야 함.

- 화재, 폭발 위험장소에서의 용접 등 열작업 시에는 특별 열작업으로 구분하여 안전팀의 승인을 득한 후 적절한 조치를 강구한 후 안전한 작업이 이루어지도록 한다.
- 당해 작업방법 및 순서를 정하여 미리 관계 근로자에게 주지시킨다.
- 안전작업방법, 사고 시 조치사항 등에 지식을 갖춘 반장급 이상의 관리감독자를 작업지휘자로 지정하여 당해 작업을 지휘토록 한다.
- 작업 장소에 위험물(가연물)이 발생되지 않도록 다음의 조치를 강구한다.
- 집수조로 들어오는 가연물이 함유된 폐수의 유입을 차단하기 위하여 모든 유입배관의 밸브를 차단한다.
- 집수조 내에 충만되어 있는 슬러지 등 오염물을 제거한 후 물로 깨끗이 세척한다.
- 작업장소 및 주변에 대하여 가연물에 대한 농도를 측정하여 가연물이 발생되지 않음을 확인하여 작업에 임하도록 하고, 가연물이 발생될 경우에는 방폭형 환기팬을 이용하여 집수조 내에 지속적인 환기 및 배기를 실시한다.
- 집수조 내로 불꽃 등 화염이 유입되지 않도록 맨홀 주위 등의 화염방지포 등으로 밀봉을 실시하고 집수조 벤트(vent) 관에는 화염방지기를 설치하여야 한다.
- 화학설비에 대하여 개·보수를 한 경우에는 개선된 사항을 즉시 관련도면(P&ID 등)에 표시하여 필요 시 활용토록 하여야 한다.

2) 사고사례 2 : 온산공단 내 정유공장 폐수 집수조 분석기 설치작업 중 화재·폭발사고

(1) 사고발생 개요

2008년 3월 31일 11 : 00경 울산 온산지역에 ○○정유공장 내 폐수 집수조에서 '펑'하는 폭발음과 함께 화재가 발생하여 집수조 덮개가 파손 및 전소되는 사고가 발생함.

(2) 사고발생설비

① 당해 집수조는 공정 내 폐수배관을 통해 유입되는 기름 함유 폐수와 공정지역 내 떨어지

는 빗물로 인해 유입되는 공정우수를 저장하는 집수로서 폐수 및 우수를 저장 및 성상을 균질화하는 기능을 수행하며 사각박스 형식으로 재질은 콘크리트(concrete)임.

② 당해 설비의 용도는 휘발유 등 제품 수송선내의 ballaster(선박내의 중량 조절을 위해 채운 물) 및 공장 내 탱크 등에서 배출된 응축수를 저장하여 유수를 분리하는 설비임.

③ 집수조 상부에는 환경규제에 따라 휘발성 유기화합물, 악취물질의 비산을 방지하기 위해 알루미늄 재질의 덮개가 설치되어 있음.

폭발사고 발생 폐수집수조 (1) 폭발사고 발생 폐수집수조 (2)

그림 6.4 사고발생 집수조 전경, 안전보건공단

(3) 사고발생 설비상황

① 3월 31일 폐수집수조 인근에서 당일 오전 9시 10분부터 11시까지 집수조로 유입되는 폐수의 총유기탄소(Total Organic Carbon, TOC) 분석기의 시료배관을 설치하기 위한 용접작업을 수행하고 있었음.

② 작업자는 용접작업에 대한 화기작업허가를 득한 후 집수조 내로 연결되는 배관의 중간에 맹판(Blind Plate)를 설치하여 용접불티가 배관을 통해 집수조로 유입되는 것을 방지하기 위한 조치를 수행함.

③ 11 : 00경 배관용접작업 완료

④ 작업감독자가 11 : 23분경 용접을 마친 배관의 지지대를 설치하는 작업을 감시하던 중 폐수집수조 반대편 끝부분에서 '펑'하는 소리와 함께 폭발이 발생하는 소리를 듣고 뒤돌아 보니 화재가 발생하고 있는 것을 발견함.

⑤ 화재발견 동시에 화재발생 수동발신장치 버튼을 조작 후 소방용수를 이용하여 소화를 시도함.

⑥ 이후 자위소방대, 자제 소방차 4대, 온산소방서 등이 폼과 소화수를 이용하여 화재를 진압함.

(4) 사고발생 인과 관계 조사 항목

① 화재·폭발의 3요소는 점화원(에너지, 가연성물질(연료), 산화제(산소 또는 공기)로 이 3 요소가 모두 공존하는 경우에 한하여 화재 또는 폭발이 발생할 수 있음.

② 폐수 집수조 내에는 폐수와 함께 혼입된 유분의 가연성 가스류가 공기와 혼합되어 있는 공간에서 화재·폭발이 일어나기 위해서는 점화원의 존재가 필수임.

③ 점화원으로 작용할 수 있는 것은 담배꽁초, 용접불똥, 기계적 충돌에 의한 스파크, 정전기, 복사열, 자연발화물질 등임.

④ 본 사고는 가연성물질(연료), 산화제(공기)가 존재하는 환경하에서 미지의 점화원에 의해 점화·폭발이 발생한 사고로 점화원으로 작용하였을 가능성이 있는 조사하는 것이 사고원인을 추정하고 재발방지대책을 수립하는 데 핵심 요소임.

(5) 점화원 추정(소방서 조사의견)

① 전기스파크 등 전기적 점화원에 의한 점화(추정 1)

- 폐수집수조의 액위를 측정하기 위해 설치된 레벨게이지는 차압식 레벨계의 일종으로 기포식임.
- 설치된 기포식 레벨게이지는 24 V DC 전원이 인가되어 액위에 따른 압력변화를 전기적신호로 변환하여 액위를 측정하는 방식이며, 계기는 내압방폭으로 폭발위험장소 1종, 2종에 적합한 타입으로 적절하게 설치되어 있고 배선도 내압방폭으로 시공되었음. 단, 시공 후 유지보수 또는 부식 등의 이유로 배선상에 단락이 발생하여 점화원으로 발생하였을 가능성이 있음.

② 담배에 의한 점화(추정 2)

- 추정 1에서 언급한 전기스파크 등 전기적 점화원이 아닌 경우 복사열, 기계적충돌에 의한 스파크, 정전기 및 자연발화의 경우는 현장에 설치되어 있는 폐수 집수조의 구조로 볼 때 당해 설비에서 점화원으로 작용했을 가능성이 낮은 것으로 추정함.
- 따라서 두 번째로 가능성이 높은 점화원 형태는 폐수 집수조 인근에서 작업하던 근로자의 부주의에 의한 담배가 폭발의 원인으로 작업하였을 가능성을 배제할 수 없음.

③ 용접작업과의 연관성 검토

- 폭발의 원인으로 정유사에서 제시한 폐수 집수조에 용접 불티가 비산되면서 폭발이 일어났다는 사고원인은 현장조사 결과 아래와 같은 이유로 가능성은 다음과 같이 상대적

으로 낮은 것으로 추정함.

- TOC 분석기 설치를 위한 배관 용접작업(TIG 용접)은 오전 11시경 종료되었으며, 용접작업 종료 후 사고발생 시점인 11시 23분경까지는 화기작업과 상관없는 배관지지대 설치작업을 실시하였음.
- 용접작업 종료 후 약 23분이 경과된 후에 용접장소로부터 40여 m 떨어진 폐수 집수조 내부에서 폭발이 발생하였음.
- 폐수 집수조 총유기탄소(TOC) 분석기 설치를 위한 화기작업허가를 득하였으며 화기작업허가 시 용접불티 방지를 위한 비산방지조치 및 폐수관로 인근에 차폐막을 설치한 것으로 확인됨.
- 용접방법이 용접불티가 많이 발생하는 교류아크용접이 아닌 TIG(Tungsten Inert Gas) 용접방법을 사용하였음.
- 폐수집수조의 상부는 알루미늄 재질의 덮개로 덮혀 있었으며, 덮개에는 8개의 맨홀이 설치되어 있으나 모두 맨홀 덮개로 덮혀 있는 상태이므로 용접 불티가 폐수 집수조 내부로 침투하여 화재가 발생할 가능성은 낮은 편임.

④ 위와 같이 여러 가능성에 대해 조사를 통해 화재·폭발한 점화원을 특정하지는 못하였으나 분명한 것은 정비작업 과정에서 사고가 발생한 점을 고려할 때 정비작업 시 위험성에 대한 충분한 검토, 조치가 이루어지지 않았다는 것은 분명한 점임.

3) 사고사례 3 : 울산 화학공장 폐수 집수조 운전 중 화재·폭발사고

(1) 사고발생 개요

1999년 8월 31일 09 : 30경 울산지역 내 화학공장의 폐수 집수조에서 집수된 폐수를 집수조에 설치된 펌프를 가동하여 이송하던 도중 화재·폭발이 발생하여 집수조 콘크리트 덮개에 설치된 맨홀 뚜껑이 파손된 사고가 발생함.

(2) 사고발생설비

① 당해 집수조의 용량은 2,000 m^3이고 사각박스 형태의 콘크리트 구조물로 지어진 지하 집수조이다.

② 당해 설비의 용도는 화학공장 설비에서 배출되는 가연성물질이 포함된 공정폐수 및 공정우수를 저장한 후 폐수처리장으로 이송하기 위한 중간집수조이다.

(3) 사고발생 상황

① 사고 전날 비가 내렸고 사고 당일에도 많은 비가 내릴 것으로 예보되자 호우로 인해 집수조 액위가 상승하고 있었음.

② 사고 전 비가 내리는 상황에서 집수조 액위가 지속적으로 상승하자 액위에 따라 자동으로 운전되도록 설정되어 있는 펌프가 모두가 가동되어 유입되는 폐수를 폐수처리장으로 이송하는 상황이었음.

③ 사고발생 시각인 09 : 30경 갑자기 큰 폭발음과 함께 폐수 집수조에서 폭발이 발생하여 집수조 덮개 설치된 맨홀이 모두 공중으로 날아가고 불길이 솟아 나옴.

④ 폭발과 동시에 인근공정에서 작업 중이던 근무자가 사고현장에 출동하여 가동 중이던 펌프를 수동으로 가동 중지시킴.

⑤ 또한 인근에 상주 중인 협력업체 직원들이 폭발음을 듣고 사고 현장에 출동, 현장에 비치되어 있던 소화기 2개로 맨홀 부위의 화재를 진화를 시도하였고, 자체소방대가 출동하여 화재를 진압함.

(4) 사고원인

① 집수조 상부 오일성분 분석 결과
사고 후 WWP 상부층 Oil을 수거하여 성분을 분석한 결과 BTX 성분이 73%, C_9^+ Aro 성분이 24%, Non-Aro 성분이 3% 검출되었으며, 각 성분의 자연발화온도는 아래 표와 같음.

표 6.3 집수조 상부 오일 분석 결과

성분	Vol %	자연발화온도(℃)
Benzene	6.0	498
Toluene	26.6	480
Xylene	39.98	460
C_9^+Aro	23.93	420 이상
Non-Aro(Heptane etc.)	3.49	204 이상

② 폭발범위 내의 인화성 가스 존재

③ 폐수 집수조는 원천적으로 기름 성분이 함유된 폐수를 집수하는 곳으로써 항상 인화성가스가 존재하고 있음.

④ 정전기에 의한 스파크로 인한 점화 : 가능성 희박함.

⑤ 액체가 배관을 흘러갈 때 마찰에 의하여 정전기가 발생 화재, 폭발을 일으킬 수는 있으나, 사고 시설에서 취급하는 물질의 대부분이 물로써 전기전도도가 높기 때문에 설령, 폐수에 섞인 BTX 등의 Liquid Hydrocarbon에 정전기가 발생되었다 하더라도, 정전기가 축적되지 않고 빨리 방전되었을 것이므로 정전기에 의한 발화 가능성은 희박함(전기전도도가 10,000 picosiemens/m이상일 경우 정전기가 축적되지 않는데 물의 경우는 1억 picosiemens/m임).

⑥ 펌프의 토출 측 온도 상승에 의한 발화 : 가능성 희박함.

사고 당시 가동 중이었던 펌프의 문제로 공회전이 발생할 경우 토출 측 배관 내 유체의 온도가 상승할 가능성이 있지만, 이 경우 배관이 물속에 잠겨있기 때문에 열전달에 의하여 증기(성분 중 자연발화온도가 가장 낮은 헵탄(Heptane, 204℃)를 자연발화시킬 수 있는 온도까지 상승시키지는 못하였을 것으로 판단되므로 가능성 희박함.

⑦ 펌프의 기계적 스파크 : 가능성 희박함.

펌프의 샤프트(Shaft)와 부싱(Bushing) 간의 기계적 충격에 의한 스파크가 발화 원인이 될 가능성에 대하여 검토하였으나, 부싱의 재질이 Non-Spark 재질인 황동(Brass)으로써 가능성 희박함.

⑧ 황화철(F_2S)에 의한 자연발화 : 가능성 희박함

⑨ 펌프 샤프트에 묻어 있던 녹의 성분이 F_2S일 경우 자연발화 가능성에 있어서 이를 채취하여 분석해 본 결과 F_2S는 전혀 발견되지 않아 F_2S에 의한 자연 발화 가능성은 희박함.

⑩ 펌프의 기계적 마찰열 : 가능성 높음

- 사고 후 집수조에 설치된 펌프를 분해하여 조사해 본 결과, 부싱의 윤활유 주입구가 정상상태에서 90°정도 어긋나게 위치하고 있어 윤활유가 부싱으로 주입되지 않아 샤프트와 부싱 부분이 마모되어 있었으며, 펌프 샤프트 케이싱(Casing)이 구멍이 있는 Non-sealed Type으로 되어 있어 주위 가연성가스가 유입될 수 있는 구조임.
- 따라서 펌프가 고속으로 회전할 경우 사프트와 부싱의 마찰로 인화점이 상으로 고온의 마찰열이 발생할 수 있으며, 샤프트 케이싱의 구멍으로 가연성가스가 유입될 경우 점화로 화재, 폭발이 발생할 수 있음.
- 부싱의 마모 정도는 펌프의 임펠러로부터 세 번째, 네 번째가 심하였는데, 내부 Brass가 파열되어 일부가 떨어져 나간 정도였으며 또한 샤프트도 Stainless Steel임에도 불구하고 홈이 파여 있는 것을 보아 샤프트가 3,500 rpm의 속도로 회전할 때 샤프트와 부싱

사이에는 인화성 증기가 인화하기에 충분한 마찰열을 생성시킬 수 있음. 따라서 이 마찰열에 의하여 인화성 증기가 발화되어 폭발이 발생하였을 가능성이 큼.

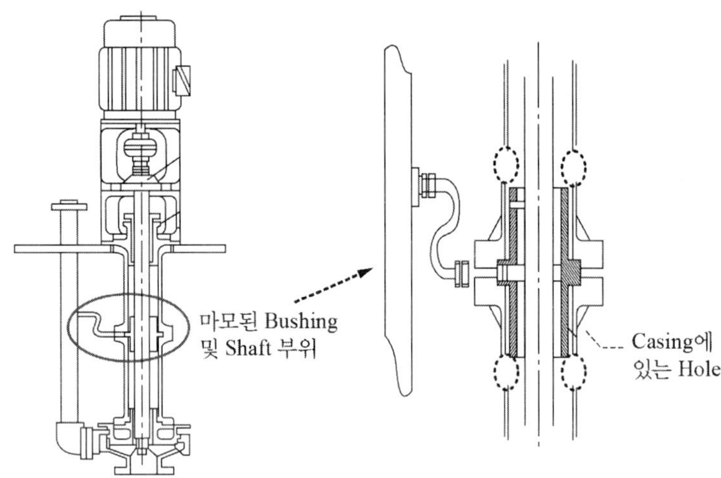

그림 6.5 사고집수조에 설치된 펌프 구조, ○○사 사고조사 자료

⑪ 펌프 모터에 의한 발화 : 가능성 없음

펌프 모터에 의한 발화가능성에 대해서도 확인해본 결과, 방폭등급에는 문제점은 없었으며, 폭발이 집수조 내에서 발생한 점을 고려할 때 지상에 설치된 모터에 의한 발화가능성은 희박함.

⑫ 화재원인조사 결과 종합

이상을 종합해 볼 때 폐수 집수조 내부에 형성된 인화성 가스가 펌프의 샤프트와 부싱 간의 마찰열에 의하여 발화되어 화재, 폭발사고가 발생한 것으로 판단됨.

그림 6.6 사고발생 폐수집수조 전경 및 펌프 샤프트 분해 사진

(5) 재발방지 대책

① 모든 폐수 집수조 내에 설치된 펌프타입의 적합성 재검토/교체

② 폐수 집수조 위험성 평가 및 관리대책 수립

4) 사고사례 4 : 정유공장 폐수 집수조 운전 중 화재·폭발사고

(1) 사고발생 개요

'13년 5. 20일 10시경 울산 소재 화학공장의 중간집수조에서 다른 공정으로부터 유입된 폐수 중의 탄화수소가 폐수이송용 수직펌프의 회전축과 부싱의 마찰열 또는 스파크로 추정되는 점화원에 의해 폭발 및 화재가 발생하여 집수조 건물의 유리창 등이 파손된 사고임.

(2) 사고발생설비

① 당해 집수조는 10,000 W×15,500 L×8,000 H(mm)의 사각형태의 콘크리트 구조물로 건설되었음.

② 당해 설비의 용도는 정유 및 화학공장 설비에서 배출되는 가연성물질이 포함된 공정폐수를 집수하여 폐수처리장으로 이송하기 위한 중간집수조임.

③ 집수조에는 폐수 이송을 위해 자흡식 펌프 3기와 수직/침지형 펌프 1기 및 정전에 대비한 디젤엔진 펌프 1기가 설치됨.

(3) 사고발생 상황

① 사고 당일 08;00경, 집수조에 설치된 펌프 중 자흡식 펌프 1기가 펌핑이 불량하여 정비를 위해 MCC(Motor Control Center) 차단기 잠금조치를 수행함.

② 09 : 30경, 일반작업허가에 따라 협력정비업체 작업자 3명이 펌프의 분해작업을 실시함.

③ 09 : 40경, 수리 중 자흡식 펌프를 이용하여 폐수를 이송하고 있었으나, 펌핑 유량 부족으로 가동을 중지하고 수직/침지형 펌프를 가동함.

④ 10 : 00경, 펌프 해체를 마친 정비작업자들이 휴식을 위해 흡연장소로 차량을 이용하여 이동함.

⑤ 10 : 10경, 집수조에서 폭발 및 화재가 발생하였고, 자체 소방차가 출동하여 화재진압을 실시함.

⑥ 가동 중이던 모든 펌프의 운전을 중지하고, 집수조로 유입되는 폐수를 차단 조치함.

(4) 사고원인(점화원 추정)

집수조 내부는 각종 공정으로부터 탄화수소가 함유된 폐수가 유입되므로 폐수로부터 증발된 인화성가스 및 집수조 내부와 연결된 배기팬 가동으로 공기가 유입되므로 폭발범위를 형성할 가능성이 있음.

① 펌프(수직 / 침지형) 가동중 이상으로 인한 점화 가능성

② 사고 이후 펌프 인양 후 분해검사 실시 결과 수직축 지지용 배관 상부에 그을린 흔적이 있으며 사고 당시 집수조 액위는 약 2.63 m로 맨하부 부싱을 제외하고 나머지는 가연성 증기 공간에 노출되었음.

③ 펌프 축의 베어링 역할을 하는 부싱 중 가장 상부 측인 4번 부싱의 재질은 샤프트와 심한 마찰로 여러 조각으로 파손됨.

④ 샤프트는 벤딩되었으며 부싱 하우징과 심하게 접촉되어 편마모가 발생함.

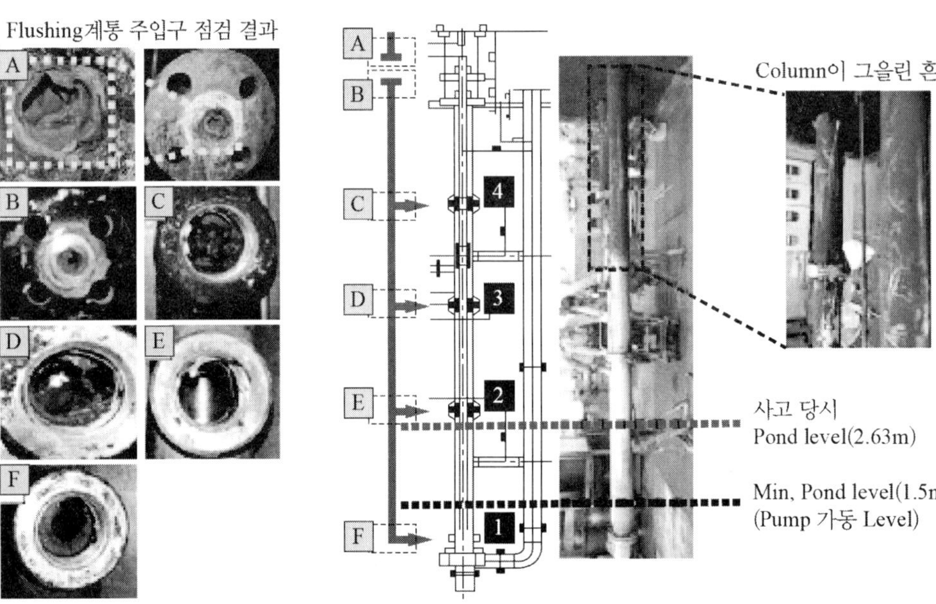

그림 6.7 펌프 외부점검 결과

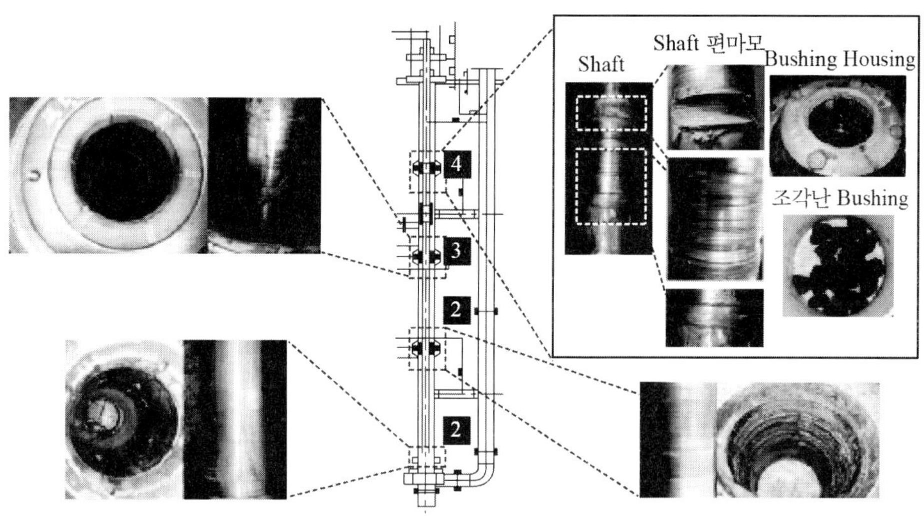

그림 6.8 펌프 수직축 점검결과

⑤ 4번 부싱하우징의 냉각수 주입구는 이물질로 막혀 있었음. 분해검사 결과를 바탕으로 추정하면 4번 부싱에 냉각수 주입구(Flushing Port)의 막힘과 냉각수(Flushing water) 공급 배관의 Fouling(침전) 현상으로 인해 냉각수 공급이 미흡한 상태로 사고발생 이전에 수직펌프의 운전 중 마찰열 등에 의해 부싱이 파손되어 있었고, 사고 당일 해당 펌프의 가동 후 약 2분 지나서 펌프의 축과 파손된 4번 부싱 등과의 마찰열 등에 의해 수직축 지지용 배관(Column pipe) 내부를 포함한 주변 지역의 인화성 증기가 점화되었을 가능성이 매우 높음.

⑥ 폐수 유입에 따른 정전기로 인한 점화 가능성

일부 폐수 배관이 침액 배관이 아닌 집수조 상부 맨홀에 직결되어 이러한 배관을 통해 유입되는 폐수는 유입 시의 유동에 의한 대전, 분출시의 분출대전 및 낙차로 인한 교반(진동)대전 등으로 발생된 정전기가 점화원 역할을 할 가능성이 있음.

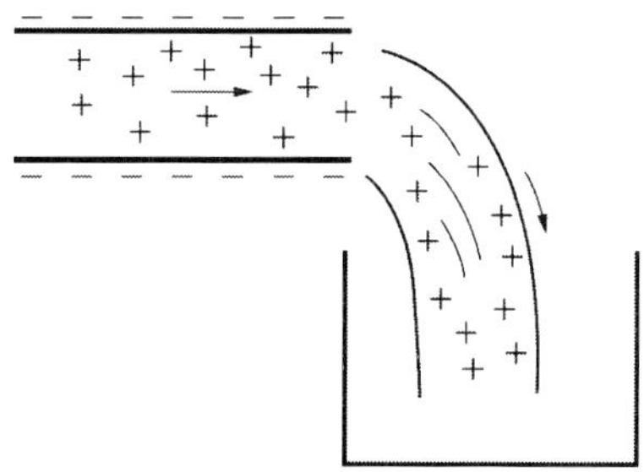

그림 6.9 배관에서의 정전기 발생 개념도(출처 : KOSHA 자료)

⑦ 폐수 액면에 축적된 정전기가 집수조 내부의 돌출된 도체 간 방전
폐수 배관을 통해 폐수 유입 시 발생되는 유동대전, 분출대전 및 집수조 유입 시의 교반대전 등에 의해 발생된 정전기가 폐수 액면에 축적되어 유동되면서 폐수조 내부의 돌출된 도체와의 사이에 방전이 발생하여 점화를 일으킬 가능성이 있음.

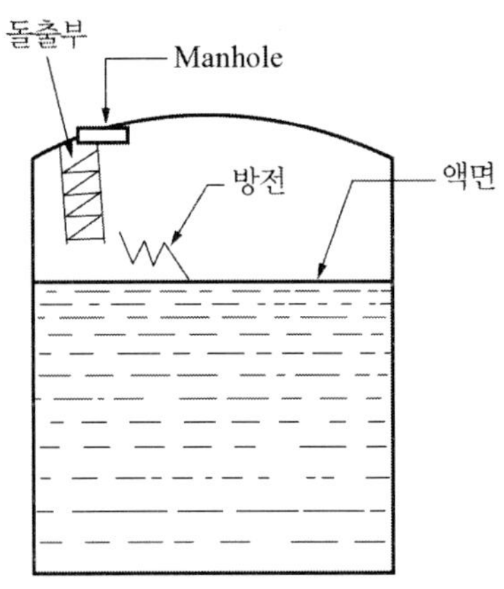

그림 6.10 액표면에서의 정전기가 방전되는 상황의 개념도(출처 : KOSHA 자료)

⑧ 전기설비에 의한 점화 가능성
집수조 피트(pit) 내부에는 전원이 투입되는 계기(액위계는 Air bubbler 타입임) 또는 전기설비가 없고, 집수조의 피트 외부(펌프)설치지점 및 폐수 유입부)는 전체가 폭발위험지역으로 구분되어 비방폭형 전기설비가 없으며, 또한 방폭형 전기설비의 이상에 의한 점화 흔적이 발견되지 않으므로 전기설비에 의한 점화가능성은 희박한 것으로 판단됨.

⑨ 다른 작업에 의한 점화 가능성
집수조 내부에서 펌프 해체 및 수리 작업을 하던 작업자 3명은 폭발사고 발생 약 10분 전에 해당지역을 떠난 상태이고 별다른 작업이 없었으므로 이 가능성은 배제됨

(5) 동종사고 예방대책

① 집수조로의 탄화수소 유입량 최소화 조치 및 내부 탄화수소 농도를 상시 폭발하한(Low Explosion Limit, LEL) 25% 이하가 유지되도록 환기실시 및 가스농도 감지기 설치
② 집수조에 설치된 펌프의 타입을 변경하거나 펌프 부싱 공급 냉각수 주입 방법 개선
③ 폐수 유입배관은 집수조 액위가 최저 상태일 때도 끝부분이 액체에 잠기도록 침액배관(Dip Pipe)으로 설치

5) 사고사례 5 : 폐수집수조 연결배관 작업 중 화재·폭발사고

(1) 사고발생 개요

2015년 7월 3일 09 : 16경 울산지역에 화학공장 폐수처리장의 폐수 및 악취제거 환경설비 개선공사를 위해 고농도 폐수 집수조 상부에서 폐수이송배관 연결작업을 하던 중 폐수 집수조 내부에서 폭발이 발생하여 외주협력업체 근로자 6명이 사망하고, 인근 출하장 경비실 경비원 1명이 부상을 입는 사고가 발생함.

그림 6.11 사고로 완파된 집수조

(2) 사고발생설비

① 가로 14.8 m × 세로 12.8 m, 높이 5.8 m로 800 m^3 용적을 가진 집수조로써 생산공정에서 발생하는 고농도의 폐수를 저장하는 집수조이며, 1998년 설치 이후 2010년에 환경규제에 따라 악취물질 비산을 차단하기 위해 집수조 상부에 콘크리트 덮개를 설치함.

② '15년 3월 23일부터 사고 당시까지 폐수 및 악취제거용 환경설비 용량 증설 공사를 진행함.

③ 당해 집수조는 생산공정 중 접착제와 관련된 제품을 생산하는 공정으로부터 배출되는 VAM(Vinyl Acetate Monomer) 등이 함유된 고농도 복합폐수를 저장 한후 폐수처리장으로 이송하는 폐수 중간집수조임.

(3) 사고발생과정

① 2015. 3. 20.(금), 폐수 및 악취제거 환경설비 용량증설 공사를 외주 협력업체와 3월 17일

계약을 체결하고 3월 20일부터 공사 착수

② 2015. 5. 8.(금)부터 5. 13.(수)까지 폐수 집수조 상부의 폐수 이송 배관 신설 및 교체작업 수행

③ 2015. 5. 28.(목)부터 5. 29.(금)까지 폐수 집수조 상부의 기존 폐수 이송펌프 2기 철거 후 1차로 용량이 증대된 펌프 1기를 우선 설치하였으며, 설치한 펌프 기존 배관을 통하여 폐수 이송용으로 운전

④ 2015. 6. 18.(목) 사고발생 폐수 집수조 내부의 악취를 포함한 공기를 흡입하여 폭기조로 공급하는 배풍기(집수조 상부 위치)의 가동을 폭기조 개조작업을 위해 정지함.

⑤ 2015. 7. 2.(목) 사고발생 폐수 집수조와 후단의 생물학적 처리설비 반응기와 연결되는 폐수 이송 배관의 가지배관에 유량계 설치작업을 실시함.

⑥ 2015. 7. 3.(금) 01 : 00경 중합공정 폐수조에서 배출되는 폐수를 사고발생 집수조로의 이송을 중지하고, 다른 폐수처리장으로 우회 연결(By-pass)하고 운전 중이던 펌프 가동을 정지함.

⑦ 사고당일 08 : 00경부터 반응조로의 폐수이송배관의 연결 및 주변 청소작업을 수행함.

⑧ 09 : 12경 출하장 후문에 설치된 CCTV의 폐수 집수조 측면을 비추는 화면에서 폭염 확인 시간인 09 : 12 : 56에 폐수집수조 내부 폭발사고가 발생하였고, 12 : 43경에 사망자 6명을 최종 확인하고 시신을 수습함.

그림 6.12 폐수집수조 덮개 설치공사 당시(2010년)

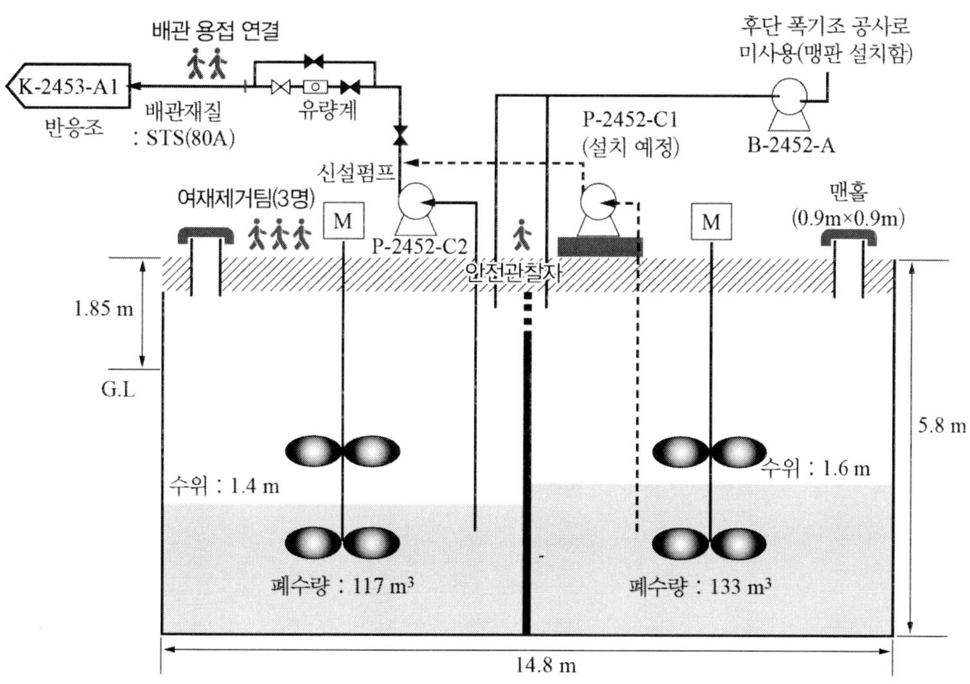

그림 6.13 폐수집수조 입면도 및 작업자 위치

(4) 사고발생 원인 추정

① 가연물 및 폭발분위기 조성 추정

- 집수조의 폐수에 함유된 물질인 VAM은 중합공정의 PVC 생산을 위한 공중합체 반응원료이며, 폐수 집수조는 SP중합공정 등에서 발생되는 물과 VAM을 분리하기 위한 분리기의 하부에서 분리되지 않은 물과 VAM(정상운전 시 폐수에 약 1.5 % 포함) 및 탈수시설에서 탈수된 폐수를 중합공정의 1차 폐수 집수조로 집수한 후, 사고발생 폐수 집수조로 이송되므로 정상운전 중에도 폐수에는 VAM이 용해되어 있으며, 폭발사고 후 채취한 폐수 집수조의 폐수 분석 결과 VAM은 0.56 wt% 포함되어 있었으며 VAM이 폐수 내부에 균일하게 분포되었다고 가정하면 사고 발생 후에도 폐수 집수조 내 약 1,400 kg의 VAM이 폐수에 용해되어 있었을 것으로 계산되므로 VAM의 폭발하한계(LEL) 2.6%를 초과하여 폭발분위기를 형성할 조건임.

② 점화원 추정 1 : 아르곤 AC / DC TIG 용접작업에 의한 불티

- 사고조사 시 현장에서 아르곤 AC / DC TIG 용접기가 발견되었고, 안전작업허가서에 기재된 "V-2452C 상부 펌프 Head 배관 설치 및 청소" 지역에 해당하는 P-2452C2

펌프 토출 측 배관 Header 부분에 플랜지와 배관 연결을 위한 TIG 용접흔적이 발견된 것으로 보아 TIG 용접작업이 실시된 것으로 추정되며, 배관연결 TIG 용접작업 추정 부위와 같이 중앙소방학교 소방과학연구실에서 실험한 C / DC TIG 용접실험 결과 2.7 m 높이에서 작업 시 길이방향 최대 2.8 m, 폭방향 2 m까지 불티가 비산될 수도 있음을 제시하고 있으나 관련 실험은 강재(탄소강)에 대한 실험결과이며, 일반적으로 스테인레스 스틸(STS)에 대한 TIG 용접 작업에는 불티가 거의 비산되지 않는 것으로 알려져 있으며 현장에서 스테인레스 스틸(STS 304) 배관에 대한 TIG 용접실험결과 육안으로 불티발생을 확인하기 어려웠음.

- 이를 근거로 추정하면 스테인레스 스틸 배관연결을 위한 TIG 용접작업 중 발생한 불티는 약 4 m 거리의 폐수집수조 상부 교반기 아래의 개구부로 비산되기는 불가능할 것으로 판단되며 당일 용접작업장 아래의 기존 펌프를 가동하지 않았고 인입배관 또는 드레인 배관의 콘크리트 상부 개구부로 불티가 인입될 가능성은 있으나 사고 당일 작업자 진술에 따라 끝막음 조치가 완벽하였다고 가정하면, 점화원 유입경로 역할을 하기에는 어려운 것으로 추정됨.

③ 점화원 추정 2 : 고속절단기 및 핸드 그라인드

- 당일 작업 대상인 배관연결 작업을 위해 배관의 고정 철물절단, 배관연 결부 길이 조정 등을 위한 스풀(Spool) 절단작업, 절단면의 그라인딩 작업, 용접 전·후면처리 작업 등이 수행되었을 것으로 추정되며, 고속절단기 및 핸드 그라인더 작업을 재현한 실험에서 발생된 불티는 4 m 이상 비산되는 경우도 확인되었음.
- 이를 근거로 추정하면 고속절단기 절단작업 또는 핸드그라인더 작업중 발생한 불티가 폐수 집수조 교반기의 샤프트 연결 플랜지 아래의 개구부 또는 철거된 배관의 콘크리트 상부 개구부 막음조치가 불량한 지점의 개구부로 인입될 경우에는 점화원으로 작용하였을 것으로 추정됨.

④ 점화원 추정 3 : 비방폭 액위측정계 등 전기적 점화원

- 폐수 집수조 상부에 설치된 전기·기계기구는 교반기, 펌프, 배풍기 모터 및 액위계가 있으나, 교반기는 1년 이상 사용한 적이 없고, 펌프는 당일 새벽 01 : 30경 가동을 정지하였으므로 점화원에서 제외함.
- 반면에 집수조 액위를 측정하는 액위측정기의 송신기(Floating type transmitter)는 확인 결과 비방폭형으로 설치되어 사고 당시까지 액위 측정이 이루어지고 있었으나, 현장에서 발견된 액위 전송기(Level Transmitter)의 본체 하부 플로트 라인 연결부 플라스틱

마개의 변형이 없는 것으로 보아 본체 내부에서 전기적 점화원에 의한 폭발로 보기에는 가능성이 낮음.

⑤ 점화원(용접불티 또는 고속절단기 불티) 유입 추정 : 폐수집수조 상부 교반기의 Anchor Plate 구멍(유격 1.5 cm)

- 고속절단기 사용 예상지점과 교반기 개구부까지의 거리 : 약 2 m
- 용접 예상지점과 교반기 개구부까지 거리 : 약 4 m

(5) 사고발생 원인

① 폐수 집수조 배풍기 미가 동

- 사고발생 폐수 집수조는 공정에서 배출되는 고농도 폐수가 유입되는 집수조로 상부에 배풍기가 설치되어 있으나 배풍기 후단에 연결되는 폭기조의 공사로 인하여 2015년 6월 18부터 가동을 정지하여 폐수 집수조 내부에 생성된 인화성 증기를 원활하게 배출하지 못하였고, 집수조에 유입된 폐수에 포함된 VAM에서 발생된 증기는 공기보다 무거워(비중 3, 공기 1) 집수조 내부공간에 체류하여 폭발 위험분위기를 형성하였음.

그림 6.14 폐수집수조 교반기 샤프트 인입부

② 변경요소 관리 시 위험성평가 미흡

- VAM이 공중합체로 사용되는 고부가 제품의 생산량 증대 계획에 따른 폐수처리장 환경설비 구축공사와 관련된 "변경요소관리 공정 변경 요구서"에 공정변경에 따른 위험성평

가서를 협력업체 부장이 작성하여 첨부하였으나 생산팀 엔지니어 등 관련분야 전문가는 참석하지 않아 위험성평가가 부실하게 수행되었음.

- 사고당일 "작업 전 위험성평가"도 협력업체에서 작성함에 따라 해당 폐수 집수조에 유입되는 물질에 대한 정확한 성분을 몰라 취급물질 "폐수", 위험성 "없음"으로 작성하는 등 위험성평가를 충실하게 실시하지 않았음.
- 또한 환경설비 구축공사는 2015년 3월 20일부터 9월 30일까지 시행되는 대형 폐수처리장 개선공사이지만 변경관리를 1건으로 처리하여 공정 단계별로 검토가 이루어지지 않았음.

3.2 동종사고 예방대책

1) 폐수 집수조 내부 폭발분위기 생성 방지를 위한 환기

① 폐수 집수조의 배풍기는 항시 정상 가동될 수 있도록 하고, 공사 등으로 배풍기 가동이 정지될 경우 폐수 집수조 관련 작업은 폭발위험분위기 생성 가능성에 대한 위험성평가 등을 수행한 후 작업허가서를 발행하여야 한다.

② 폐수 집수조 내부에 인화성 액체의 증기 또는 인화성 가스의 축적이 예상되거나 독성가스가 체류될 위험이 있는 경우 시간당 환기 횟수(ACH, Air Change per Hour) 12회* 이상을 환기할 수 있는 배풍기를 설치하여 폭발분위기 생성을 방지하여야 한다.

* 미국화재보험협회(NFPA) 820 : Standard for Fire Protection in Wastewater Treatment and collection facilities 기준

2) 변경관리절차에 따라 위험성 평가 실시 철저

① 변경관리절차에 따라 실시하는 위험성평가는 작업 시 발생 가능한 모든 위험성에 대해 사전 평가가 이루어질 수 있도록 공정전문가, 공정운전원, 안전전문가 등 분야별 전문가가 참여하여야 한다.

② 대형 공사의 경우에는 작업구간별 또는 설비별로 구분하여 변경 관리절차를 적용하여 배풍기 가동중단 등 공정운전 변경사항 등에 대한 기술적 검토가 상세하게 이루어질 수 있도록 하여야 한다.

3) 변경관리절차에 따라 위험성평가 실시 철저

① 공정지역에 비해 상대적으로 위험이 낮다고 인식되고 있는 폐수처리설비 등 비 공정지역의 부대설비 등에서의 화기작업허가 시에도 작업현장의 위험물 제거상태, 점화원 차단 등 사전 안전조치를 반드시 현장에서 확인하고, 작업장소를 포함한 인접 위험장소에서의 인화성 물질 농도측정 등 안전한 상태를 확인 후 작업허가서를 발행하여야 한다.

② 안전작업허가서에 대한 생산팀 등의 최종 허가자 허가 전에 원청의 안전전문가(발행자, 허가자, 안전관찰자 등)가 작업안전성 확보 여부를 최종 확인하는 등 원청업체의 안전관리 강화가 요구된다.

표 6.4 폐수 집수조 화기작업 전 안전조치 사례

단계	도해	설명
위험성 인식		폐수집수조의 덮개, 배관 연결구는 근본적으로 틈새가 존재하여 가스가 누출될 수 있다는 것을 인식
1단계 씰링		비닐로 집수조 덮개/배관연결구 부위를 씰링 조치
2단계 씰링		비닐로 1차 씰링한 뒤 천막으로 덮음
2단계 씰링		모래를 덮어 천막을 고정하여 덮개 틈새로부터 새어 나오는 가스를 차단

단계	도해	설명
3단계 씰링		천막 위에 모래로 씰링한 후 상부 배관연결구와 천막 사이의 틈새를 Taping하여 완전 씰링 실시
가스 누출 확인		씰링 부위의 가스 누출 여부를 검사 (씰링부위 가스누출 점검은 매일 작업시작 전 재측정한 후 이상이 없을 경우 작업)
VOC 포집 배관 차단		집수조 VOC 포집배관 각 구간별 맹판(Blind) 설치하여 집수조와 격리

4) 폐수 집수조 폭발위험장소 관리 철저

① 폐수 집수조에 인화성 액체 등이 혼합된 폐수가 이송되어 폭발한계를 구성할 수 있는 경우 관련 지역 또는 설비에 대하여 폭발 위험장소로 설정하여 관리하여야 한다.

② 필요 시 집수조 내부에 인화성 가스 감지기를 설치하여 경보(탄화수소 폭발하한농도의 10%) 발생 시 자동으로 저압스팀 등이 투입되도록 연동 조치하고, 배풍기(Blower)의 풍량을 증대시켜 집수조 내부에 폭발위험 분위기가 형성되지 않도록 관리할 필요가 있다.

③ 집수조 외부에 가스감지 경보용 경광등 및 사이렌을 설치하여 작업자들이 대피할 수 있도록 조치할 필요가 있다.

5) 화학공장 폐수 집수조의 안전조치에 관한 기술지침(KOSHA GUIDE, P-148-2015) 준수 철저

① 폐수 집수조의 위험성 : 위험성평가 및 관리대책

② 폐수 집수조의 안전조치 및 작업방법 준수

3.3 폐수 집수조에서의 발화 가능작업 안전대책 수립 사례

1) 작업준비 단계 안전조치

표 6.5 폐수 집수조 가스 누출 방지 조치 예시

작업준비단계 안전조치		
운전 위험성 검토 및 조치	집수조 동력설비 안전 점검 / 정비	• 집수조 및 주변에 설치된 동력기기(Pump/mixer / 기타)가 공사 중 고장으로 인해 스파크 / 마찰이 발생하여 점화원으로 작용할 가능성이 있으므로 회전기기의 이상소음, 윤활상태, Flushing Water 공급상태를 점검하고 정비 사전 점검 및 정비 실시하여야 함
	전기계장설비 안전점검 / 정비	• 전기 / 계장 케이블(Cable)의 피복손상 및 밀봉(Sealing) 불량여부를 점검하여 Spark로 인한 점화원으로 작용할 가능성이 있는지 점검하고 조치하여야 함
	집수조 내부 위험성 제거	• 집수조 내부에 유분(Oil)이 적체되어 있는지 점검하여 작업착수 이전에 제거작업을 실시하여야 함 • 기름 수거작업은 Air Driven Pump 및 허가된 위험물 운반차량을 이용하여 제거하고, 안전작업허가 절차를 따라야 함
	발화가능 작업 최소화	• 사전 현장 발화가능 작업을 최소화할 수 있는 방법을 작업 수행부서와 검토 / 협의하여야 함 • 가능한 화기작업은 폐수집수조 외부에서 제작하여 현장에서는 조립작업만 수행할 수 있도록 하는 등의 작업방법 검토
	관련부서 협조요청	• 폐수집수조를 완전히 격리시키지 못하는 운전 중 작업일 경우 사전 폐수배출부서에 작업을 사항을 통지하여, 폐수배출수에 탄화수소가 최소화될 수 있도록 하고 공정변화가 발생할 경우 즉시 통보할 수 있도록 협조 / 요청하고 연락체계를 유지하여야 함
작업 위험성 검토 및 안전조치	작업위험성 평가(JSA) 실시	• 작업(공사) 착수 전 작업절차 별 발생 가능한 사고유형을 도출하고 사고발생 방지대책을 수립하여야 함 • 폐수집수조 작업에 대한 JSA는 작업절차에 대한 위험요인은 물론 폐수집수조에 미치는 위험요인을 함께 고려하여 안전대책을 검토 수립하여야 함
	가스 누출 방지조치	• 폐수집수조의 맨홀 커버(Manhole Cover) 틈새, 배관이음새 등 집수조 내부의 가스가 누출될 수 있는 Point들은 완벽하게 밀봉(Sealing) 조치하여야 함 • 1차로 비닐로 틈새 및 누출 위치(Leak Point)를 덮고 Taping 처리함 • 2차로 천막을 덮고 흙을 쌓아 물로 적심 • 3차로 배관 이음새 Taping 처리 • VOC 포집배관 Blind 설치
	불티 확산 방지조치	• 불티 방지포, 풍천막 / 차단막을 설치하여 인근설비 또는 장치물로 불티 등의 점화원이 확산되지 않도록 격리 조치하여야 함

2) 작업 중 안전조치 사항

표 6.6 작업 준비 단계 위험성검토 및 조치사항

작업수행단계 안전조치		
작업 중 위험성 및 안전조치	안전대기원 상주	• 폐수집수조에서 이루어지는 작업은 반드시 안전관리원을 지정하고, 작업위치에 상주하여 작업내용을 관리/감독하도록 하여야 함
	작업 전 안전점검	• 매일 작업시작 전 비닐로 밀폐한 곳의 가스 농도를 측정하여 누출여부를 점검하고 Water Spray를 실시한 후 작업하여야 함
	가스누출 점검	• 폐수집수조 작업위치에 가스감지기를 고정으로 설치하여 가스 누출 여부를 상시 점검하고 알람발생 시 무조건 작업을 중지시켜야 함
	유입폐수 변화 시 조치	• 공정으로부터 폐수배출량, 성상변화 연락을 받는 경우 즉시 공사를 중단시킨 후 안전점검을 실시하고 이상이 없을 경우 공사를 재개토록 하여야 함
	현장인력 통제	• 작업현장에는 필수인력만 상주하도록 하고, 스파크 등을 발생시킬 수있는 불필요한 장비/공구는 작업 공간 밖으로 이동시켜 관리하여야 함

연습문제

01. 밀폐구조 폐수집수조의 위험성에 대해 설명하시오.

02. 폐수집수조에서의 작업 중 안전조치 사항을 설명하시오.

03. 폐수집수조의 사고사례를 들고 안전대책을 기술하시오.

CHAPTER

07

화학산업의 대기관리 기술

학습목표

1. 대기관리 기술과 안전을 이해한다.
2. 주요 대기방지 시설을 살펴보고 안전고려사항을 학습한다.
3. 주요 사고사례 결과를 논의한다.
4. 환경설비의 사고요인 및 안전관리 대책을 설명한다.

1 대기관리 기술과 안전

1.1 개요

정유 및 석유화학 공장에서는 최근 대기질 이슈로 인해 촉발된 미세먼지에 대한 관리대책의 일환으로 공장의 배출구에서 대기로 배출되는 미세먼지의 전구물질인 질소산화물(NOx), 황산화물(SO_2), 먼지(Dust) 등의 대기오염물질 배출을 저감시키기 위해 다방면으로 노력하고 있다. 정부는 농도규제와 더불어 그동안 대기관리 권역 지정제도를 수도권 외 지역까지 확대하는 전국단위의 대기관리 권역의 대기환경 개선에 관한 특별법을 제정하여 대기배출오염물질 총량을 규제하고 있으며, 미세먼지특별법을 개정하여 특정 계절의 대기 중 미세농도 저감을 위해 계절관리제를 도입하여 시행 중이다.

특히 석유 및 석유화학제품 저장시설(Petroleum / Petrochemical Product Storage Tank), 플레어스택(Flare Stack), 냉각탑(Cooling Tower) 등 비산배출시설(Fugitive Emission)에 대한 시설관리기준이 대폭 강화되었으며 주요 사항은 아래와 같다.

첫째, 고정지붕형 저장탱크에만 적용하던 방지시설 설치 의무를 내부부상지붕형 저장탱크(Internal Floating Roof Tank, IFRT)까지 확대 적용되었으며, 모든 저장시설의 밀폐장치, 맨홀 등에서 누출기준농도(총 탄화수소 기준, 500 ppm)를 초과하는 경우 시설을 보수하도록 하는 관리규정이 도입되었다.

둘째, 냉각탑에 연결된 열교환기 누출 관리 조항을 신설하였다. 앞으로는 열교환기 입구와 출구의 총유기탄소(Total Organic Carbon, TOC)의 농도 차를 1 ppm 이하로 관리하도록 시설관리기준이 강화되었다.

셋째, 플레어스택의 평시와 비정상 시 관리기준이 각각 강화된다. 평시에는 VOCs 배출저감을 위해 연소부의 발열량을 일정 기준 이상으로 유지하고, 광학 가스 이미징(OGI ; Optical Gas Imaging) 카메라 등 적외선 센서를 설치하여 미연소가스 배출 여부를 모니터하고 관리하도록 하였다. 또한, 비정상시 매연 관리를 위해 광학적 불투명도 기준(40%)을 도입하였으며, 폐쇄회로텔레비젼(CCTV) 설치와 촬영기록을 의무화하였다.

마지막으로 밸브, 플랜지(flange) 등 비산누출시설에 대한 누출기준농도(총탄화수소 기준)를 현행 1,000 ppm에서 500 ppm으로 강화하고, 벤젠에만 적용되었던 검사용 시료채취장치의 비산배출가스 저감장치 사용 의무를 벤젠 이외의 관리대상물질까지 확대되었다.

이와 같이 단기간 내 환경규제가 동시다발적으로 대폭 강화되고, 시행됨에 따라 대규모의 시설개선투자가 수반되어야 하나 위험물을 취급, 생산하는 석유 및 화학공정에 미치는 영향에 대한 충분한 검토 없이 진행될 경우 화재, 폭발 등 예기치 못한 사고로 이어질 수 있고 실제 국내외에 유사 사고 사례가 발생하고 있어 우려가 큰 상황이다.

1.2 대기관리 기술

1) 질소산화물

질소산화물(NOx)는 연소과정 중 발생하는 질소산화물의 통칭이며, NOx의 90~95%는 NO, 5~10%는 NO_2 형태이며, NOx는 건강 문제(눈, 두통, 호흡곤란) 및 지상에서의 오존 형성, 산성비, 스모그 발생 등의 문제를 유발한다.

가열로(Heater), 보일러(Boiler), 소각로(Incinerator)등 일정한 배출구를 통해 배출되는 질소산화물 저감기술은 아래와 같으며, 배출규제에 따라 단일 혹은 복합적으로 적용하고 있다.

표 7.1 질소산화물 저감을 위한 기술

<table>
<tr><th>질소산화물(NOx)
저감 순서</th><th colspan="2">저감기술</th></tr>
<tr><td>연료에 포함된
질소성분 제거</td><td colspan="2">• 저농도 질소연료 사용
• 연료 전처리를 통한 질소제거</td></tr>
<tr><td rowspan="4">연소단계에서
질소산화물
생성을 억제</td><td rowspan="2">연소조건 변경에
의한 방법</td><td>저 과잉공기 연소법 (Low Excess Air Firing)</td></tr>
<tr><td>연소 공기 예열온도 변경</td></tr>
<tr><td rowspan="2">연소방법 변경에
의한 방법</td><td>단계적 연소 방법(Ultra Low NOx Burner)</td></tr>
<tr><td>배가스 재순환(Flue Gas Recirculation)</td></tr>
<tr><td rowspan="4">연소 후 배출가스
중
질소산화물 저감</td><td rowspan="4">배연탈질 방법</td><td>선택적 촉매 환원법(SCR)(Selective Catalytic Reduction)</td></tr>
<tr><td>선택적 비촉매 환원법(SNCR)(Selective Non Catalytic Reduction)</td></tr>
<tr><td>SNCR + SCR Hybrid</td></tr>
<tr><td>저온식 산화-환원 Scrubber</td></tr>
</table>

2) 황산화물 및 먼지

알카리 세정액 등을 이용하여 배출가스 중 황산화물 및 먼지를 세정 및 집진장치를 이용하여 제거하는 기술이 주를 이루고 있으나 대부분의 석유, 화학공정에서는 천연가스(LNG ; Liquefied Natural Gas)와 같은 청정연료로 대체함에 따라 별도의 배연탈황 또는 집진장치가 불필요하게 되었다.

3) 비산배출 저감을 위한 시설

산업의 고도화로 오염물질 발생 공정 및 발생 특성이 다양해지면서 다양한 종류의 화학물질이 대기 중으로 배출되고 있으며, 기존에는 점 오염원 관리에 치중하였으나 일정한 배출구가 아닌 자동차와 같은 이동 오염원, 비산배출 형태로 배출되는 오염원에 대한 규제를 강화하고 있다.

저장시설 등에서 비산배출(Fugitive Emission)되는 휘발성 유기화합물(VOCs), 특정대기유해물질(Hazardous Air Pollutants, HAPs)의 주요 처리방법은 고온열소각 또는 흡착기술이 주로 이용되며 유해성 환경규제, 회수가치 등을 종합적으로 고려하여 선택하게 된다.

표 7.2 휘발성유기화합물 및 유해 대기가스 처리 기술

처리기술의 종류		처리방법	처리효율(%)
연소기술	고온산화법 (열 소각)	VOCs / HAPs 가스를 예열된 공기와 혼합 후 고온연소	95~99
	촉매산화법 (촉매연소)	촉매를 이용하여 연소실 온도를 300~400℃의 낮은 온도에서 연소	90~99
	축열식 열소각 기술(RTO)	소각연료를 낮추기 위해 내부 축열재를 이용하여 연소가스의 열을 최대한 회수하여 유입가스의 예열에 활용, 연료저감형 소각기술	95~99
	축열식 촉매 산화기술	축열식 소각로의 산화온도를 낮추기 위해 축열재 상부에 산화촉매장치를 이용하여 산화온도를 350~500℃로 낮춤	95~99
	무화염 열산화	가열된 세라믹 층에 가스와 공기의 혼합가스가 유입된 후 고온의 산화에 투입되는 형태로 완전분해가 이루어짐	99.99
흡착 / 농축	흡착법	활성탄, 알루미나, 제올라이트, 실리카 등의 흡착제를 이용하여 흡착 처리하는 기술	80~95

처리기술의 종류		처리방법	처리효율(%)
	농축법	소각연소에 필요한 연료절감을 위해 흡착제를 이용하여 저농도 VOCs를 흡착 / 농축 / 탈착하는 기술	80~90
흡수 / 응축	흡수법	VOCs 가스를 액상흡수제와 향류 또는 병류로 접촉시키면 액상형태로 전환하여 회수	50~90
	응축법	냉매 등을 이용하여 상온 비응축성 가스를 냉각시켜 VOCs 가스를 분리하는 기술	85~95
생물학적 처리기술		VOCs 가스를 미생물을 이용하여 생화학적으로 분해 / 처리하는 기술	40~70

4) 방지시설의 안전 이슈

석유, 화학 공장에서 적용하고 있는 비산배출 방지시설은 아래와 같다.

표 7.3 비산배출 방지시설의 종류

방지시설	특징
유증기 연소장치 (Vapor Combustion Unit, VCU)	• VOCs / HAPs 함유 가스를 연료로 하여 버너(Burner)에서 직접 연소 • 유입가스의 발열량(LHV : Low Heating Value)가 최소 300BTU / SCF 필요, 낮을 시 추가로 연료공급이 필요함 • 역화방지 등 사고방지를 위한 안전장치 필요

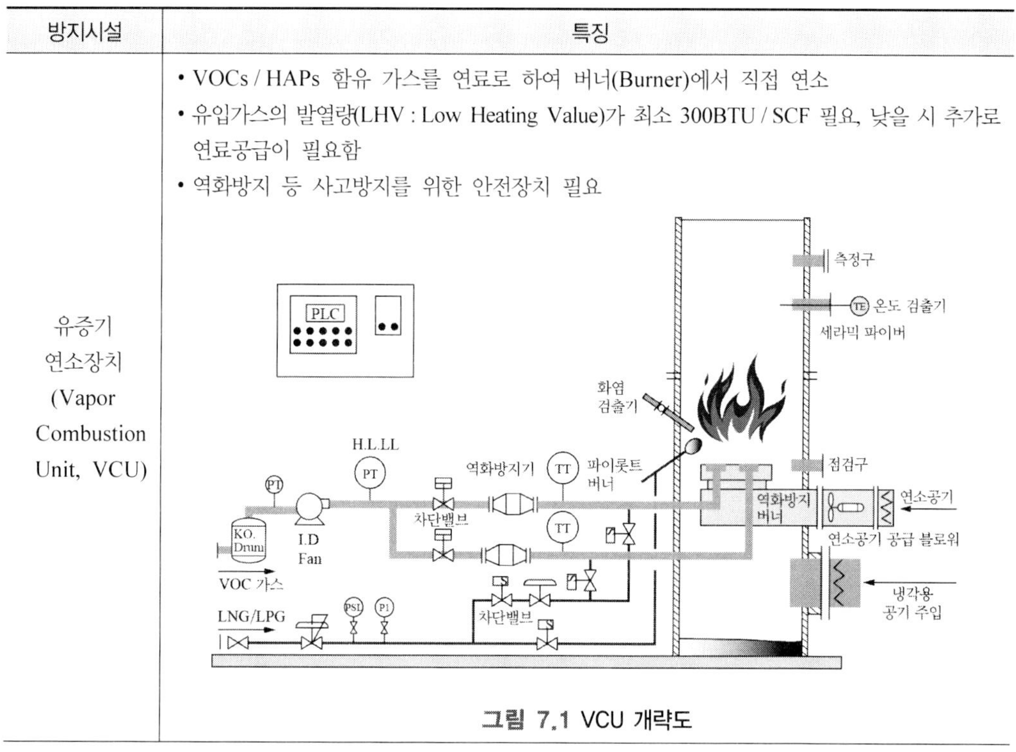

그림 7.1 VCU 개략도

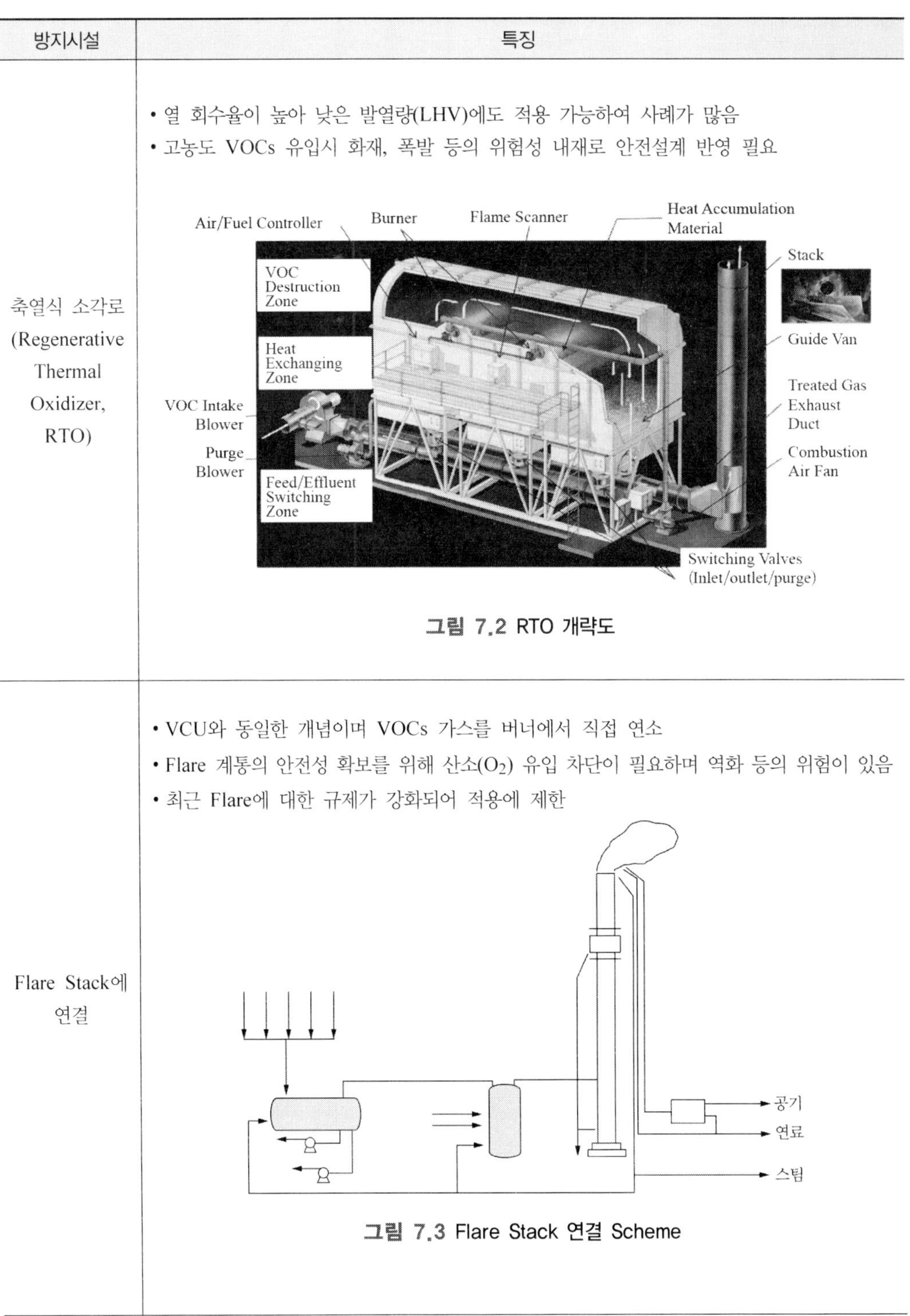

방지시설	특징
축열식 소각로 (Regenerative Thermal Oxidizer, RTO)	• 열 회수율이 높아 낮은 발열량(LHV)에도 적용 가능하여 사례가 많음 • 고농도 VOCs 유입시 화재, 폭발 등의 위험성 내재로 안전설계 반영 필요 그림 7.2 RTO 개략도
Flare Stack에 연결	• VCU와 동일한 개념이며 VOCs 가스를 버너에서 직접 연소 • Flare 계통의 안전성 확보를 위해 산소(O_2) 유입 차단이 필요하며 역화 등의 위험이 있음 • 최근 Flare에 대한 규제가 강화되어 적용에 제한 그림 7.3 Flare Stack 연결 Scheme

<table>
<tr><th>방지시설</th><th>특징</th></tr>
<tr><td>VRU
(Vapor
Recovery
Unit)</td><td>• 흡착제를 이용하여 VOCs 흡착 후 탈착하여 회수
• 분자량이 낮은 물질일 경우 흡착이 되지 않아 배출규제가 높은 지역은 적용에 어려움이 있음
• 흡착열로 인해 국부과열이 발생하여 안전사고의 위험이 있음
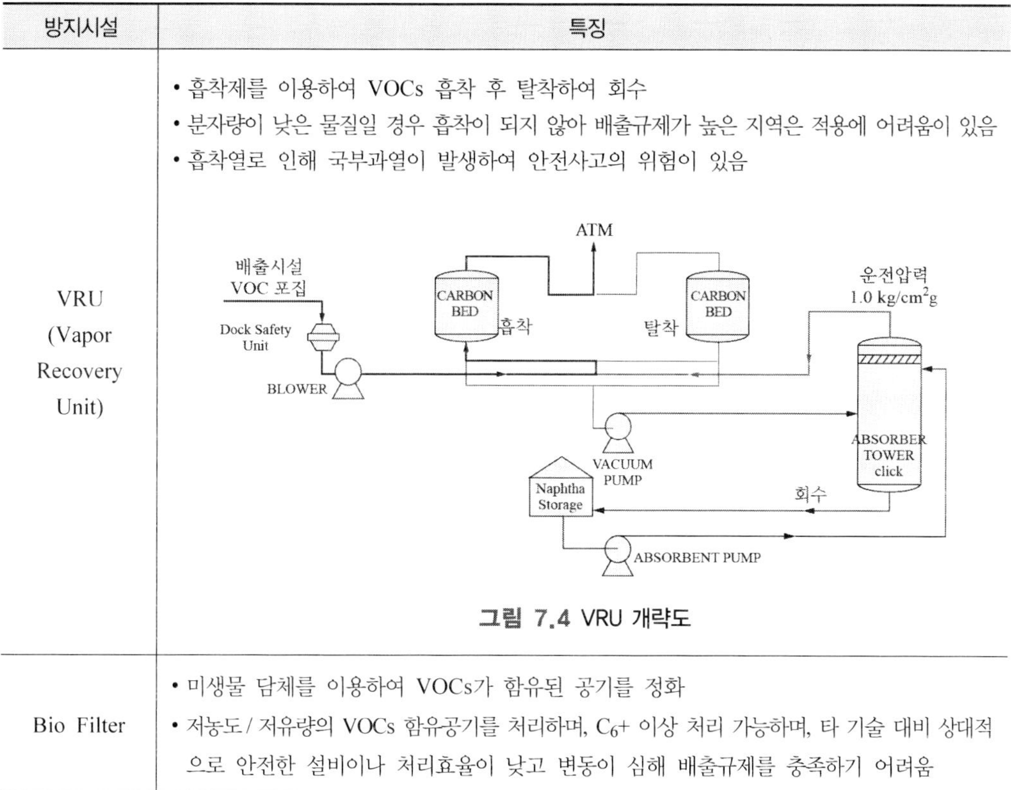

그림 7.4 VRU 개략도</td></tr>
<tr><td>Bio Filter</td><td>• 미생물 담체를 이용하여 VOCs가 함유된 공기를 정화
• 저농도/저유량의 VOCs 함유공기를 처리하며, C_6+ 이상 처리 가능하며, 타 기술 대비 상대적으로 안전한 설비이나 처리효율이 낮고 변동이 심해 배출규제를 충족하기 어려움</td></tr>
</table>

이러한 방지시설들은 대부분 가연성가스를 처리하는 시설로 비산배출시설의 오염물질 배출 특성과 배출량의 공학적 계산이 잘못되어 부적절하게 설계되거나, 운영이 부적정할 경우 화재, 폭발 등의 중대산업사고로 이어질 수 있으며, RTO나 VCU와 같은 폐가스 소각설비는 공정 및 생산설비 대비 상대적으로 안전하다는 잘못된 사고(思考)로 인해 공정설비에 못 미치는 설비 관리, 보전활동 등 관리 소홀과 운전실수, 설비 보수 중 내부 체류 인화성가스에 인한 화재, 폭발 등 안전사고가 발생하고 있는 실정이다.

특히 위험물 저장시설에 VOCs 처리설비를 연결하는 것은 처리계통 및 처리설비에서 발생할 수 있는 흡착열, 소각열, 정전기, 기계적 마찰, 벼락, 번개, 주변 화재 등의 요인에 의해 화재, 폭발사고가 발생할 경우 연쇄 폭발사고로 이어질 위험성이 매우 높아 방지시설 도입 단계에서부터 세심한 안전성 평가를 통한 안전대책 수립이 필요하다.

2 주요 대기방지 시설별 안전 고려사항

2.1 축열식 소각로(Regenerative Thermal Oxidizer, RTO)

1) 기술개요

축열식 소각로는 유기물을 800℃ 정도의 고온에서 소각 처리하는 일반 소각로와 유사한 공정이나, 소각 후 배출되는 연소열을 축열 용량이 큰 Honey Comb type Alumina Porcelain Ceramic 축열재를 이용하여 축열시킨 후 Bed Switching을 통해 원료인 VOCs를 가열(Heating)시킴으로써 오염물질을 산화시키는 데 필요한 연료 소모량을 감소시킬 수 있도록 설계된 장치이다.

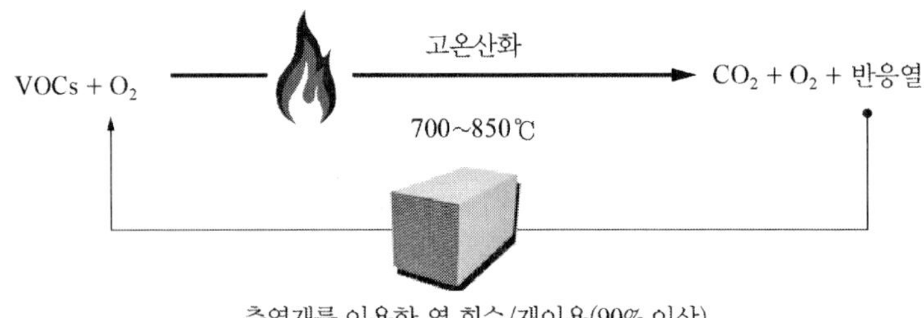

그림 7.5 축열식 소각로 반응식

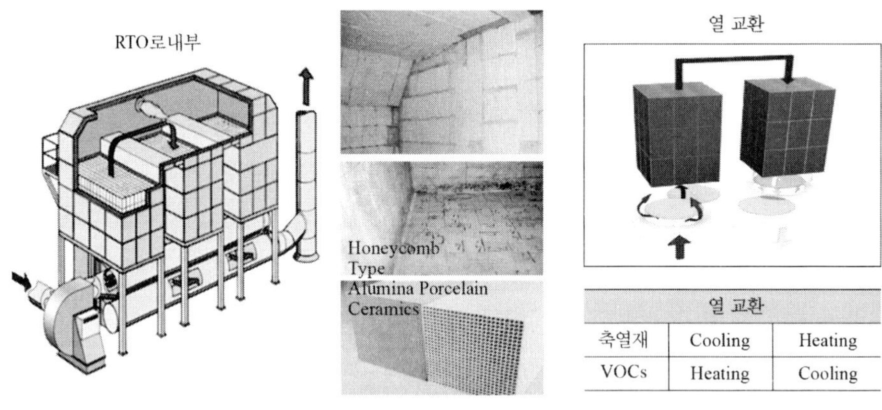

그림 7.6 축열식 소각로에서 열회수 개념도

축열식 소각로는 VOC를 흡입하는 송풍기 Zone, VOC와 배기가스가 축열판을 통해 열교환이 일어나는 Zone, VOC가 완전히 산화되는 Destruction Zone으로 나눌 수 있으며 VOC를 공급하는 송풍기(Blower), 연소온도 유지용 Burner Train, 연소공기, 퍼지 송풍기(Purge Blower), Feed / Effluent 전환용 Switching System, Flue Gas 배출 Stack 등으로 구성된다.

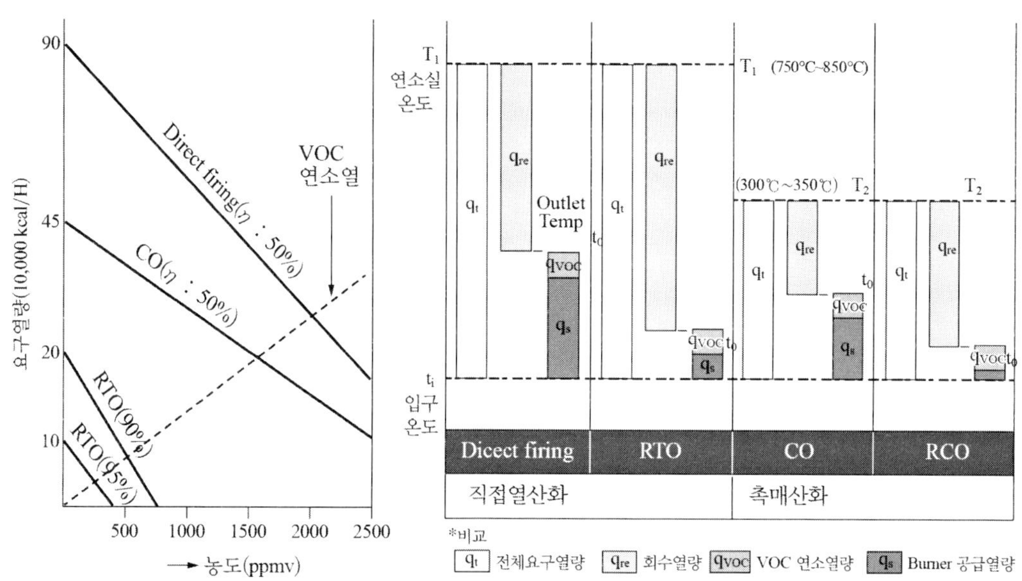

그림 7.7 소각방식별 소요열량 비교

2) 안전설계 고려사항

축열식 소각로에서 연료 소모량은 유입가스의 유기물 농도에 따라 변화하며, 입출구 온도차를 60℃(열회수율 90% 수준) 기준으로 할 경우 필요한 열량은 20 kcal/m^3 내외가 된다. 유입가스의 농도가 1.5~2 g/m^3(열량기준 20 kcal/m^3)이면 보조열원이 필요하지 않은 무연료 운전상태가 되며, 유입가스의 유기물 농도가 무연료 운전농도 이상으로 유입되는 경우 축열재는 과축열되어 유입가스중 인 화점이 낮은 물질이 점화되어 화재, 폭발 사고가 발생할 수 있으므로 과축열을 방지하기 위해 과축열 방지시스템(Heat Purge System)을 통해 잉여열을 배출하는 것이 매우 중요하다.

이러한 과축열 방지시스템은 두 가지 방법이 있으며 주로 Hot Gas Bypass System이 주로 적용되고 있다.

① HGB(Hot Gas Bypass) : 배기가스를 축열재를 통과시키지 않고 Stack 으로 바로 배출하는 방식

② CGB(Cold Gas Bypass) : VOC + Air를 축열층을 통과시키지 않고 Furnace Box로 바로 유입시키는 방식

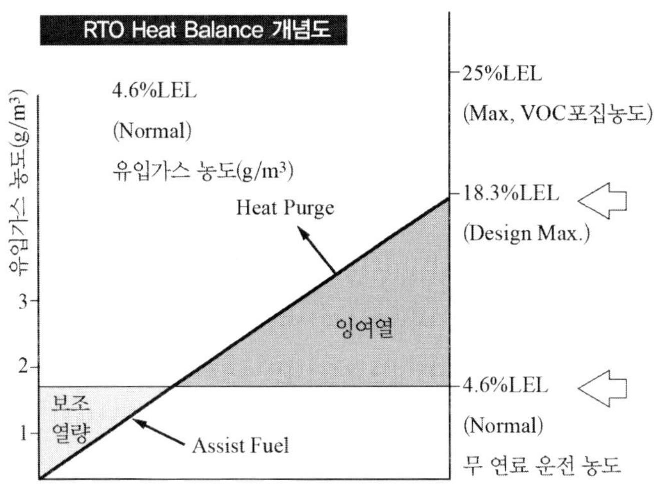

그림 7.8 축열식 소각로에서의 열관리 개념도

또한 축열식 소각로는 이물질에 의한 스파크, 정전기, 기계장치에 의한 마찰, 고온의 축열재 등 점화원이 존재하는 환경으로 가연성가스를 함유한 오염공기(VOC Laden Air)를 직접 유입하여 처리하게 되므로 소각로에 연결된 탱크(Tank) 등의 배출시설에서 고농도 VOCs 가스가 갑작스럽게 유입될 경우 폭발사고로 이어지게 되므로 배출시설에서 배출되는 가스를 포집할 경우 폭발범위하한(LEL)의 25% 이하가 되도록 공기와 희석하여 포집하도록 설계하여야 한다.

이외에도 축열식 소각로 하단에 폐가스의 응축으로 발생한 침적물의 발화 위험성에도 대비하여야 한다. 소각로 하단에 응축된 VOC 물질이 자연발화 또는 소각로의 온도 상승으로 유증기가 발생하여 폭발분위기 형성할 수 있기 때문이다.

또 하나의 중요한 위험성은 VOCs 등 폐가스를 이송하는 송풍기를 가동 정지 후 재가동할 경우이다. 정전, 송풍기 고장, 보수 등으로 송풍기 가동 중지 후 재가동시 배관 내 폐가스가 축적되어 폭발 분위기를 형성된 상황에서 송풍기를 재가동할 경우 기계적인 마찰이나, 고온으로 축열된 축열재가 점화원으로 작용하여 폭발이 발생할 위험이 있다.

2.2 유증기 연소장치(Vapor Combustion Unit, VCU)

1) 기술개요

고농도의 VOCs 가스를 연료로 하여 버너에서 직접 연소하여 처리하는 장치로 밀폐형 플레어 스택과 유사한 시설로서 구조가 간단하여 운전 및 유지보수가 용이하며 배기가스의 온도와 처리가스 농도가 높을 때 경제적 운전이 가능하다.

메탄(methane), 에탄(ethane) 및 여러 종류의 가스 처리가 가능하고 타 기술 대비 저렴한 투자비, 유지 비용 및 소요 면적이 적고 축열식 소각로와 달리 순간적으로 과량의 VOC 배출 시에도 안정적인 운전 가능하여, 연료 소모량이 많은 단점에도 불구하고 최근에 저장시설 등에서 발생하는 고농도 VOCs 가스 처리설비로 많이 채택하고 있다.

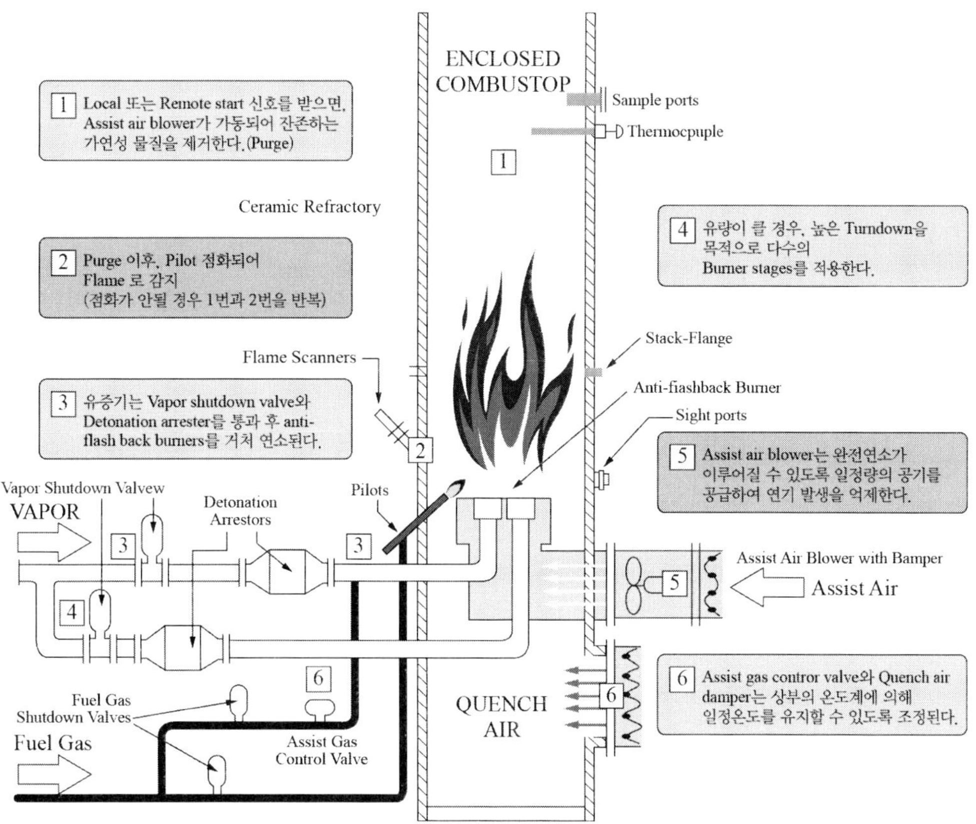

그림 7.9 VCU 구조 및 작동원리

유증기 연소장치로 유입되는 폐가스의 열량이 270 BTU/SCF(2,400 kcal/Nm^3) 이상이 되어야 안정적인 화염(Flame)과 연소효율을 98% 이상 유지할 수 있으므로 유입 가스의 열량이 부족할 경우 폐가스에 추가로 연료용 가스를 공급하여야 하므로 축열식 소각로 대비 연료 소모량이 많으며, 이에 따라 CO_2, NOx 등의 2차 대기오염물질 배출량이 많은 단점이 있다.

최근에는 이런 단점들을 보완하기 위해 공기 / 가스 예혼합(Air / Gas Premix) 방식의 유증기 연소장치가 개발되어 연료사용량 및 대기오염물질 발생 최소화를 도모하고 있다. 또한 유증기 연소장치와 축열식 소각로의 운전상 차이점은 축열식 소각로의 경우 희박한 농도의 폐가스를 처리하기 위헤 축열재를 사용하고 있으므로 배출원에서의 배출여부와 관계없이 상시 가동하여야 하나, 유증기 연소장치의 경우 탱크의 통기 밸브(Breather Valve) 동작 시와 같이 설정압력 이상 시에 간헐적으로 배출되는 경우에 따라 가변적으로 운전되는 것이 큰 차이점이다.

표 7.4 RTO와 VCU 적용 및 차이점

항목	RTO(축열식 소각장치)	VCU(유증기 연소장치)
VOC 처리범위(ppm)	500~3000	10,000~500,000
유량범위(Nm^3/hr)	5,000~100,000	100~10,000
처리효율(%)	95~98+	98~99.99+
투자비	높음	낮음
운전비(연료)	중간	높음
운전방식	상시 가동 (처리유량의 변동범위 적음)	가변 가동(On / Off 운전) (폐가스 배출이 없을 경우 자동 가동중지)
가스포집방식	LEL 25% 이하로 희석포집 (희석공기 필요)	희석공기 불필요
	Feed : VOC Laden Air (산소농도제어 불가 - HC농도제어)	Feed : VOCs(HC)-Fuel (HC농도제어불가 - 산소농도제어)
비고	저농도 / 대풍량 적합	고농도 / 저풍량 적합

2) 안전설계 고려사항

유증기 연소장치도 가연성 폐가스를 연소하는 장치로써 축열식 소각로와 유사한 위험성을 내포하고 있다. 특히 VOCs 가스를 버너를 통해 연소하게 되므로 역화에 의한 사고방지 대책이 필요하며, VOCs 도입배관 내 부식물질(Rust) 등의 이물질이나 송풍기에 의한 마찰 등으로 인해 발화될 위험성이 존재하므로 이에 대한 안전대책 수립이 필요하며, 유증기 연소장치에 적용하는 주요 안전시스템은 다음 표와 같다.

표 7.5 VCU에서 요구되는 안전장치

장치	기능설정
Precess Gas Velocity Meter	• 역화(Flame Back)을 방지할 수 있도록 Flame Back Velocity 보다 Process Gas Velocity가 항상 높게 유지되도록 설정하고, Process Velocity가 낮을 경우 VCU를 가동 정지하도록 연동장치(Interlock) 구성
	• 가스상에서는 정전기 발생은 없으나 가스가 응축되면 배관 내 유속이 빨라질 경우 정전기 발생 우려가 있으므로 배관 설계 시 아래와 같이 유속을 제한함 - 송풍기 전단 : 10 m / sec 이하 - 송풍기 후간 : 15 m / sec 이하
O_2 Analyzer	• 폐가스 연소에 필요한 이론적 산소량 이하로 유지될 수 있도록 폐가스 배관상에 산소 분석기를 설치하고, 설정치 이상이 될 경우 VCU를 가동 정지하도록 연동장치 구성
폭굉방지기 (Detonation Arrester)	• 폭발 충격파가 음속보다 빠른 속도로 이동하는 폭발압력을 해소하기 위해 폭굉방지기를 공정 가스 배관 및 연료공급배관에 설치
Detonation Arrester 전·후단 Thermocouple 설치	• 폭굉방지기 전·후단에 온도계를 설치하여 온도차가 설정치 이상으로 증가할 경우 VCU를 가동 정지하도록 연동장치를 구성
Anti-Flashback Burner	• VCU에 적용하는 모든 배관은 역화방지용 버너(Burner)를 적용하여야 함
화염검출기(Flame Scanner)	• 각 Pilot Burner 상단에 화염검출기(Flame Scanner)를 설치하여 화염 소멸시 VCU 가동 정지하도록 연동장치를 구성
Combustion Zone Temperature	• 연소 영역(Combustion Zone)의 온도가 설계기준 이상 또는 이하일 경우 VCU를 가동중지 하도록 연동장치 구성
Stack Temperature	• 스택 온도가 설정기준 이상 시 냉각용(퍼지용) 공기가 공급될 수 있도록 구성하고, 설계기준을 초과할 경우 VCU를 가동 중지하도록 연동장치 구성
Purge System	• VCU는 배출시설에서 폐가스 배출 유무에 따라 가변적 운전이 되므로 가동정지 후 재가동 전에 연소실 내에 체류하고 있는 가스를 퍼지(Purge)한 후 재가동 절차가 진행될 수 있도록 시퀀스(Sequence)를 구성하여야 함
접지 Syatem	• 폐가스배관 상 정전기 해소를 위해 접지장치 설치하여야 함

2.3 유증기 회수장치(Vapor Recovery Unit, VRU)

1) 기술개요

활성탄, 알루미나, 실리카겔, 제올라이트, 분자체(Molecular Sieve) 등의 다공성 고체표면에 VOCs 부착되는 성질(Van dar Waals Force)를 이용하여 흡착시킨 후 스팀, 뜨거운 공기, 진공 등의 방법으로 탈착하여 용제 등을 이용하여 흡수 및 회수하는 장치이다.

유기용제 회수가 필요한 곳, 처리하고자 하는 가스농도 범위가 넓은 곳, 유기물의 끓는점이 낮고 비극성 물질인 경우, 가스의 습도가 낮고 40℃ 이하의 가스, 흡탈착 시 폴리머가 형성되는 물질 등의 회수에 적합하다.

또한 소각방식이 아니어서 연료가 불필요가 하며 연소 시 생성되는 CO_2, NOx, SO_2 등의 대기오염물질이 생성되지 않는 것이 가장 큰 장점으로 친환경적인 공법으로 인정되고 있다. 그러나 저분자 물질이거나(활성탄일 경우 45 g / gmol), 습도가 높거나 온도가 높은 가스의 경우 흡착률이 낮아 흡착 후 배출되는 처리가스가 환경규제기준을 초과할 가능성이 있어 처리가스를 재처리하기 의한 설비가 추가로 필요한 경우가 있다. 석유 및 석유화학제품의 육상출하 또는 선박출하 시 발생하는 유증기회수 장치로 널리 사용되고 있다.

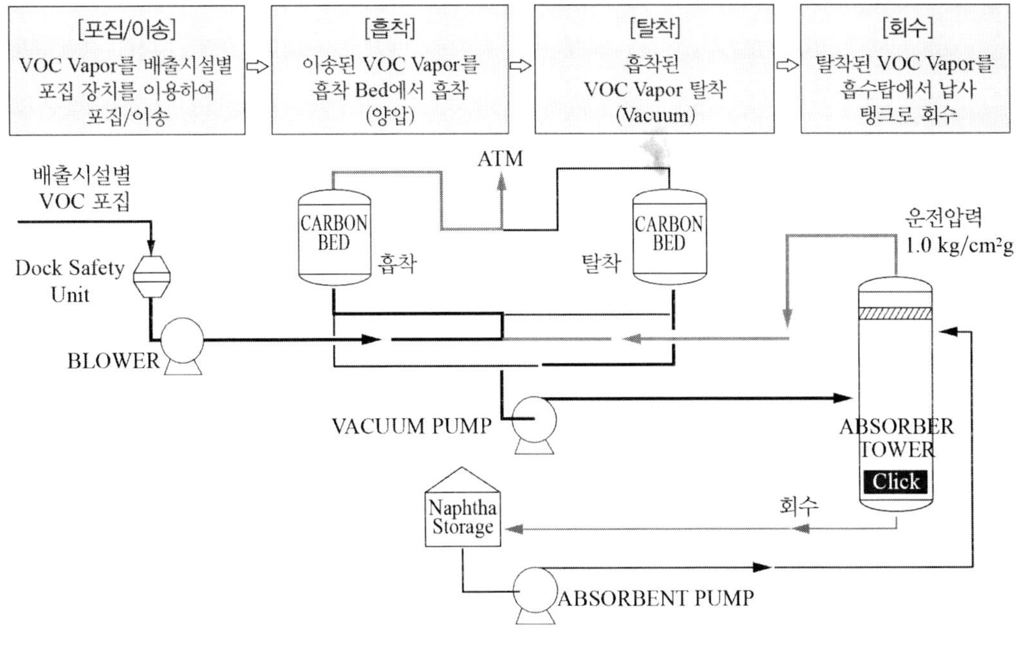

그림 7.10 유증기 회수장치 구성도

2) 안전설계 고려사항

유증기 회수장치(VRU)는 흡착 및 재생과정에서 화학반응이 발생할 수 있으며 고농도가스 흡착 시 흡착열로 인한 화재발생위험이 있고, 케톤류의 가스가 존재할 경우 케톤류의 과산화염이 생성되어 저온에서 자연발화 위험이 존재한다.

일반적으로 사용되는 활성탄을 이용한 흡착방식의 경우 휘발성유기화합물(VOC)은 탄소의 활성영역에서 흡착이 이루어지며 흡착이 일어날 때는 열이 서서히 발생한다. 열은 흡착물질이 공기에 의해 산화되거나 탄소와 반응할 때도 발생된다.

일반적으로 초기의 열발생률은 거의 대부분의 용매에서 느리게 진행되나 열 발생이 전도와 대류를 통한 열손실을 초과할 경우 국소과열점이 생성될 수 있다.

또한 탄소는 매우 양호한 열절연체로 흡착탑의 열손실은 단열조건에 근접할 만큼 충분히 낮출 수 있기 때문에 흡착탑에 국소과열점이 생성되면 온도는 급격히 상승하게 되며 공기의 순환이 적당하고 열 방출 조치가 빠르게 취해지지 않으면 화재로 진행될 가능성이 크다. 전형적인 사고요인은 다음과 같다.

① 흡착탑 포집 증기 포화로 인한 국소 과열점 형성
② 활성탄소 등급의 변화, 낮은 열적 안정도를 가진 탄소 사용
③ 흡착탑에 공기가 유입되어 국소과열점에서 화재로 진행
④ 연결된 설비로의 화염 전파, 연쇄화재 / 폭발 초래

유증기 회수장치도 고농도의 가연성가스를 포집하여 처리하는 설비이므로 다양한 위험성으로 내포하고 있으며, 우리나라에서는“선박에서의 오염방지에 관한 규칙”의 “별표 26. 유증기 배출제어장치의 안전기준”에 대해 구체적으로 기술하고 있으며 유증기 회수장치에 적용하는 안전시스템은 이를 준용하여 설계하고 있다.

3 대기 설비의 사고요인과 안전대책

3.1 개요

대기관리를 위해 도입된 환경설비에서 다양한 원인에 의해 끊임없이 사고가 반복되고 있는 실정이며 특히 저장시설(탱크)에 대한 배출규제가 강화되면서 위험물을 취급, 저장하는 시설에서 배출되는 유증기 처리를 위해 유증기 소각장치, 유증기 회수장치 등 환경설비를 설치하여 다양한 배출원은 서로 연결하여 처리하고 있어 탱크 등 배출원에서 화재, 폭발이 발생하거나, 환경설비에서 화재, 폭발이 발생할 경우 연쇄사고가 발생할 위험성이 증가하고 있어 환경설비에 대한 안전관리가 매우 중요하다.

3.2 환경설비의 사고요인 및 안전관리 대책

1) 환경설비에 연결된 공정설비에 대한 이해도 부족

대기환경 규제에 따라 오염물질처리 방안 검토 시 환경설비에 연결될 설비의 오염물질의 배출특성 및 변화에 대한 규명이 미흡하여 부적절한 환경설비를 선택하거나 공정의 다양한 운전변화를 고려하지 못해 환경설비의 용량을 초과하거나 비정상 운전 시에 대비한 안전장치를 마련하지 못하여 사고로 귀결되므로 설계단계에서의 철저한 위험성평가를 통해 발생 가능한 위험요인에 대한 대책을 설계 또는 운전 절차에 반영하는 것이 필요하다.

2) 환경설비 특성에 대한 이해도 부족

환경설비는 휘발성 유기화합물 또는 대기유해물질 등 가연성, 유해성 가스를 처리하기 위한 목적이므로 화재, 폭발, 누출 위험이 잠재하고 있다는 것을 인식하고 있어야 하며 환경설비의 운전특성을 충분히 이해하고 비정상 운전상태를 감지하고 조치할 수 있는 역량을 갖추는 것이 필요하며 운전절차 위험성평가를 통해 명확하고 안전한 운전절차를 마련하고 반복적인 교육훈련을 수행하는 것이 필요하다.

그림 7.11 여수 소재 ○○산업 사고 직후 화재 사진

3) 환경설비 설계 표준 지침

환경설비 검토 시 우선되어야 하는 항목이 오염물질 배출농도, 배출량을 산정하는 것이다.

대기오염물질 배출설비가 취급하는 유체, 내·외부 온도, 유입·유출량 변화, 배출설비 형식에 따라 대기오염물질 배출량과 농도 등을 정량화하여 대기확산 모델링(Modeling), 환경설비 설계의 기초자료가 되기 때문이다.

저장시설에 대한 VOC 배출량은 API 2523(Petroleum Evaporation Loss from Storage Tank) 또는 EPA의 AP-42(Emission Factor Documentation for Organic Liquid Storage Tank) 코드를 준용하여 산정하고 있으나 계산 코드의 개발 배경이 연간 환경오염물질 배출량을 산정하기 위해 개발된 계산식이나 환경설비의 설계자료로 활용은 비추천하고 있으며 그 이유는 환경설비는 순간적/단기간 배출량 산정이 필요하나 위의 산정 코드는 연간 배출량을 산정하는 방식이기 때문에 실제 환경설비로 유입되는 배출량과의 차이가 큰 실정이다.

배출풍량 역시 API Standard 2000(Venting Atmospheric and Low-Pressure Storage Tanks)

에 따른 저장시설의 Out Breathing Capacity 산정방식 준용하고 있으나 이는 저장시설의 보호를 위해 갖추어야 할 통기 용량을 계산하는 방식이므로 실제 배출 풍량보다 과다 계산되므로 국내 엔지니어링사는 유체이동량(liquid Move) + 열팽창 배출량(Thermal Out breathing) × 20%를 적용하고 있으며, 글로벌 설계사인 Flour Daniel은 유체이동량(liquid Move) + 열팽창 배출량(Thermal Out breathing) × 10% 내외를 적용하는 등 설계사마다 서로 다른 경험식을 이용하고 있다.

이와 같이 환경설비 설계기초 자료가 되는 오염물질 배출량, 배출 풍량에 대한 공학적 산정방식이 정립되어 있지 않아 환경설비 업체의 경험을 바탕으로 설계가 진행되어 오염물질의 과다/과소 유입으로 인한 환경설비의 비정상 운전을 초래하고 사고로 이어지는 경우가 발생한다. 따라서, 환경설비의 안전성 확보를 위해 검증된 엔지니어링사 또는 글로벌 설계사를 활용하여 설계 또는 검토하는 것이 요구된다.

4) 환경설비의 안전설계

축열식 소각로, 유증기 연소장치와 같이 VOC 및 대기유해가스를 연소시켜 처리하는 환경설비에 대한 안전설계지침은 KOSHA GUIDE P-66-2012) - "연소소각법에 의한 휘발성유기화합물(VOC)처리설비의 기술지침"을 준용하고 있으며, VRU와 같은 유증기 회수장치는 선박에서의 오염방지에 관한 규칙 [별표26] "유증기 배출제어장치의 안전기준"을 준수하고 있다.

이와 같은 안전설계 기준은 환경설비에서 발생할 수 있는 모든 안전사고에 대한 대비책은 아니며 화재, 폭발 등 중대사고를 예방하기 위한 최소한의 안전설계 지침이나 환경업체의 역량 부족 또는 투자비용 절감을 위해 누락시키는 경우가 있어 사고로 이어지는 경우가 있다.

따라서 환경설비에 대한 안전설계 지침은 반드시 준수해야 하며 추가로 다양한 공정의 특성을 반영하고 위험성평가 기법을 바탕으로 시설적, 절차적, 관리적 안전대책을 수립하는 것이 필요하다.

5) 환경설비 검토 시 고려 항목

대기관리에 따른 환경설비 검토 시 비정상 운전방지 및 사고방지를 위해서는 아래 나열된 최소한의 항목에 대해 충분한 검증이 필요하다.

연습문제

01. 질소산화물 저감을 위한 기술을 간략히 설명하시오.

02. 휘발성유기화합물(VOC) 처리기술의 종류를 들고 처리방법을 간략히 설명하시오.

03. 축열식소각로(RTO)와 안전설계 고려사항을 간략히 설명하시오.

04. 축열식소각로(RTO)와 유증기 연소장치(VCU)를 비교 설명하시오.

05. 화학산업의 대기설비의 사고요인과 안전관리 대책에 대해 기술하시오.

① 오염물질 배출 특성(연속 또는 비산배출)
② 배출가스의 조성 및 농도
③ 배출가스의 특성(반응성, 폭발 범위, 응축성, 용해성, 흡착성 등)
④ 배출가스 내 수분 및 먼지 함유량
⑤ 배출량(최대 / 평균 / 최소 유량 등), 온도, 압력, 습도
⑥ 환경설비에 연결될 산재된 각 오염배출원의 형태(점, 면, 공정, 비제조공정 등) 및 포집 방법
⑦ 연료 등 동력원 종류 및 공급 가능성
⑧ 향후 배출원 변동 가능성, 환경시설 확장 가능성
⑨ 환경설비의 리스크 평가

CHAPTER

08

대기환경 사업장 미세먼지 관리 방안

학습목표

1. 대기배출사업장의 미세먼지 관리 방안을 논의한다.
2. 국내외 대기배출사업장 관리를 설명한다.
3. 미세먼지 배출현황을 알아보고 저감기술을 이해한다.
4. 미세먼지 배출 저감을 위한 관리방안을 설명한다.

1 대기배출사업장 미세먼지 관리 개요

1.1 미세먼지란

공기 중의 미세먼지(fine particle)는 연소 및 생산 공정 과정에서 직접 배출되거나 다른 가스상 대기오염물질에 의해서 2차로 생성되기도 한다. 특히 공기역학직경이 2.5 μm 이하의 작은 입자상물질인 초미세먼지(PM_{10})는 악성 천식, 호흡기 질환, 만성 기관지염, 폐 기능 손상, 심장과 폐 관련 질환환자의 조기사망 등의 인체 위해성이 매우 높으며, 시정(visual range)을 악화시키는 원인물질로 인식되어 왔다.

미국 등 환경 선진국에서는 $PM_{2.5}$에 대한 대기환경기준을 설정하고 이를 달성하고 유지하기 위해 여러 가지 정책들을 시행하고 있으며, 국내의 경우도 2015년부터 $PM_{2.5}$ 대기환경기준을 적용하고 있다.

표 8.1 PM_{10}과 $PM_{2.5}$ 대기환경기준(환경정책기본법 시행령 제2조 별표)

항목	시간	농도($\mu g/m^3$)
미세먼지 (PM_{10})	24시간 평균*	100
	연간 평균	50
미세먼지 ($PM_{2.5}$)	24시간 평균	35
	연간 평균	15

*24시간 평균치는 99백분위 수의 값이 그 기준을 초과해서는 안 됨

우리나라의 미세먼지(PM_{10}) 오염도는 2000년대 이후 지속적으로 개선되는 추세였으나, 2013년부터 악화 또는 정체되고 있는 상태이고, 초미세먼지 농도는 세계보건기구(WHO) 권고기준(10 $\mu g/m^3$), 선진 주요 도시(도쿄 13.8, 런던 11 $\mu g/m^3$, 2015년) 대비 2배 이상 높은 상태이다. 2020년 국내 초미세먼지 평균 농도는 19 $\mu g/m^3$로 2019년 23 $\mu g/m^3$에 비해 17.4%가 감소하여 2015년 관측 이래 가장 낮은 농도로 나타났다. 초미세먼지 농도가 개선된 이유로는 코로나19 영향, 양호한 기상조건, 중국의 지속적인 미세먼지 개선 추세뿐만 아니라 겨울철 고농도 기간의 미세먼지 계절관리제 시행, 사업장 대기오염물질 배출허용기준강화 등 국내 미세먼지

정책도 하나의 요인으로 분석되고 있다.

초미세먼지 대기환경기준 달성을 위해서는 초미세먼지 배출원 관리, 대기 중에서 2차 생성을 억제하기 위한 SO_2, NOx와 같은 가스상 오염물질을 제어하는 등의 종합적인 초미세먼지 관리 방안이 요구되는 실정이다. 그러나 관리정책의 기초자료가 아직 부족한 상황이며, 특히 대기오염물질 배출사업장의 미세먼지(PM_{10}, $PM_{2.5}$)에 대한 배출 실태 및 특성 등의 현황 자료는 더욱 부족한 상황이다.

2 국내외 대기배출사업장 관리

2.1 대기배출사업장 관리

대기오염물질 배출사업장의 관리는 설치허가·설치신고 과정과 대기배출시설의 운영단계로 나누어져 있는데, 대기배출시설의 운영과정에서 지켜야 하는 내용으로는 배출허용기준의 준수, 대기오염물질의 측정, 배출부과금 납부, 환경기술인 고용 등이다. 이 중에서 가장 중요한 것이 "배출허용기준의 준수"이며, 이는 배출허용기준을 확인하기 위해 대기오염물질을 측정하고, 이를 근거로 부과금을 산정하며, 이를 위한 업무를 위하여 환경기술인을 고용해야 하기 때문이다.

우리나라는 전국에 적용하는 대기배출사업장 관리를 위한 「대기환경보전법」과 권역별 대기오염 총량규제 등이 포함된 「대기관리권역의 대기환경개선에 관한 특별법」 등이 있다. 또한 「환경정책기본법」에서도 특별대책지역에 대한 것을 규정하고 있다.

미국의 경우는 "대기청정법(Clean Air Act Amendment, CAAA)"을 근간으로 연방법령, 지역적 규제 등 매우 복잡한 법령체계를 가지고 있으나, 대기오염물질 배출사업장에 대한 관리는 배출허용기준 방식과 총량규제의 방식을 함께 적용하고 있어 우리나라와 약간 유사하다.

EU의 경우 유럽의회(EC)의 지침(Directive)을 정하여 역내 국가에게 적용하도록 하는 법령체계이다. 역내 국가들은 EC 지침을 자국 법령에 적용하여 사업장 관리를 하고 있다. 독일의 경우 EC 지침 이외에도 다른 역내 국가에서 시행하지 않은 강력한 규제를 병행하여 시행하고 있는 것이 특징이다.

또한, 우리나라와 다른 나라의 대기오염물질 배출사업장의 배출규제 기준을 〈표 8.2〉에 비교하였다.

표 8.2 국내·외 대기오염물질 배출사업장 배출규제의 비교

구 분	배출규제 기준		주요 내용
한국	전국 적용	대기환경보전법	• 대기오염물질 배출시설 설정 • 배출시설별, 용량별 대기오염물질별 배출허용기준 (가스상, 입자상물질) 설정
	대기관리권역 적용	대기관리권역의 대기환경개선에 관한 특별법	• 1~3종 대기오염물질배출시설 대상 총량규제 • PM, NOx, SOx 대상 배출허용총량 할당 삭감
미국	배출규제 및 시설기준	NSPS	• 신규시설 미국 전역 적용 최소기준(EPA)
		BACT	• NAAQS 달성지역 신규시설 최상기준(SIP)
		LAER	• NAAQS 미달성지역 엄격 기준(SIP)
		MACT	• 유해물질 주요오염원 상위 12%기준(EPA)
		GACT	• 유해물질 면오염원 적용 합리적 기술기준
		RACT	• 기존 시설 미국 전역 적용 합리적 기술기준
	총량규제	Acid Rain	• 발전시설 황산화물 Cap & Trade
		NOx Budget	• 동북부 대형시설 질소산화물 Cap & Trade
		RECLAIM 등	• 지역 AQMD 등 사업장 Cap & Trade
EU	배출규제 EC지침	국가 Ceiling	• 역내 국가별 배출한도 설정 지침 - 고정배출원의 배출량에 관한 지침 : 산업배출지침
		IPPC	• 배출원 통합오염 저감, BAT 적용 및 Reference Document 제시
	고정오염원지침	대형시설(4) 배출기준	• 대형연소시설 • 폐기물 소각시설 • VOCs • 연료 황함량 지침
독일	EC지침이행	배출한계치	-BAT 근거 허가신청시 최소 배출기준(BlmSchV, Ta-Luft에 설정)
	허가심사	환경영향심사	-대기 모델링 후 지역환경영향 심사, 이행 가능시 배출허용기준으로 지정

2.2 사업장 오염물질 관리

먼지 등 대기오염물질을 배출하는 배출시설에 대해서는 배출허용기준을 설정하여 관리하고 있다. 먼지의 배출허용기준은 총 먼지를 기준으로 하고 있으며, 〈표 8.3〉과 같이 21개의 배출시설로 구분하여 시설별로 최소 5 mg/m^{3}에서 최대 50 mg/m^{3}의 기준을 적용하고 있다. 일부 시설을 대상으로 총 먼지 중 초미세먼지 분율을 조사한 결과, 유연탄을 연료로 사용하는 발전시설의 경우 총 먼지에 대한 초미세먼지의 평균 분율은 66%, 생활폐기물 소각시설의 경우 초미세먼지의 평균 분율은 47%, 시멘트 소성시설의 경우 초미세먼지의 평균 분율은 65% 수준으로 나타나, 총 먼지 관리를 통한 초미세먼지 관리는 가능하다.

표 8.3 배출시설별 먼지 배출허용기준

배출시설 명	'20년 이전 기준(mg/Sm^3)	'20년 이후 기준(mg/Sm^3)
1) 일반보일러(액체, 고체연료)	10(4)~50(6)	10(4)~30(6)
2) 발전시설(액체, 고체, 가스연료)	10(6)~40(6)	5(6)~20(4)
3) 폐수, 폐기물, 폐가스 소각시설 및 동물화장시설	10(12)~40(12)	10(12)~25(12)
4) 1차 금속의 용융·용해·열처리시설	10~50	10~30
5) 화학비료 및 질소화합물 제조시설 중 소성시설, 건조시설	40(10)	25(10)
6) 코크스 제조시설 및 저장시설	20(7)~30(4)	15(7)~20(4)
7) 아스콘(아스팔트 포함)제조시설 중 가열·건조·선별·혼합시설	40(10)	25(10)
8) 석유정제품 제조시설, 기초유기화합물 제조시설	30(4), 50(12)	15(4)~30(12)
9) 석탄가스화 연료 제조시설	20(7)~40(8)	15(7)~25(8)
10) 유리 및 유리제품 제조시설의 용융·용해시설	50, 50(13)	30, 30(13)
11) 도자기·요업제품 제조시설 중 용융·용해시설, 소성시설 및 냉각시설	70(13)	50(13)
12) 시멘트·석회·플라스터 및 그 제품 제조시설	30(13), 30, 40	15(13), 20, 30
13) 그 밖의 비금속광물제품 제조시설의 석면 및 암면제품제조 가공시설	30, 50	20, 30
14) 도장시설(분무·분체·침지도장시설,)및 부속 건조시설	50	30
15) 반도체 및 기타 전자부품 제조시설 중 표면가공 및 처리시설	50	30
16) 연마·연삭시설, 고체입자상물질 포장·저장· 혼합시설 등	50	30
17) 선별시설 및 분쇄시설	50	30

배출시설 명	'20년 이전 기준(mg/Sm³)	'20년 이후 기준(mg/Sm³)
18) 고형연료제품 제조·사용시설 및 관련시설	20(12)~50(15)	10(12)~25(15)
19) 금속 표면처리시설	40	30
20) 화장로시설	20(12), 70(12)	15(12)~30(12)
21) 그 밖의 배출시설	50	30

※ ( )은 표준산소농도(O_2의 백분율)을 의미함

2.3 국내 대기배출사업장 현황

대기오염물질을 배출하는 사업장은 방지시설을 통과하기 전의 먼지, 질소산화물 및 황산화물의 발생량을 산정하여 〈표 8.4〉와 같이 1~5종으로 분류하고 있다.

표 8.4 사업장 분류기준

종별	오염물질 발생량 구분
1종 사업장	대기오염물질발생량의 합계가 연간 80톤 이상인 사업장
2종 사업장	대기오염물질발생량의 합계가 연간 20톤 이상 80톤 미만인 사업장
3종 사업장	대기오염물질발생량의 합계가 연간 10톤 이상 20톤 미만인 사업장
4종 사업장	대기오염물질발생량의 합계가 연간 2톤 이상 10톤 미만인 사업장
5종 사업장	대기오염물질발생량의 합계가 연간 2톤 미만인 사업장

국내 대기배출사업장은 2017년 기준으로 총 51,308개 사업장이 있다. 사업장 업종은 제조업이 전체 업종의 73%(37,575개)를 차지하고 있었으며, 제조업 중에서도 금속가공제품 제조업이 7,515개(20%)로 가장 큰 비중을 차지하고 있다. 배출시설은 557,399개이며, 이중 건조시설 48,857개(8.8%), 혼합시설 44,227개(7.9%), 저장시설 37,138개(6.7%), 도장시설 34,206개(6.1%) 순으로 나타났다. 방지시설은 167,514개이며, 방지시설 종류로는 먼지 제거를 위한 여과집진시설이 70,910개(42.2%)로 가장 많고, 흡착시설 39,896개(23.7%), 원심력집진시설 16,950개(10.1%), 흡수시설 13,778개(8.2%) 순으로 분포하고 있다. 배출구는 167,514개가 있으며, 이 중 굴뚝자동연속측정기기(TMS)를 이용하여 오염물질을 측정하고 있는 배출구는 1,624개이며, 측정대행업체 등을 통해 측정하는 배출구는 132,210개이다. 사업장의 배출시설

및 방지시설 현황은 〈표 8.5〉와 같다.

표 8.5 사업장 종 규모별 시설 현황

종별	사업장 수 (개)	배출시설 수 (개)	방지시설 수 (개)	배출구 수(개)			
				합계	TMS	자가측정	자가측정면제
1종	1,156 (2%)	92,100 (17%)	31,592 (17%)	30,535 (18%)	1,539 (1%)	21,900 (13%)	7,096 (4%)
2종	1,278 (2%)	50,614 (9%)	14,499 (8%)	15,388 (9%)	68 (0.04%)	12,391 (7%)	2,929 (2%)
3종	1,655 (3%)	40,334 (7%)	12,901 (7%)	13,329 (8%)	17 (0.01%)	10,617 (6%)	2,695 (2%)
4종	17,188 (33%)	188,401 (34%)	69,969 (37%)	55,680 (33%)	-	48,031 (29%)	7,649 (5%)
5종	30,033 (59%)	185,950 (33%)	62,215 (32%)	52,582 (31%)	-	39,271 (23%)	13,311 (8%)
합계	51,308 (100%)	557,399 (100%)	190,176 (100%)	167,514 (100%)	1,624 (1%)	132,210 (79%)	33,680 (20%)

3 미세먼지 배출현황

3.1 미세먼지 배출현황

최근 미세먼지 오염 심각성 및 위해성 관련 이슈가 사회적으로 크게 부각되면서, 주요 미세먼지(PM_{10}, $PM_{2.5}$) 배출원으로 석탄화력발전소, 제조업 연소 등 화석연료를 사용하는 대형고정배출원이 제기되고 있다. 하지만, 화력발전소를 포함한 대형고정배출원에서는 총먼지를 배출허용기준으로 정하여 관리하고 있다.

미세먼지는 배출구에서 직접 배출되는 1차 생성 미세먼지(primary particulate matter)와 대기 중에서 화학반응으로 생성되는 2차 생성 미세먼지(secondary particulate matter)로 구분할 수 있다. 고정오염원 배출구에서 배출되는 1차 생성 먼지(primary PM)는 여과지에 걸러지는 여과성 먼지(filterable particulate matter; FPM)와 응축성 먼지(condensable particulate matter; CPM)로 구분된다〈그림 8.1〉.

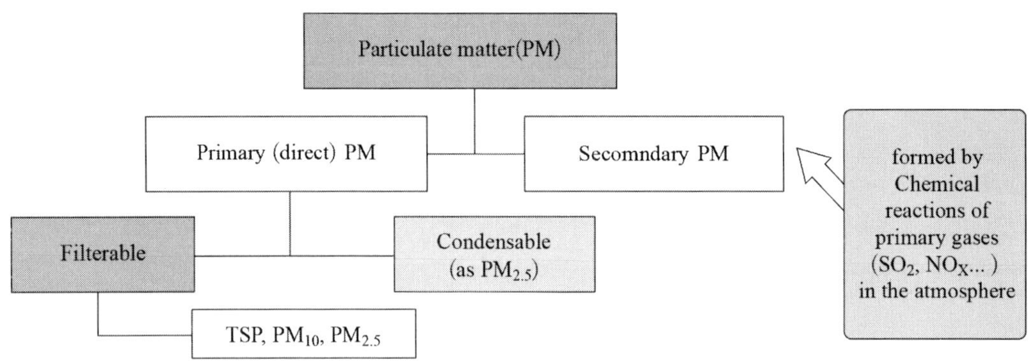

그림 8.1 대기배출시설에서 배출되는 미세먼지의 구성

2차 생성 먼지(secondary PM)는 1차 생성 미세먼지 외에 대기 중 화학반응에 의해 새롭게 생성되는 먼지이다. NH_3, SOx, NOx 등 전구 가스물질이 대기환경에서 대기화학반응을 통해 다양한 염(무기물)을 형성하여 입자가 생성하기도 하며, 휘발성유기화합물이 가스-입자 반응을 통해 입자를 생성하는 등 생성 경로가 매우 복잡하고 다양하다. 응축성 먼지(CPM)는 굴뚝에서 배출된 배출가스가 굴뚝 근처에서 수초 이내에 액체 혹은 고체입자로 응축되는 물질로서 가스의 냉각과정에서 균일(homogeneous) 또는 불균일(heterogeneous) 반응으로 생성되며, $PM_{2.5}$ 이하 입자로 간주된다.

대기오염물질을 저감하기 위해서는 배출량에 대한 정확한 정보가 필요하다. 국가대기오염물질 배출량은 대기정책지원시스템(Clean Air Policy Support System, CAPSS)를 통해 매년 제공하고 있다. CAPSS에서는 점·면·이동오염원 등에서 배출되는 CO, NOx, SOx, TSP, PM_{10}, $PM_{2.5}$, VOC, NH_3, BC의 배출량을 산정하고 있다.

2017년 기준 국내 미세먼지 배출량 현황은 표와 같다. 비산먼지, 생물성 연소를 포함한 2017년 PM_{10}은 218,476톤이며, $PM_{2.5}$ 배출량은 91,731톤이다. 배출원별 $PM_{2.5}$ 배출량은 제조업연소(28,501톤) > 비산먼지(17,690톤) > 비도로오염원(15,002톤) 등의 순이다. 대기배출시설들인 고정오염원(에너지 산업 연소, 제조업연소, 생산공정, 폐기물처리 등)에서 배출되는 미세먼지 배출량은 전체 PM_{10} 배출량 중 약 30.5%의 비율을 차지하고 있으며, $PM_{2.5}$ 배출량 중에서는 약 40.4%를 차지하고 있다. 비산먼지를 제외할 경우, 고정오염원에서 배출되는 미세먼지 배출량은 PM_{10} 중 약 61.5%, $PM_{2.5}$ 중 약 50.1%를 차지하고 있다.

표 8.6 국내 미세먼지 배출량 현황(2017년 CAPSS 기준)

배출원 대분류	2017년 배출량(톤/연)			$PM_{2.5}/PM_{10}$(%)
	TSP	PM_{10}	$PM_{2.5}$	
에너지산업 연소	4,109	3,829	3,162	82.6%
비산업 연소	1,572	1,374	935	68.0%
제조업 연소	95,815	55,872	28,501	51.0%
생산공정	12,096	6,759	5,186	76.7%
도로이동오염원	9,473	9,473	8,715	92.0%
비도로이동오염원	16,198	16,194	15,002	92.6%
폐기물처리	377	274	234	85.4%
기타 면오염원	679	431	388	90.0%
비산먼지	422,420	109,932	17,690	16.1%
생물성 연소	29,843	14,338	11,919	83.1%
합계	592,582	218,476	91,731	42.0%

자료 : 환경부 국가미세먼지정보센터(2020) 2017 국가 대기오염물질 배출량

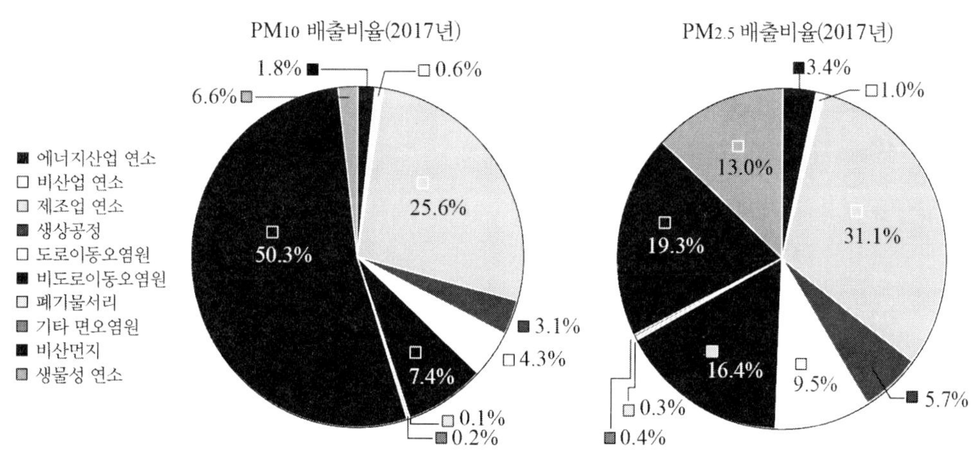

그림 8.2 2017년 배출원별(대분류) 미세먼지 배출비율 현황

미국 EPA에서는 현재 3년 주기로 국가대기오염물질 배출량 자료(NEI; National Emission Inventory)를 산정하여 발표하고 있다. 기준성 오염물질인 미세먼지(PM_{10}, $PM_{2.5}$)의 경우 여과

성 먼지(filterable PM, FPM)와 응축성 먼지(condensable PM, CPM)를 포함하는 1차 미세먼지(primary or direct PM) 배출량을 산정하여 공개하고 있다. 2017년 기준의 NEI Tier 1 배출원 분류의 미세먼지 배출량은 농업, 비산먼지, 생물성연소 등을 포함하는 기타 배출원(miscellaneous)을 포함할 경우 1차 PM_{10} 배출량은 약 17,064천 톤이며, 1차 $PM_{2.5}$ 배출량은 5,708천 톤이다. 기타 배출원을 제외할 경우, 1차 $PM_{2.5}$ 배출량은 연료연소-기타 배출원, 기타 산업공정, 폐기물 폐기 및 재활용 배출원에서의 배출량 기여가 높다.

표 8.7 미국(NEI) 2017년 미세먼지 배출량 현황

NEI Tier1 sources	Emissions(ton/yr)		Pri. $PM_{2.5}$ / PM_{10}(%)
	PM_{10}–PRI*	$PM_{2.5}$–PRI	
Fuel Comb. Elec. Util.	131,919	107,301	81.3%
Fuel Comb. Industrial	246,398	186,023	75.5%
Fuel Comb. Other	369,812	364,374	98.5%
Chemical & Allied Product Mfg	19,358	14,554	75.2%
Metals Processing	50,831	34,980	68.8%
Petroleum & Related Industries	27,470	22,765	82.9%
Other Industrial Processes	766,710	297,251	38.8%
Solvent Utilization	4,568	4,169	91.3%
Storage & Transport	35,793	13,468	37.6%
Waste Disposal & Recycling	227,136	202,771	89.3%
Highway Vehicles	239,589	114,070	47.6%
Off-Highway	168,031	157,807	93.9%
Miscellaneous**	14,776,624	4,188,614	28.3%
Total	17,064,240	5,708,146	33.5%

* PRI : Primary(direct) PM emissions = filterable(여과성) PM + condensable(응축성) PM

** Miscellaneous : agriculture & forestry, other combution(fires), paved / unpaved dust, construction dust, etc.

자료 : https://www.epa.gov/air-emissions-inventories/2017-national-emissions-inventory-nei-data

4 미세먼지 저감기술

4.1 집진기술

대기오염물질을 발생원에서부터 제어하는 방법으로는 연료를 전환하거나 공정을 대체하고, 에너지 효율개선, 1차 저감방안(원료물질 취급 개선, 비산먼지 저감, 연소기술 최적화 등) 등이 있다. 또한 이미 발생된 오염물질이 굴뚝을 통하여 대기 중으로 배출되기 전에 분리, 수집하여 효과적인 먼지 저감을 위해 배출원 특성에 맞게 방지기술들을 조합하여 적용하는 것이 중요하다.

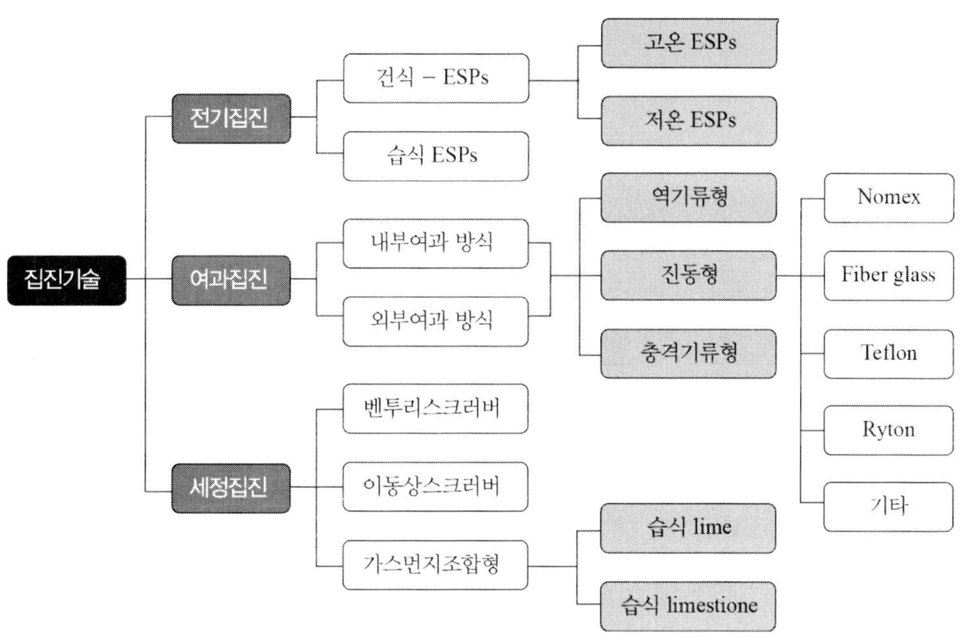

그림 8.3 집진시설 종류

전기집진기(Electrostatic Precipitator; ESP)는 두 개의 전극에 직류 고전압을 가하여 코로나 방전을 일으켜 배출가스 중의 먼지를 하전시키고, 두 전극 사이에 형성된 전기장 내에서 하전된 먼지가 집진극으로 이동하고, 포집 되고 난 후에 집진극에 쌓인 먼지를 털어내는 방식이다. 최적화된 설계 및 운영조건일 경우에 구형 전기집진기의 경우는 90~99.9%의 제거효율을 나타내며 신형 전기집진기는 99~99.99%까지의 제거효율을 나타낸다.

전기집진기에 의해 제거되는 최소 입경은 1 μm 이하이며, 먼지 크기별 제거효율은 0.1~1.0 μm 크기 범위의 입자들은 다른 크기의 입자에 비해 상대적으로 제거효율이 낮은 편이다. 전기집진기의 집진효율은 집진장치 크기, 먼지의 전기비저항, 화학조성, 입경분포, 온도, 습도 등에 영향을 받는다. 집진판에 부착된 먼지는 추타(Rapping) 또는 습식(Washing)으로 털어내는데, 포집한 먼지취급의 용이성 때문에 일반적으로는 건식을 많이 사용하나 극히 낮거나 높은 비저항을 가진 먼지는 건식 전기집진기로 제거하기 어려워서 부착성 먼지, 미스트(Mist), 폭발성 먼지뿐만 아니라 높은 비저항을 가진 먼지는 습식으로 처리하며 이 방법이 건식보다 좀 더 작은 먼지들에 대해 집진효율이 높은 편이다.

여과집진기(Baghouse, Bag Filter; BF)는 나란히 설치된 여러 개의 여과포(Filter-bag)에 먼지가 포함된 배기가스를 통과시켜 집진하는 방식이다. 먼지는 여과포에 쌓여 먼지층을 이루고 이 층에서 또 다른 먼지가 제거되며, 여과포의 표면에 포집 된 먼지는 주기적으로 털어내야 한다. 털어내는 방법에 따라 충격분출식, 진동식, 역기류식으로 구분하는데, 충격분출식에 사용하는 여과재는 부직포 형식이고 진동식과 역기류식은 직포 여과재를 사용한다. 또한, 여과포는 주로 섬유재질로 제작하기 때문에 고온과 산성가스에 취약하다. 최근 들어 섬유재료 및 코팅방법의 기술개발에 따라 고온과 마찰, 산성가스에 잘 견디는 여과포들이 개발되었다. 먼지 제거효율은 여과속도, 입자 및 여과재 특성, 적용된 탈진 메커니즘 등에 의존한다.

습식세정기(Wet-scrubber)는 액체(일반적으로 물)와 오염물질의 직접적인 접촉에 의해 오염물질을 제거하는 장치이며, 주로 SOx, HCl과 같은 흡습성 가스를 제거하는 데 이용되며, 효율은 상대적으로 낮으나 먼지도 제거도 가능한 장치이다. 특히, 폭발성·인화성 먼지를 제거하는 데 주로 사용하며, 폐수처리공정이 필수적이다. 일반적으로 습식세정기는 기-액비(gas-liquid ratio), 압력손실 등이 설계 및 운전 시 고려해야 할 주요 인자이며, 일반적으로 많이 사용하는 습식세정기는 충진층식(packed-bed)이며, 이것은 먼지보다 가스를 처리하는 데 주로 사용한다. 또한 벤투리형 세정집진기는 1 μm 정도의 작은 먼지에 대해서도 98% 이상 제거하는 고효율의 집진장치로 압력손실이 다른 장치들에 비해 큰 고에너지형 세정집진기이다.

4.2 첨단장비를 활용한 대기배출사업장 감시

대기배출사업장 불법 배출 등을 감시하기 위해 최근에는 드론 및 이동측정차량 등의 첨단장비를 동원하여 불법 배출을 집중적으로 감시하고 있다. 이전에 배출사업장의 감시를 위해서는 직접 사업장 내에 들어가서 굴뚝 시료를 채취한 후 실험실로 가져와 분석을 하여 농도 값을 산출한다. 그러나 이러한 방식은 암행감시가 어려웠으며 시료 분석에 시간이 오래 걸리는 단점이 있다.

드론 및 이동측정차량은 배출원 관리를 좀 더 과학화 및 첨단화시키기 위해 도입한 장비로 감시역량을 강화하고 촘촘한 감시를 통해 불법 행위를 원천 차단하며 배출규제의 실효성을 확보할 수 있다. 이동측정차량은 미세먼지 2차 생성의 전구물질인 VOCs(휘발성유기화합물)를 실시간으로 측정하는 장비와 기상 장비를 탑재하고 있으며, 드론은 미세먼지(PM_{10}) 및 초미세먼지($PM_{2.5}$)와 일반대기오염물질(CO, NOx, SO_2) 측정이 가능한 모듈을 장착하고 있다. 평소에는 관내 산업단지 및 중점관리대상 사업장을 위주로 주기적인 측정을 한다. 이동측정차량을 이용하여 배경농도를 측정하고 고농도 의심 사업장을 스크리닝한 후 드론을 이용해 배출원을 식별해 내 배출 의심 사업장을 선정한다. 고농도 의심 사업장으로 선정되면 환경감시단 등을 이용하여 사업장의 배출 및 방지시설에 대한 공정 등을 점검하고 법적 배출허용기준을 초과한 사업장을 감시한다.

연습문제

01. 미세먼지에 대해 간략히 설명하시오.

02. 대기배출사업장의 분류기준에 대해 설명하시오.

03. 미세머지 저감 기술 중 집진기술에 대해 설명하시오.

CHAPTER

09

정량적 위험성평가 사례

학습목표

1. 위험성평가 방법과 기준을 이해한다.
2. 위험성평가 프로그램에 대해 학습한다.

1 위험성평가 분석

1.1 위험성평가 개요

위험성평가(Risk Assessment)란 사고가 발생할 빈도와 사고 발생 시 피해 규모를 조합하여 위험(Risk)을 평가하는 방법을 뜻한다. 국내에서는 화학물질을 취급하는 취급시설에서 장외위험평가 등을 수행하나 위험에 대한 값을 정량적 혹은 정성적으로 평가하지는 않는다. 그러나 해외에서는 조선이나 플랜트 등 다양한 분야에서 위험성 평가를 필수적으로 수행하고 있으며 정량적 위험성평가(Quantitative Risk Assessment, QRA)는 위험시설에 대한 토지이용 계획과 위험도 감소대책 그리고 안전거리를 결정하는데 수치적으로 계산된 위험도를 기반으로 결정 내릴 수 있도록 하는 도구이다. 추가적으로 이 방법은 정상적인 생산 활동 중에 예기치 않게 발생되는 사고의 비상대응조치와 환경허가 기준을 평가하는 데도 활용할 수 있다.

QRA에서 고려해야 할 주요 위험요소는 다음 3가지 형태로 구분된다.

① 1차 대상군(First Party) : 작업장에서의 위험도

② 2차 대상군(Second Party) : 에너지 시설 사용 고객

③ 3차 대상군(Third Party) : 에너지 주변의 거주자 / 이동자 / 작업자

위험도는 사고에 의해 누출될 수 있는 사람을 기준으로 표현되는데 크게 위험지수(Risk Index)와 개인위험(Individual Risk) 그리고 사회적 위험(Societal Risk) 형태로 구분할 수 있다. 위험지수는 단순한 표시를 산출하는 하나의 숫자 또는 도표이며, 개인적 위험은 사고의 영향권 내에 있는 개인의 위험성을 고려하고 사회적 위험에서는 사고의 영향권 내에 있는 인구에 미치는 위험성을 고려한다. 위험도 표현 방법을 상세하게 구분하면 아래와 같이 12가지로 구분이 가능하다.

① 위험지수(Risk Indices)

- Fatal Accident Rate
- Individual Hazard Index
- Average Rate of Death
- Mortality Index or Number
- Equivalent Social Cost Index or Loss Index

② 개인적 위험성(Individual Risk)

- Individual Risk Contour
- Individual Risk Profile
- Maximum Individual Risk
- Average Individual Risk(Based on Exposed Population)
- Average Individual Risk(Based on Total Population)

③ 사회적 위험성(Societal Risk)

- Societal Risk Curve(F-N Curve)
- Average Societal Risk

2 위험성 평가 방법과 기준

EIHP 2(European Integrated Hydrogen Project Phase 2)는 이러한 각각의 유형에 대해 개인적 위험(IR, individual risk)과 사회적 위험(SR, societal risk)로 구분하여 위험도의 기준을 제시한다. 개인적 위험은 일반적으로 수소 에너지시설 주변의 위험도 등고선(contour)으로 표시되어 지리적 위험(Geographical risk)이라고도 하며 사회적 위험은 사고(F-N 곡선)의 결과로 인해 한 번에 여러 사망자(N)가 발생하는 확률(F)을 나타낸다. EIHP 2(European Integrated Hydrogen Project Phase 2)에서 제시하는 위험도평가 프로세스는 다음과 같다.

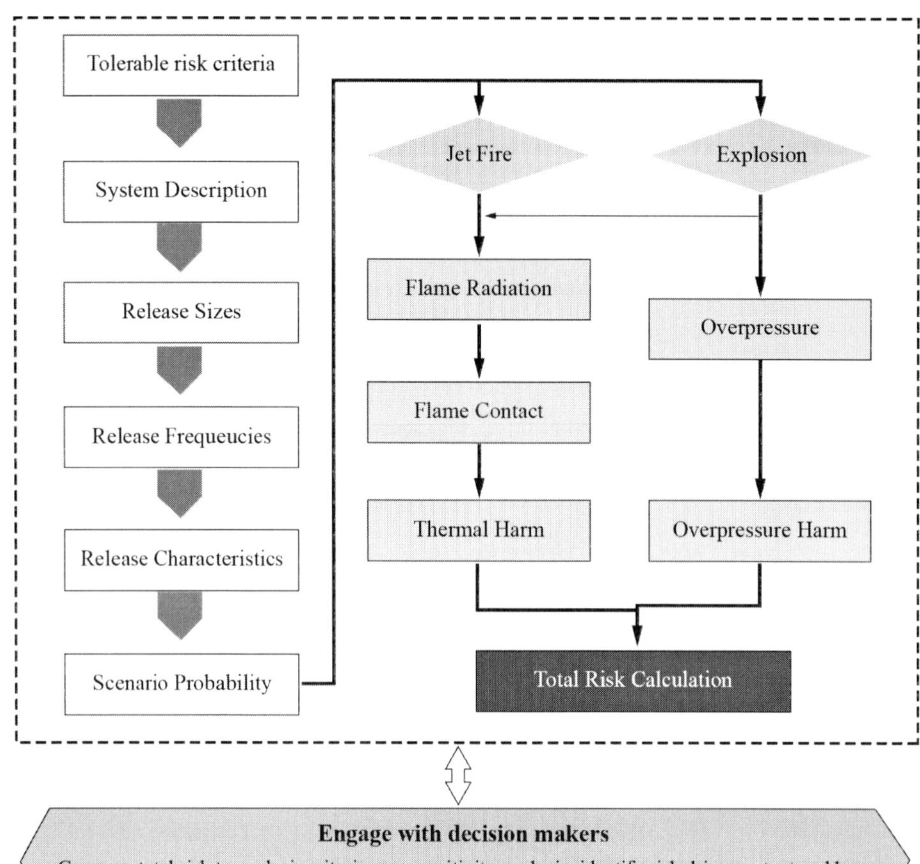

그림 9.1 수소 정량적 위험성평가(QRA) 알고리즘

개인적 위험은 위험원 근처에 있는 사람에 대한 위험성으로 사건 빈도 또는 중상의 빈도로 표현되고 각 개인이 사고로부터 갖게 되는 개인적 위험의 합으로 총 개인적 위험을 구한다.

사회적 위험은 사고로 인해 피해를 입을 수 있는 사람의 수로 위험시설의 위치와 관련된 리스크 표현방법으로 F-N 곡선(누적된 빈도와 사망자 수)으로 나타내며 여기서 강도는 사망자 수를 말하며 사회적 위험을 나타내는 F-N 곡선은 각 시나리오별로 계산된 위험도가 F-N 곡선에 제시된 기준 안에 들어오게 되면 허용 가능한 위험에 해당됨을 나타낸다.

사회적 위험의 계산을 위해서는 기후조건과 풍향 그리고 누출원의 종류 등에 따른 세분화된 계산이 필요하다. 현실적으로는 실제 조건에 가장 근접한 값을 갖는 대표적인 기후조건, 풍향 그리고 인구 형태를 이용한다. 따라서, 피해 지역 내 모든 지점 x, y에서 Pf,i(피해구역 내에서의 사망 확률)는 일정하며, 피해 지역 외에서는 "0"이라고 가정하면 사고결과 변수 i 로부터 발생된 사망자 수는 식(1)과 같이 표현된다.

$$Ni = PiPf,i \quad \text{①}$$

여기서, Ni : 사고 결과 조건 i에 의해 발생된 사망자 수

Pi : 사고 결과 조건 i에 의해 영향을 받는 지역 내 총 사람 수

Pf,i : 사고 결과 조건 i에 의해 영향을 받는 지역 내에서 사망할 확률

$$FN = \sum Fi \ \ Ni \geq N\text{인 경우의 모든 사고결과변수 i} \quad (2)$$

여기서, FN : N 또는 그 이상의 사람에게 영향을 미치는 모든 사고결과변수의 빈도

Fi : 사고결과변수 i의 빈도

Pf,i : 사고결과변수 i의 영향을 받는 사람 수

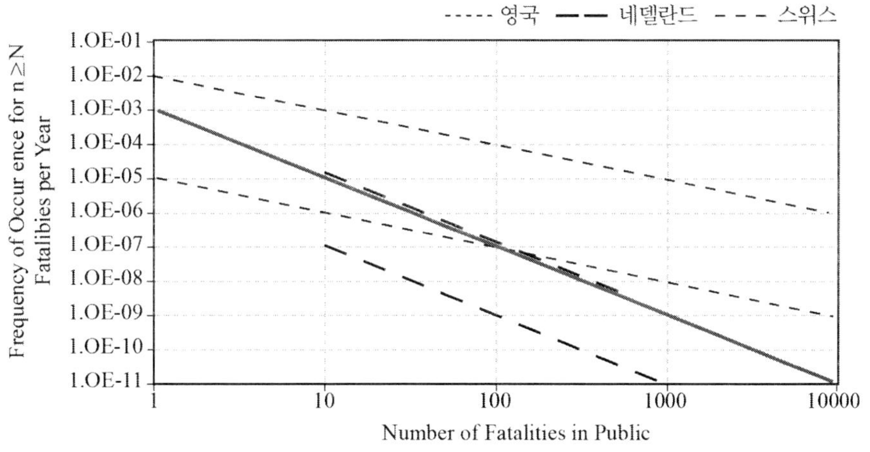

그림 9.2 EU 국가의 사회적 위험도 허용기준(F-N Curve)

사회적 위험 계산 절차는 모든 위험이 산정될 때까지 반복 계산을 수행하여야 한다. 국내는 위험의 F-N 곡선 기준이 현재 없지만 유럽 국가에서 사용하는 사회적 위험도 허용기준은 위와 같다.

일반적으로 화재와 폭발로 인한 피해결과를 예측하는 방법은 크게 ① 경험기반의 모델과 ② 현상학적 기반의 모델 그리고 ③ 전산유체역학(CFD, computational fluid dynamics) 기반의 모델로 구분된다. 이중 경험기반의 모델은 누출된 물질의 일정량을 TNT와 유사한 양으로

가정하여 계산하는 방법이며 현상학적 기반 모델은 폭발 또는 연소 과정을 수치로 계산하기 위해 요구되는 물리학적 개념을 모델로 표현하여 프로그램화시킨 것을 말한다. 이러한 대표적인 것이 EFFECTS, RISKCURVES(TNO), PHAST(DNV), HyRAM 프로그램이다.

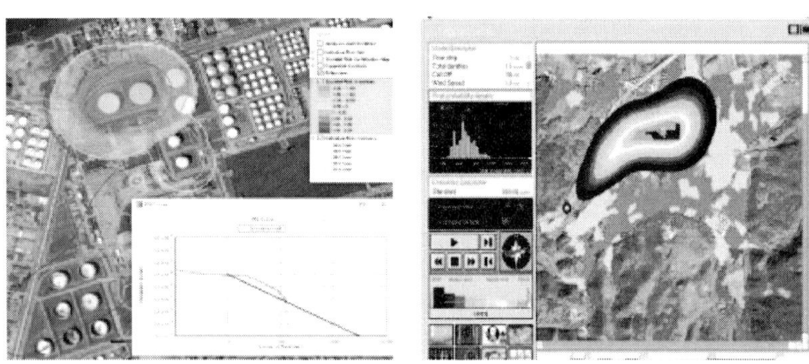

그림 9.3 현상학적 기반 모델 예

전산유체역학 기반의 모델은 폭발과 연소과정을 지배하는 편미분 방정식의 수치해석 과정으로 사고발생 공간의 설비와 장치 형태 그리고 밀집도를 수치해석에 고려하고 추가적으로 난류와 대기상태 그리고 바람의 영향 등과 같은 여러 변수에 대해서도 고려하여 사고 예측 결과가 실제와 매우 유사하게 분석되는 가장 정밀화된 방법을 말한다. 하지만, 전산유체역학 기반의 모델을 적용하기 위해서는 깊이 있는 전문지식과 시간 그리고 큰 비용이 요구됨에 따라 모든 사고 시나리오에 적용하는 데 한계가 있다. 대표적인 프로그램은 FLACS(Gexcon), CFX, Fluent 등이 있다.

그림 9.4 전산유체역학 기반 모델 예

정량적 위험성평가에 있어서 사고 피해결과는 현상학적 기반 모델이 적용된 전용 프로그램을 이용해 피해결과를 예측하는 것이 국제적으로 공통된 방법이다. 이는 수치해석에 필요한 입력값을 전문가가 입력하고 일부 변수 값을 지정하면 자동적으로 위험성을 계산하여 결과로 표출할 수 있으며 수치해석 모델은 문헌을 통해 증명되어 있다. 그러나 이 방법에 따른 피해 결과는 주변의 설비와 장치들에 대한 고려가 되지 않기 때문에 피해 결과가 보수적으로 해석된다.

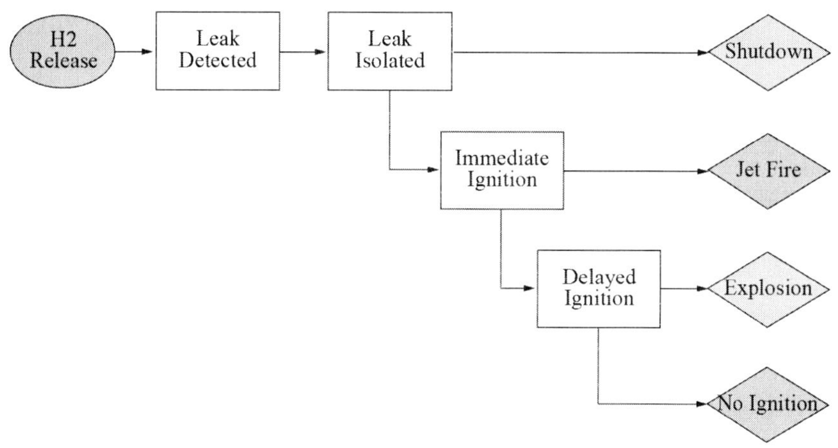

그림 9.5 수소 위험성에 대한 Event tree

□ 수소충전소의 수소 누출, 화재·폭발 위험성

수소충전소(hydrogen fueling station)는 연료전지 자동차와 수소 내연기관에 수소를 공급하는 시설이며, 그림 'ISO 19880-1(2015), Gaseous hydrogen-fueling stations'은 충전기와 그 유틸리티를 보여주고 있다. 수소 연료전지 차량에 고압 수소를 공급하기 위해서는 연료전지 차량과 주유기 사이의 인터페이스가 매우 중요하며, 상호 신호전달을 통해 바르고 안전한 주유가 가능하다. 주유소에서 차량 내부 조건(온도, 압력, 수소탱크 부피, 충전량 등)이 충전기에 장착되어 있어 충전 중 이탈 상황이 발생하면 자동적으로 중단되는 등의 안전 모니터링 기능을 가지고 있다.

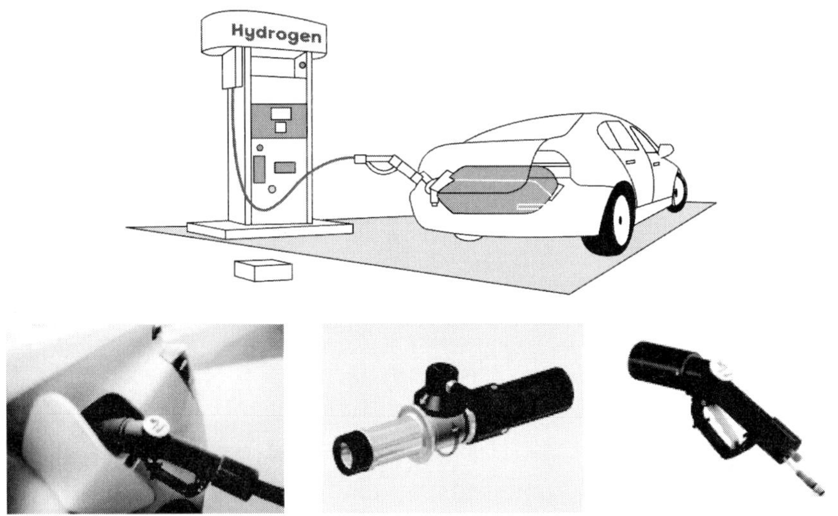

그림 9.6 ISO 19880-1(2015), Gaseous hydrogen-fueling stations

수소충전소에서 발생할 수 있는 위험으로는 수소가스누출, 제트화염, 폭발 등이 있다. 우리나라의 경우 고압가스안전관리법의 시행규칙에 수소제조시설의 설비에 대한 규칙을 고시하고 있으며 고압가스법에 따라 고압가스의 처리설비 및 저장설비가 그 외면으로부터 보호시설(사업소 안에 있는 보호시설 및 전용공법 지역 안에 있는 보호시설은 제외)까지 유지하여야 한다.

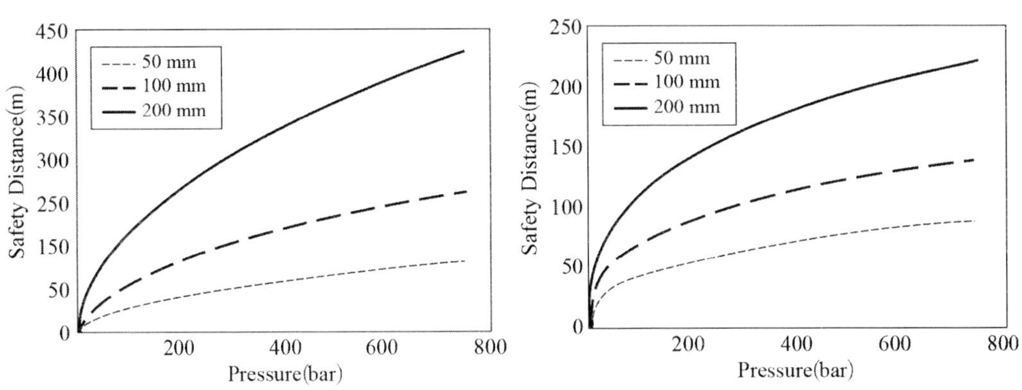

그림 9.7 수소 누출로 인한 화재에서 발생하는 복사열 기준 안전거리와 폭발압력 기준 안전거리

(조영도, 2012)

이러한 이격거리 등은 수소가스의 누출 및 화재 / 폭발의 위험성을 고려하여 형성된다. 수소충전소에서 배관 등의 완전 파손에 의한 수소가스의 대량 유출이 일어날 경우 복사열 강도 15 kW/m^2 기준으로 수소 누출로 인한 안전거리는 누출홀의 크기(d)에 비례하고, 수소가스 저장압력(bar)의 제곱근에 비례한다. 고압수소가 개방공간에 순간적으로 누출되어 큰 가스폭발 분위기의 가스운을 형성하여 폭발을 할 수 있으며 이 경우 10초간 수소가스 누출량을 기준으로 TNT 상당량을 산출하고, 수소가스운의 폭발에 의한 최대 폭발압력 해석을 통해 건물이 붕괴하는 21.3 kPa의 거리를 구하면 수소가스 저장압력의 1/3승에 비례하고 누출홀의 2/3승에 비례한다. 아래 〈표 9.1〉은 World Bank에서 제시하는 화재에 의한 복사열 피해영향 기준이다.

표 9.1 화재에 의한 복사열 피해영향 기준

Radiation intensity(kW/m^2)	Observed effect
37.5	Sufficient to cause damage to process equipment
25	Minimum energy required to ignite wood at indefinitely long exposures(nonpiloted)
12.5	Minimum energy required fir piloted ignition of wood, melting of plastic tubing
9.5	Pain threshold reached after 8 sec : second degree burns after 20 sec
4	Sufficient to cause pain to personnel if unable to reach cover within 20 s. however blistering of the skin(second degree burns) is likely : 0% lethality
1.6	Will cause no discomfort for long exposure

*Effects of Thermal Radiation(World Bank, 1985)25

수소 화재 및 폭발 압력에 의한 인체 및 시설물들이 받는 영향기준은 CCPS의 Guidelines for Chemical Process Quantitative Risk Analysis에서 제시하고 있다. 통상 폭발로부터 안전할 수 있는 안전거리의 기준은 0.02 bar로 정하고, 구조물의 벽이나 지붕이 부분적으로 붕괴될 수 있는 압력인 0.138 bar와 철제프레임으로 구성된 구조물에 심각한 피해를 줄 수 있는 압력인 0.27 bar가 위험의 기준으로 주로 제시되고 있다.

표 9.2 폭발에 의한 폭발과압 피해영향 기준

Pressure		Damage
psig	kPa	
0.02	0.14	Annoying noise(137 dB if of low frequency 10~15 Hz)
0.03	0.21	Occaional breaking of large glass windows already under strain
0.04	0.28	Loud noise(143 dB), sonic boom, glass failure
0.1	0.69	Breakage of small windows under strain
0.15	1.03	Typical pressure for glass breakage
0.3	2.07	'sage distance'(probability 0.95 of no serious damage below this value) : projectile limit : some damage to house ceilings : 10% window glass broken
0.4	2.76	Limited minor structural damage
0.5~1.0	3.4~6.9	Large and small windows usually shattered : occasional damage to window frames
0.7	4.8	Minor damage to house structures
1.0	6.9	Partial demolition of houses, made uninhabitable
1~2	6.9~13.8	Corrugated asbestos shattered : corrugated steel or aluminum panels, fastenings fail, followed by buckling; wood panels(standard housing) fastenings fail, panels blown in
1.3	9.0	Steel frame of clad building slightly distorted
2	13.8	Partial collapse of walls and roofs of houses
2~3	13.8~20.7	Concrete or cinder block walls, not reinforced, shattered
2.3	15.8	Lower limit of serious structural damage
2.5	17.2	50% destruction of brickwork of houses
3	20.7	Heavy machines(3000 lb) in industrial building suffered little damage : steel frame building distorted and pulled away from foundations
3~4	20.7~27.6	Frameless, self-framing steel panel building demolished : rupture of oil storage tanks
4	27.6	Cladding of light industrial buildings ruptured
5	34.5	Wooden utility poles snapped : tall hydraulic press(40,000 lb) in building slightly damaged
5~7	34.5~48.2	Nearly comprete destruction of houses
7	48.2	Loaded train wagons overturned
7~8	48.2~55.1	Brick panels, 8~12 inches think, not reinforced, fail by shearing or flexure
9	62.0	Loaded train boxcars completely demolished
10	68.9	Probable total destruction of buildings; heavy machine tools(700 lb) moved and badly damaged; very heavy machine tools(12,000 lb) survive
300	2068	Limit of crater lip

* Damage estimates for common structures based on overpressure(Clancey, 1972)[26].

그림 9.8 수소 폭발 폭풍파에 누출된 방호벽의 구조적 응답 실험(Y.Suwa,2006)33

수소 불꽃의 최대 파장은 약 311 nm이며, 복사 스펙트럼의 자외선 부분에 해당한다. 가시광선을 방출하지 않기 때문에 눈에 잘 보이지 않으며 사람들이 위험을 인지하기 어려움. 수소 불꽃과 직접 접촉하지 않는 사람들에게도 3도 이상의 화상을 입을 수 있으며 다양한 수준의 열 유속(Heat flux)에 대한 인체 영향은 아래 표와 같다. 9.5 kW/m^2 이상 복사열에 10~20초 이상 노출되면 치명적인 상해를 입을 수 있기 때문에 위험하다.

표 9.3 복사열이 인체에 주는 피해영향 기준

Radiant heat flux intensity(kW/m^2)	Effects on people
1.5	No harm; safe for the general public and for the stationery personnel
2.5	Intensity tolerable for 5 min; severe pain above this exposure time
3	Intensity tolerable for non-frequent emergency situations for 30 min
5	Pain for 20 s exposure, first degree burn. Intensity tolerable for those performing emergency operations
6	Intensity tolerable for escaping emergency personnel
9.5	Second degree burn after 20 seconds
12.5~15	First degree burn after 10 seconds 1% fatality in 1 min
25	Significant injury in 10 s, 100% fatality in 1 min
35~37.5	1% fatality in 10 s

수소가스의 누출, 화재, 폭발의 위험성을 낮추기 위해 수소충전 시설에 방호벽을 설치하게 되어 있다. 방호벽의 높이가 낮을 경우 방호벽의 근처에서는 전파되는 압력파가 줄어들지만 벽으로부터 거리가 멀어지면 압력파는 재형성된다. 방호벽의 높이가 높으면 폭발압력 전달을 낮춰 피해를 줄일 수 있지만 벽에 걸리는 폭발하중이 높아져 구조적으로 더 강하게 건설되어야 한다.

액화수소는 충전소 단위로 공급이 상용화가 되지 않아 각국은 차량 수용성과 하루 충전량 등의 장점을 가지고 있는 액화수소 충전소 건설 기술개발을 진행 중이다. 액화수소가 누출될 경우 지면은 얼게 되며 액체와 응결된 고체상태가 함께 존재함. 콘크리트 지면을 기준으로 액화수소가 5분가량 누출이 되면 지면에서 3 cm 아래의 온도는 약 -170°C가 측정된다. 액화수소는 클라우드 안에 있는 물의 응결 때문에 하얀색의 가스 형태로 수평 방향으로 전파하게 되며 이를 점화시키면 약 30 m/s의 속도로 순식간에 전파를 한다.

그림 9.9 액화수소 누출 후 점화 유무에 따른 위험상황(P. Hooker, 2012)

현재 우리나라에는 32기의 수소충전소가 운영(2020년 9월 기준)되고 있으며, 정부에서는 2019년 말에 '수소 인프라 및 충전소 구축 방안'을 통해 수소충전소를 2022년까지 310기, 2030년까지 660기, 2040년까지 1,200기 구축계획을 발표하였다. 그러나 원자폭탄보다 수천 배의 파괴력을 갖는 수소폭탄과 최초의 항공 폭발사고인 하이덴부르크 참사(1937년, 사망 35명, 사고 62명)로 인하여 국민은 수소에 대한 불안감을 느끼기 시작하였으며, 강릉에서 발생한 수소생산플랜트 폭발사고(2019년, 사망 2명, 부상 6명)와 노르웨이 수소충전소 폭발사고(2019년, 부상 2명)로 인하여 국내외 수소설비의 안전성 개선에 대한 필요성이 요구되었다.

수소 설비의 정량적 위험도 평가 관련 연구는 기존에는 FTA(Fault Tree Analysis) 기법을 사용하거나 GRA(Generic Risk Analysis) 기법을 사용하여 위험성 평가 모델을 연구하였다.

최근에는 수소 설비에 대한 국내의 시뮬레이션 분석 연구는 다양한 위험성 평가 프로그램이 사용되었다. HyRAM을 활용하여 제트 화염길이를 계산하여 수소충전소 안전거리 설정을 연구하거나 FLACS를 활용하여 폭발위험장소를 설정하는 연구가 진행되었으며 Phast와 Safeti를 활용하여 제트 화염에 대한 피해 영향을 분석하는 연구가 진행되었다.

현재 설치된 대부분의 수소충전소는 교외지역 및 고속도로 휴게소에 위치하고 있기 때문에 화재·폭발 시 위험성이 적지만 추후 설립되는 소수충전소는 도심지에도 설립되기 때문에 안정성을 높이고, 화재·폭발 시 피해를 최소화할 수 있는 방안이 필요하다.

3 위험성평가 프로그램 사례 조사

1) HyRAM

HyRAM(Hydrogen Risk Assessment Models)은 Pacific Northwest National Laboratory (미국)에서 미국 에너지국(Department of Energy, DOE)의 지원을 받아 개발하였으며 수소 연료 및 저장 인프라의 안전성 평가가 가능하고, 사고 시나리오를 정량화하고 물리적 영향 예측이 가능하다.

수소충전소의 정량적 위험성 평가를 위한 첫 번째로 기존 충전소에서 발생한 사고를 기반으로 사고 시나리오 구성이 필요하다. 수소충전소에서 발생한 실제 사고의 경우는 작년 노르웨이 폭발 사건이 전부이기 때문에 기존의 LPG와 CNG 충전소에서 발생하였던 사고를 참조하여 시나리오를 구성하는 게 타당하다.

표 9.4 가스 방출 시나리오(HyRAM)

Physical consq.	Pivotal Events	Combustion description	Hazard
Jet fire	Continuous release(i.e., until H2 supply is exhausted); immediate ignition	A non-premixed turbulent flame, momentum driven. The speed of the combustion is roughly equal to the gas release rate.	Thermal effects
Flash fire	Deflagration of accumulated gas, delayed ignition(i.e., ignition occur safer accumulation and mixing	A premixed flame burning faster than H2 is being released / added to the mixture.	Thermal effects
Explosion	Deflagration or detonation of accumulated gas, delayed ignition	Rapid flame propagation in a confined area(detonations also result in a shock wave)	Over pressure effects

시나리오는 기본적으로 "수소 위험성에 대한 Event tree"에서 보는 바와 같이 수소 누출 여부와 점화 여부에 따라 확산, 제트화염(Jet fire), 폭발로 구성된다. 수소충전소의 정량적 위험성평가를 위해서는 기존 충전소에서 발생한 사고를 기반으로 사고 시나리오 구성이 필요하지만 수소충전소에서 발생한 실제 사고의 경우는 노르웨이 폭발사고(2019년)가 유일하기 때문에 기존의 LPG와 CNG 충전소에서 발생하였던 사고를 참조하여 시나리오를 구성하는 것이 타당하다. HyRAM에서는 SNL(Sandia National Laboratory) 보고서의 사고사례를 토대로 〈표 9.5〉를 이용하여 〈표 9.6〉과 같은 수소충전소 설비 부품에 대한 압력, 누출 크기, 누출량에 대한 사고발생 확률을 제시하고 있다.

표 9.5 확률 밀도 함수 및 평균

Random Variable	Probability Density Function		Mean
Uniform	$f(y)=\dfrac{1}{b-a}$	$a \le y \le b$	$\dfrac{a+b}{2}$
Normal	$f(y)=\dfrac{e^{1(y-a)^2}/2b^2}{a\sqrt{2\pi}}$	$-\infty < y < \infty$	a
Beta	$f(y)=\dfrac{\Gamma(a+b)}{\Gamma(a)\Gamma(b)}y^{a-1}(1-y)^{b-1}$	$0 \le y \le 1$	$\dfrac{a}{a+b}$

HyRAM을 이용할 경우는 5가지(0.01%, 01%, 1%, 10%, 100%) 규모의 누출 크기에 대한 사고결과 예상 계통도(Fault Tree, FT)를 얻을 수 있으며 100% 누출에 의한 FT는 아래와 같다.

표 9.6 수소충전소 위험도 평가를 위한 구성 설비별 사고 발생빈도

No.	Components	Pressure (bar)	Scenario (Leak)	Leak size(mm)	Leak rate(kg / s)	Leak frequency (/ year)
1	Tube trailer	200	Small	0.40	1.30E-03	1.07E-03
			Medium	4.02	1.31E-01	3.21E-04
			Large	12.70	1.31E+00	1.80E-04
2	H^2 storage(HP)	820	Small	0.23	1.76E-03	3.47E-03
			Medium	2.26	1.70E-01	2.09E-04
			Large	7.16	1.71E+00	1.02E-04
3	H^2 storage(LP)	400	Small	0.25	1.02E-03	3.47E-03
			Medium	2.50	1.02E-01	2.09E-04
			Large	7.92	1.02E+00	1.02E-04
4	Dispenser	700	Small	0.23	1.50E-03	7.06E-04
			Medium	2.26	1.45E-01	1.85E-04
			Large	7.16	1.46E+00	9.88E-05
5	Compressor	820	Small	0.23	1.76E-03	2.76E-03
			Medium	2.26	1.70E-01	2.62E-05
			Large	7.16	1.71E+00	4.24E-06
6	Priority Panel	820	Small	0.23	1.76E-03	1.20E-03
			Medium	2.26	1.70E-01	8.32E-05
			Large	7.16	1.71E+00	3.84E-05

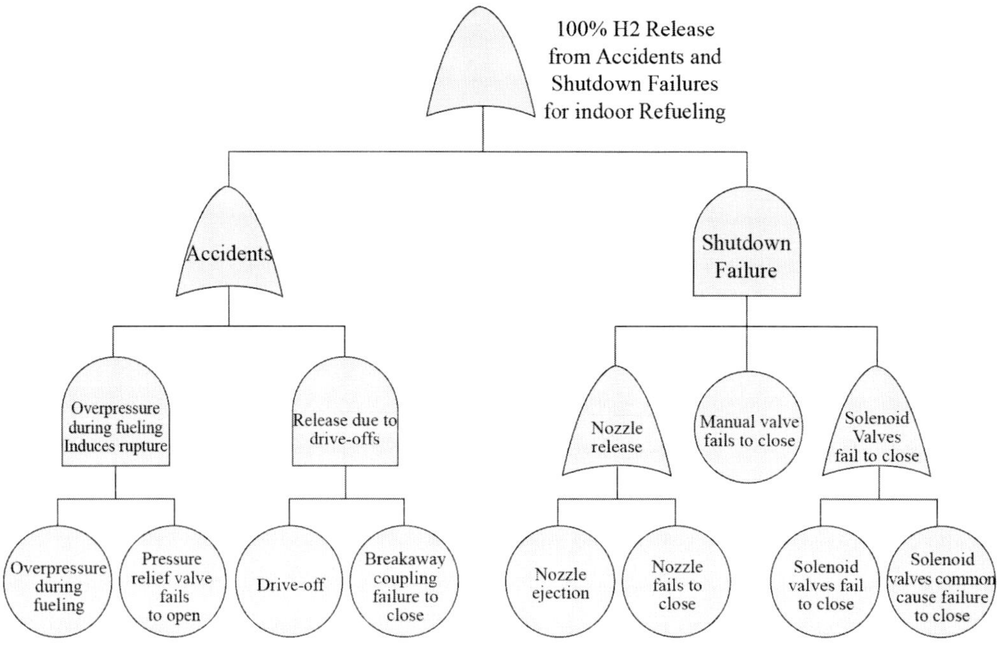

그림 9.10 100% 분출인 경우의 FT

HyRAM의 제트분사(Jet release)와 제트화염(Jet flame)에 대한 모델 식은 아래와 같다.

[제트분사 모델식]

$$v = v_d \exp\left(-\frac{r^2}{B^2}\right) \quad \cdots\cdots ①$$

$$\rho = (\rho_d - \rho_{amb}) \exp\left(-\frac{r^2}{\lambda^2 B^2}\right) + \rho_{amb} \quad \cdots\cdots ②$$

$$v = v_d \exp\left(-\frac{r^2}{B^2}\right) \quad \cdots\cdots ③$$

여기서, v : 속도(velocity)

ρ : 밀도(density)

B : characteristic half-width

λ : ratio of density spreading relative to velocity,

cl : centerline

amb : ambient,

r : perpendicular to the stream-wise direction

Y : mass fraction of hydrogen,

[제트화염 모델식]

$$q_{rad}(x,r) = S_{rad}\frac{C^*}{4\pi r^2} \quad ④$$

$$S_{rad} = X_{rad}\dot{m}_{fuel}\Delta H_c \quad ⑤$$

$$X_{rad} = 0.082737\log(T_f) - 0.080435 \quad ⑥$$

$$T_f = \frac{\rho_f W_f^2 L_{vis} f_s}{3\rho_j d_j^2 u_j} \quad ⑦$$

여기서, S_{rad} : total emitted radiative power

C^* : normalized radiative heat flux

X_{rad} : radiant fraction

$\dot{m}_{fuel}$: mass flow rate of fuel

$\triangle H_c$: heat of combustion(118.83 MJ/kg)

T_f : flame residence time

위험성 결과의 중요한 요소 중 한 가지는 복사열유속이며, 수소 누출 크기(Leak size)에 따른 시스템 사용자가 받는 복사열유속량을 구해서 열에 대한 위험을 정량적으로 나타내야 한다.

수소충전소 사고 시나리오 중 수소 누출에 점화가 일어나 수소 제트화염이 형성될 수 있으며 이는 거리별 수소 제트의 길이와 수소의 함량으로 나타낼 수 있다.

공간의 기압 및 온도, 수소탱크의 압력/온도 및 크기, 누출 크기, 기류 유동 조건 등을 조건으로 부여하여 실내에서 수소탱크에서 수소 방출 후의 압력, 수소 양, 수소층의 높이, 제트 기류의 이동 궤적의 변화를 알 수 있다.

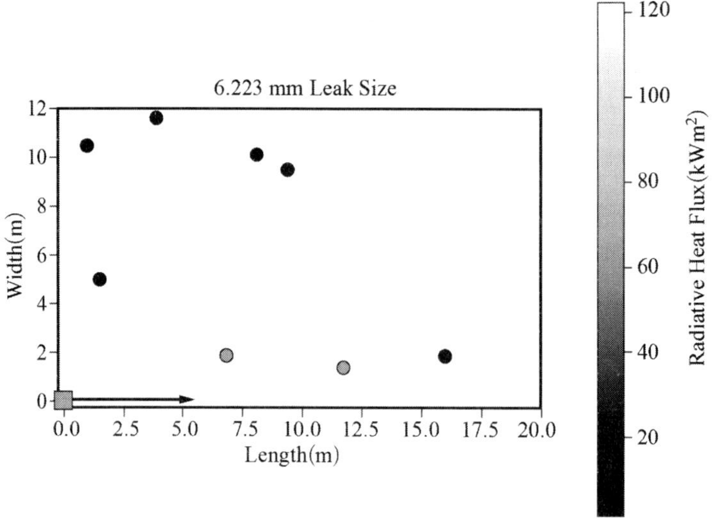

그림 9.11 사용자 위치에 따른 복사 열유속 양

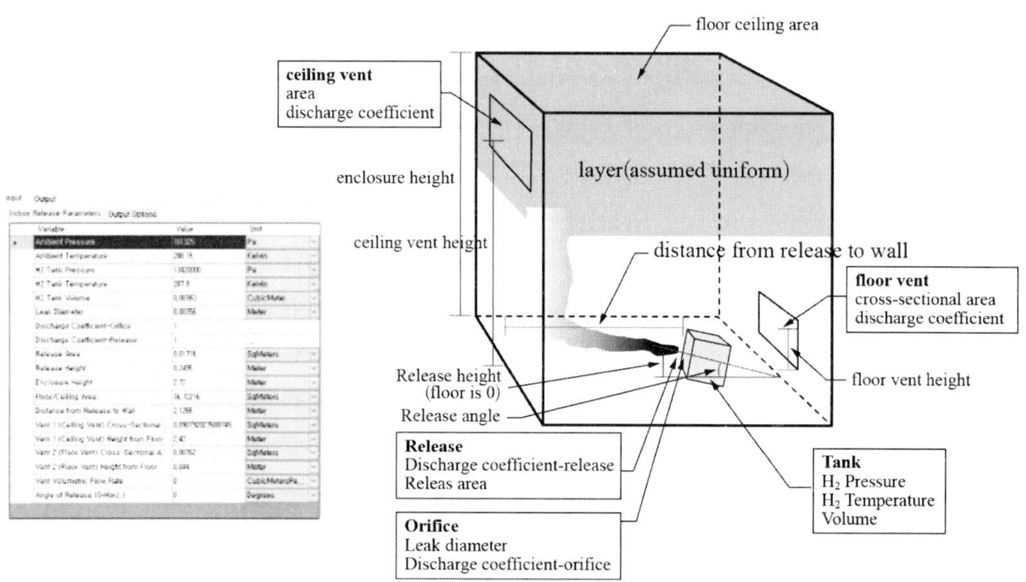

그림 9.12 실내 분출 입력 조건

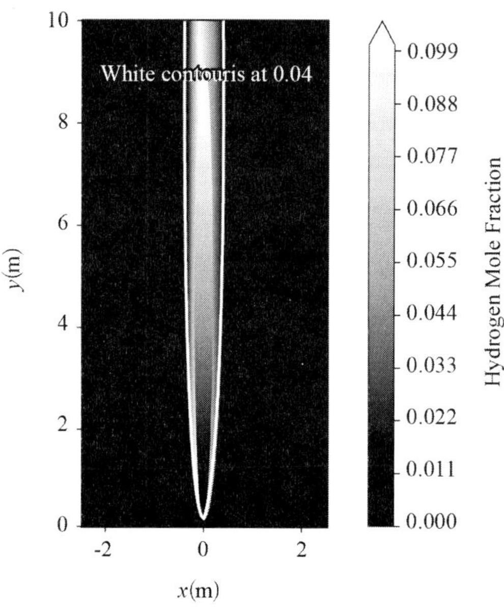

그림 9.13 가스 기류 분출

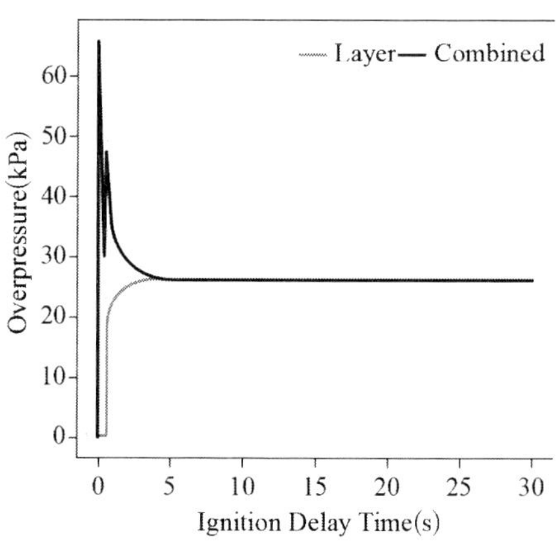

그림 9.14 압력 출력

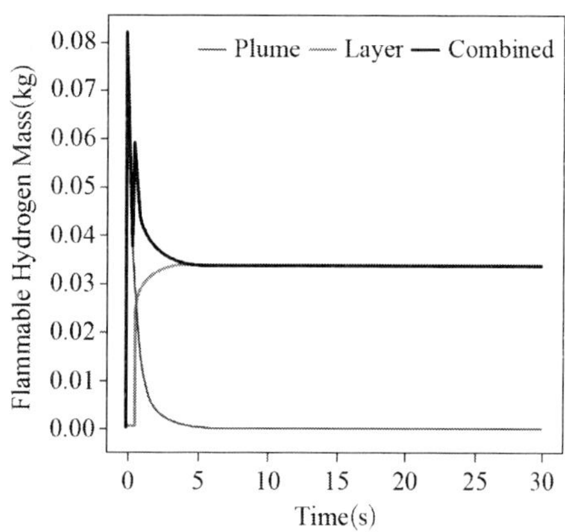

그림 9.15 가연성 질량 출력

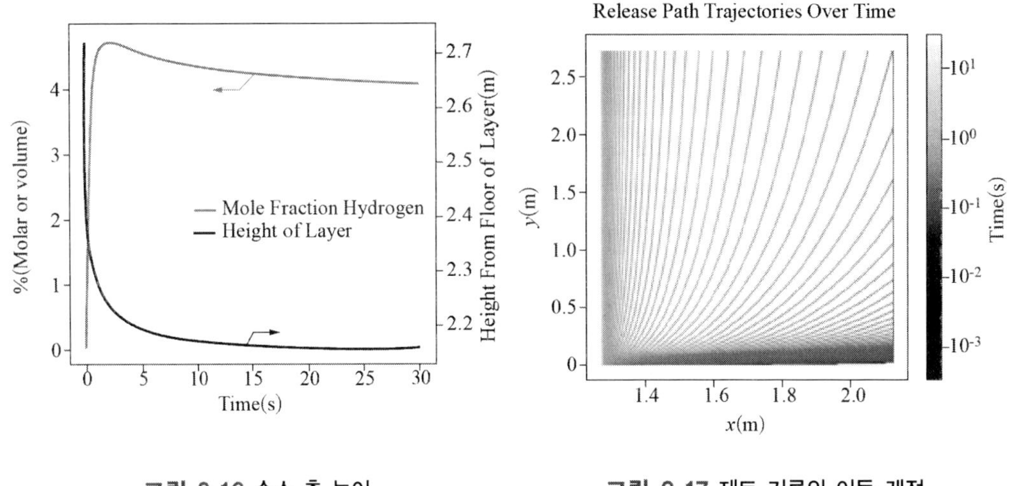

그림 9.16 수소 층 높이

그림 9.17 제트 기류의 이동 궤적

제트 화염의 온도, 궤적, 복사 열유속을 반영하여 아래와 같은 분석을 실시하여 Contour를 통해 나타낼 수 있다.

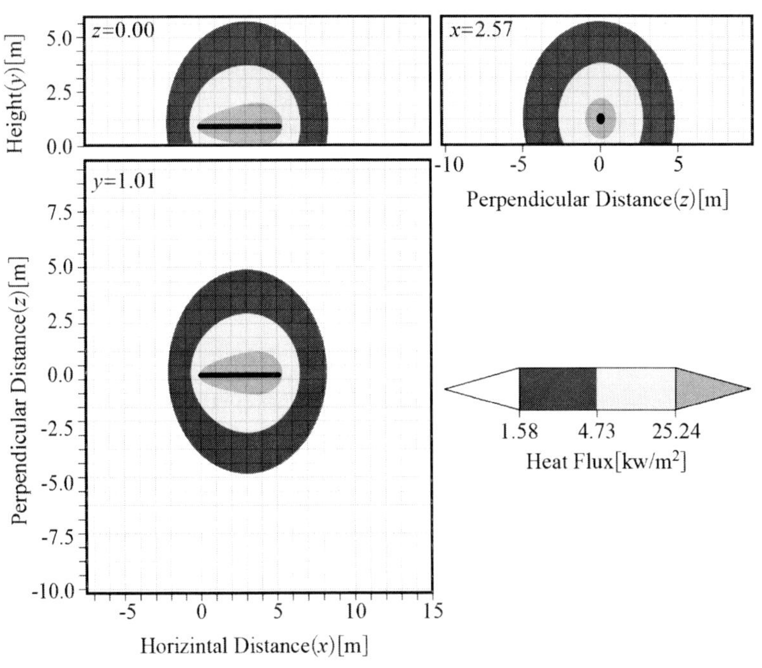

그림 9.18 복사 열유속

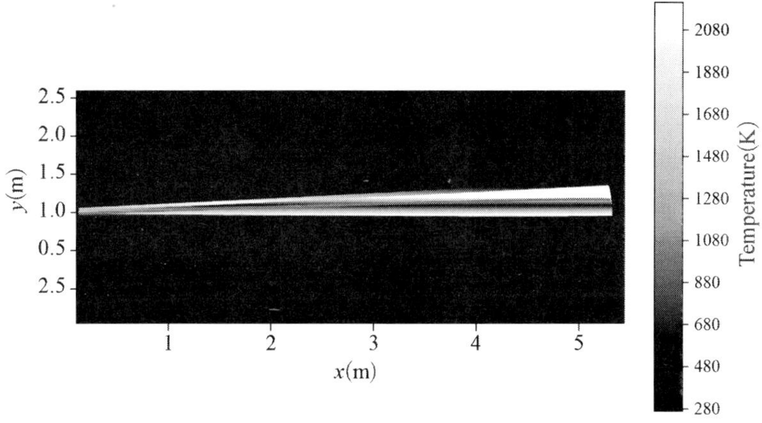

그림 9.19 복사 열유속 온도

2) EFFECTS & RISKCURVES

EFFECTS와 RISKCURVES는 안전 및 위험관리를 위한 분산, 폭발, 화재 모델링 관련 글로벌 기업인 GEXCON(노르웨이)에서 개발한 서로 다른 프로그램이다. EFFECTS는 유해 물질의 지형에 대한 물리적 영향(가스 농도, 열 복사 수준 등)을 예측 계산하여 데이터 표 및 그래픽 형식으로 표현이 가능하며, 또한 GIS Viewer를 사용하여 사용자가 지도 배경에서 계산 결과를 표시할 수 있다. EFFECTS는 여러 가지 물리적 현상에 대해서 여러 가지 종류의 모델을 연결하여 예측 계산이 가능하며, 누출사고에 대해서는 가스의 이동 궤적을 동적으로 확인이 가능하다.

RISKCURVES는 QRA(Quantitative Risk Analysis) 수행이 가능하며, 지리적 위험도(Geographical Risk), 개인적 위험도(Personal Individual Risk), 사회적 위험도(Societal Risk), 상해 위험도(Injury Risk)를 비롯하여 모든 형태 리스크의 운동 위험도(Transport Risk)까지 계산이 가능함. RISKCURVES는 주요 시설물의 영향도, 사회적·개인적 위험도 곡선, 1 킬로미터 마다 운송 위험도 등을 ArcView 및 ArcInfo와 같은 GIS(Geographical Information System)로 내보낼 수 있다.

RISKCURVES는 구글 지도를 배경으로 활용이 가능하며, 가스 누출(Atmospheric Dispersion, Release Gas), 화재(Bleve Fireball, Jet Fire, Flash Fire, Pool Fire), 폭발(Bleve Blast, Multi Energy, Rupture of vessels) 사고의 물리적 해석이 가능하며. 영향 모델에서는 폭발, 열 방출, 독성가스에 의한 건물 외벽 및 인적 피해 정도의 계산이 가능하다.

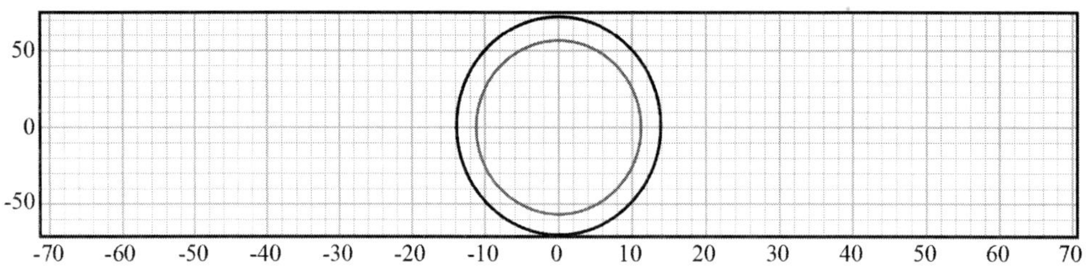

그림 9.20 확산, 화염, 폭발의 범위 예

연습문제

01. 세계은행(World Bank)과 미국 화학공정안전센터(CCPS)에서 제시한 화재에 의한 복사열 피해기준을 조사하여 설명하시오.

02. 세계은행(World Bank)과 미국 화학공정안전센터(CCPS)에서 제시한 폭발에 의한 폭발과압 피해기준을 조사하여 설명하시오.

03. 화재 폭발 위험성평가 상용 프로그램 조사하여 특징과 장단점을 비교하시오.

CHAPTER

10

화학사고 사례와 사고예방 방안

학습목표

1. 화학공장의 사고사례를 살펴보고 교훈을 고찰한다.
2. 화학공장의 사고원인을 살펴보고 화재 및 폭발사고 예방 방안을 논의한다.

1 화학산업의 사고사례와 교훈

국내 석유 및 석유화학산업에서 중대산업사고는 꾸준히 발생하고 있다. 화학공장에서 사망사고는 다른 업종에 비해 비교적 낮지만 업종 특성상 폭발·화재, 누출사고로 인한 피해 정도는 상대적으로 높다. 특히 화재·폭발 및 누출사고는 사회적으로도 언론에 크게 관심을 받아 일반 국민들에게 많은 공포심을 주거나 인근 지역사회에 불안과 갈등을 야기하기도 한다.

코로나-19로 인하여 2021년 1월 16일 현재 사망자는 1,236명으로, 이러한 전염병으로 온 나라가 많은 고통과 어려움에 신음하고 있는 상황이다. 코로나-19 못지 않게 한 해 산업재해 사망자가 800여 명이 넘는 상황은 참으로 안타까운 현실이다. 코로나-19처럼 매일 언론에 노출되지는 않지만 산업현장에서 수많은 근로자가 안타깝게도 안전설비 및 안전절차 등의 미흡으로 생을 마감하고 가족의 품에서 떠나는 것이 현실이다.

현재 우리나라에서는 '중대재해처벌'에 따라 중대재해가 발생하게 되면 안전보건관리를 소홀히 한 법인 대표 또는 이에 준하는 경영인을 처벌하도록 강제하였다. 전 세계 다른 국가와의 법률과 존재 여부를 비교하는 것은 제쳐 두고라도 우리 사회는 더 이상의 산업재해로 인한 사망사고(중대재해)를 용납하지 않겠다는 사회적 약속을 하게 이른 것이다. 그동안 국가는 안전에 대해 제도적 행정적 노력을 게을리한 게 아니다. 그 어느 나라보다도 빠른 산업화에서도 법의 수준과 시스템 정비는 끊임없이 개선해 오고 있었고, 무엇보다 우리 국민의 민주화에 대한 갈망이 높은 의식 수준 덕분에 상대적으로 짧은 기간에서 그 성과는 높다고 평가할 수 있다. 그럼에도 불구하고 산업재해만큼 획기적으로 개선이 안 되는 분야는 없는 것 같다. 이는 정부, 노사 및 협력사 모두가 노력해야 하는 것이고 성과를 내기 위해서는 매우 복합적인 설비적, 관리적, 교육적 측면의 고도의 경영시스템이 선진화가 되어야 한다. 그리 이에 속한 모든 구성원의 안전의식이 지속적으로 향상되어야 한다.

2020년 한 해 동안 국내에서 발생한 대표적인 몇몇 사고를 살펴보면, 3월 4일에 발생한 롯데케미칼 대산공장 NCC공정 폭발·화재사고가 있다. 원료인 납사는 약 1,000℃ 이상의 고온에서 열분해하고 다시 급냉공정을 거친 탄화수소를 저온 고압으로 압축시켜 정제공정으로 이송하게 된다. 이때 왕복동 다단압축기에서 3단 토출부의 신축이음(Expansion Joint) 부위에서 파단(파열)이 발생하여 에틸렌, 프로필렌 등 다량의 탄화수소가 누출된 것이다. 누출 탄화수소는 증기운(Vapor Cloud)을 형성하였고 점화원에 의해 폭발하고 화재로 이어진 것이다. 이 사고로 인하여 총 56명이 부상을 당하였고, 해당 공정은 지난 12월까지 가동이 중단되었으며 총 손실액은 약 2,000억 원 정도로 알려지고 있다. 사고의 주된 원인으로는 신축이음이 License사가 권고한 사양에 적절하게 반영되지 않았으며, 설치(시공)도 미흡하여 과도하게 응력이 가해져 파단된 것으로 보고 있다. 또한 이 부위에 대한 정기적인 점검 및 정비규정도 미비하여 관리가 제대로 이루어지지 않은 것으로 나타났다.

그림 10.1 2020년 3월 2일, 롯데케미칼 대산공장 NCC공정 폭발사고

롯데케미칼은 이 사고를 계기로 2021년 '안전 최우선 경영'을 선언하였다. 향후 3년간 안전으로 약 5,000억 원을 투자하고, 경영에 있어 안전성과를 최우선으로 반영하며 안전작업시스템, 설비예지정비시스템 등 디지털(Digital) 전환 기반의 공정시스템을 강화하기로 하였다. 또한 안전환경 인력을 현재의 2배 이상 확대하고, 외부 안전전문가 자문단을 운영하기로 하였다. 협력사 안전인증 취득 지원 및 관리 수준을 향상시키고, 회사 간부로 승진하기 위해서는 안전/환경 자격증 취득을 의무화하는 등 안전경영의 세부 실천항목을 언론에 발표하였다.

4월 29일에 발생한 이천냉동창고 화재사고는 온 국민을 경악하게 하였다. 2008년 이천 코리아 냉동물류창고 화재(당시 40명 사망)가 있었음에도 또다시 같은 유형의 사고가 발생한 것이다. 이 사고로 인하여 38명이 사망하고 10명이 부상을 당했다. 사고는 건설공기를 단축하기 위하여 지하 2층에서는 단열재로 쓰이는 우레탄폼 주입작업으로 유증기가 발생한 상황이었으나, 동시간대에 화물용 엘리베이터 설치를 위한 용접작업을 실시한 것이 화근이 되었다. 인화성 유증기에 용접 불똥이 튀어 대규모 폭발과 함께 순식간에 발화하였으며, 본 건물은 전층 우레탄폼과 샌드위치 판넬로 인한 유독성 가스가 다량 발생하여 전 층으로 빠르게 확인되어 많은 희생자가 발생한 것이다. 일정 규모 이상 건축물 공사 시 비상대피등과 스프링클러 설비 등

임시소방설비를 갖추어야 하나 이러한 설비는 갖추지 않았다. 또한 안전관리자가 부재하였고 유증기가 발생하는 작업 시 화기작업을 해서는 안 되는데 이러한 위험성과 규정에 대한 검토는 전혀 실시되지 않았다.

이 사고는 산업안전보건기준에 관한 규칙 제241조(화재위험작업 시의 준수사항), 제241조의2(화재감시자), 제242조(화기사용금지), 제243조(소화설비) 조항이 제대로 준수되지 않은 것이다.

정부는 범부처 차원의 국무총리실 주재로 '건설현장 화재안전대책'을 공사 단계별로 마련하여 발표하였다. 건축물 공사 시 적정공사 기간 산정과 무리한 공기 단축을 하지 못하도록 하였고, 화재안전관리자 선임을 의무화하였다. 가연성물질 취급작업과 화기 취급작업의 동시 작업을 금지하였고 원청에게 위험한 작업에 대한 조정 의무를 부과하였다. 또한 난연 이상의 내단열재를 사용토록 하고 가연성 자재 사용 시 전담 감리를 배치토록 하였다. 공사 시 동시작업을 금지하고 안전업무만 전담하는 감리를 배치토록 제도를 정비하였다.

그림 10.2 2020년 4월 29일 이천냉동창고 화재사고

국내 사고는 아니지만, LG화학의 인도공장 스타이렌(스티렌) 저장탱크에서 스타이렌이 누출되어 인근 주민 13명이 사망하고 약 1,000여 명이 치료를 받는 등 국제적 이슈가 된 사고가 발생하였다. 당시 많은 사람이 인도 보팔사고를 연상할 정도로 심각한 사고였다. 사고는 코로나-19로 인하여 인도 정부가 공장 운전을 중단시킨 상황에서 스타이렌 저장탱크 관리를 잘못하여 발생한 것이다. 스타이렌은 2중 결합물질로 열이나 빛에 의해 중합반응을 쉽게 일으키기 때문에 일반적으로 스티렌에 중합방지제를 첨가해 준다. 갑자기 인도 정부가 공장 가동을 중지하라고 하니 더운 날씨 속에서 탱크를 안전하게 관리하기 위해 온도관리와 중합방지제 주입 등을 하여야 하지만 관리 소홀로 인한 사고로 추측되어진다. 당국과 LG화학 측의 정확한 사고조사 결과

를 공개하지 않은 상황에서 언론에 의존하여 사고원인을 언급한 상황인데 현재까지는 저장시설에 대한 온도관리에 관한 시설관리나 운전관리의 문제 가능성이 높다고 판단된다. 보다 아쉬운 점은 이러한 비상상태가 발생했을 때 인근 주민에게 신속하게 알리는 즉, 비상대응매뉴얼도 제대로 작동이 안 되어 피해가 크게 발생한 것으로 보인다.

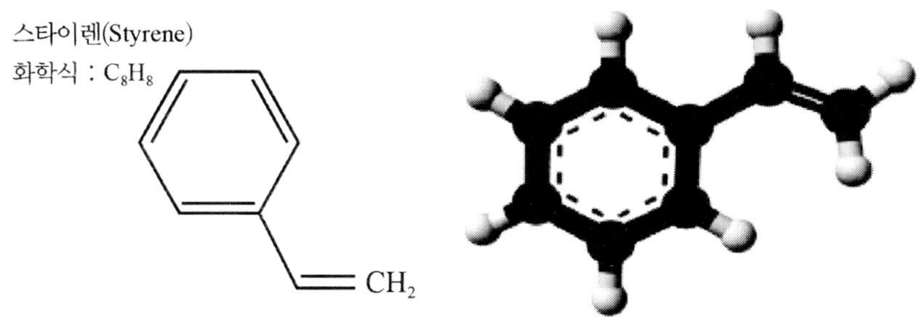

그림 10.3 스타이렌 화학식

또한 국내 LG화학에서는 5월 19일 대산공장 촉매선터 공정동 내 촉매포장실에서 폭발사고가 발생하여 연구원 1명과 직원 2명이 부상한 사고가 발생하였다. 이 사고는 알킬알루미늄이 폭발한 것으로 알킬알루미늄은 자연발화성 및 금수성물질로써 공기 중 수분과 만나 산화반응을 일으키고 자연발화하는 특성을 가지고 있다. 산업안전보건기준에 관한 규칙 제237조(자연발화의 방지)와 위험물안전관리법 시행령 제2조 및 제19조(운송책임자의 감독지원을 받아 운송하여야 하는 위험물)에서는 알킬알루미늄의 안전한 취급 절차를 규정으로 정하고 있다. 알킬알루미늄에 관한 국내외 사고사례는 다수 있었는데, 따라서 법에서는 이와 같은 동종사고 예방을 위해 취급 시 매우 조심하게 다루도록 명확히 규정하고 있는 상황에서 또다시 발생한 이번 중대재해는 매우 안타까운 대목이 아닐 수 없다. 곧바로 LG그룹 회장은 희생된 유가족을 위로하고 국민에게 사과하였으며 사고재발방지대책을 약속하였다.

이외에도 7월 21일 과산화수소 저장탱크에 탱크로리 하역 작업 시 잘못하여 수산화나트륨(가성소다) 화학약품을 주입하여 이를 뒤늦게 알고 다시 빼내는 과정에서 탱크로리에서 폭발한 사고로 1명이 사망하고 8명이 부상한 사고가 발생하였다. 사고는 가성소다를 빼내는 과정에서 정전기에 의한 폭발로 추정된다. 또한 11월 24일 포스코 광양제철소에서 산소배관 절착 작업 중 폭발하여 작업자 3명이 사망한 사고도 있었다. 산소는 조연성 가스이지만 순수고압산소는 인근에 가연물이 조금이라도 있을 경우 매우 빠른 속도로 연소성을 지닌 물질로 변화하여 폭발·화재를 유발한다.

그림 10.4 2020년 7월 21일 STK케미칼 탱크로리 폭발사고

이렇듯 화학공장에서는 운전 중 설비의 결함 또는 설비시공의 잘못, 유지관리 소홀, 부식과 침식 등의 이유로 인한 가연성물질이 누출되어 폭발·화재로 이어지는 사고가 있다. 누출된 물질이 독성물질일 경우 사회적으로 광범위한 피해를 주는 화학사고로 이어진다.

한편 화학공장에서는 생산효율과 에너지 절감, 설비의 지속 운전을 위하여 적정 주기로 촉매 교체, 설비 내 이물질 제거, 정비 보수 등을 위해 공정을 중단하고 정비 후 재가동하기도 한다. 때로는 공정 운전 중 비정상적인 상황이 발생하여 급히 공정을 중단하기도 한다. 이러한 과정에서 인화성물질이나 독성물질이 누출되어 사고로 이어지는 경우도 있으며, 작업 중에 상해사고가 발생하기도 한다.

2 주요 화학사고 사례

2.1 사고사례 : 전남 여수소재 화학공장 축열식 소각로 사고

1) 사고개요

① 일시 : 2006년 5월 23일 13 : 40

② ABS 및 PS수지 압출공정에서 발생하는 흄 및 악취를 제거하기 위해 설치된 축열식 소각로 내부에서 폭발이 발생하여 인입 덕트 중에 설치된 응축물 수집기(trap)를 포함한 배관 설비 일부가 파열되고 공장동 유리창이 파손되었으며 인적 피해는 없음

2) 사고상황

① ○○○는 ○○○ 주식회사 등에서 생산되는 ABS, PS 등을 후가공 처리하는 사업장으로 2005년 9월부터 운전됨

② 압출공정 중에서 발생된 흄 등이 근로자에게 폭로되지 않고 악취가 작업장 내에 확산되지 않도록 국소배기장치를 설치하고, 배기가스를 소각처리하기 위해 축열식 소각로를 설치함

③ 사고 전일인 5월 22일 축열식 소각로 내부에서 화재가 발생하여 자체 소화 후 이상이 없는 것을 확인하고 5월 23일 새벽 재가동함

④ 5월 23일 11 : 00에 축열식 소각로 하부의 화재로 배관 및 설비의 온도가 상승하는 것을 발견하고 버너를 끄고 공급되는 가스의 양을 줄이기 위해 송풍기 속도를 낮춤

⑤ 폭발 직전까지 축열식 소각로 하부는 공정에서 발생된 흄의 응축물질이 화재로 가열되면서 발생된 유증기에 의해 폭발분위기를 형성하여 폭발한 것으로 추정됨

3) 사고원인

① 축열식 소각로의 처리대상물질이 폭발분위기를 형성할 가능성① 이 없는 것으로 판단하고 소각로를 정상상태만을 고려하여 설계함으로써 내부 화재 등 이상사태에 대한 위험성 평가 및 안전조치 미흡

② 사고 발생 전날 및 사고 발생 3시간 전에 소각로 내부에서 화재가 발생하였으나 이에 대한 원인규명 및 대처 없이 재가동하였음

③ 응축물 시험 결과 폭발 직전까지 소각로 하부는 공정에서 발생된 흄의 응축물질이 화재로 가열되면서 지속적으로 발생된 유증기가 폭발범위 내로 존재한 상태에서 소각로의 온도를 낮추기 위해 처리풍량을 감소시켜 치환이 제대로 이루어지지 않아 인화점이 낮은 물질이 소각로 열에 의해 점화/폭발이 발생한 것으로 추정

2.2 사고사례 : 탱크 터미널 축열식 소각로 사고

1) 사고개요

① 일시 : 2002년 5월 30일 17 : 24

② 저장탱크의 휘발성 유기화합물(VOCs) 소각설비(RTO)를 설치하고 시운전 과정에서 축열식 소각로 본체 하부에서 폭발이 발생하여 저장탱크와 소각로 사이에 연결된 VOCs 물질을 흡입하는 인입 덕트와 연소설비가 파손됨

2) 사고상황

① 사고당일 13시부터 축열식 소각로를 LPG로 가열하여 시운전 중이었으며 14 : 30분부터 소각로에 연결된 벤젠을 탱크로 입고함

② 2시간 30분 정도 입고하였으며 탱크에는 벤젠이 1,121 kL 저장

③ 저장탱크에 입고하는 중에 통기 밸브(Breather valve)가 열려 벤젠 증기가 배출되어 소각로로 유입됨에 따라 폭발분위기가 형성되어 정전기 등에 의해 폭발한 것으로 관계기관에서 추정

3) 사고원인

① 시운전을 위해 RTO 내부온도를 800℃로 승온한 상태에서 RTO에 연결된 벤젠탱크로 벤젠을 입고함에 따라 탱크 내부의 Vapor 공간에는 벤젠증기가 포화농도 근처까지 다다르게 되었고 탱크의 압력상승으로 통기밸브가 개방(Out-breathing)됨에 따라 고농도 증기가 RTO로 유입되어 RTO의 열원에 의해 점화/폭발한 것으로 추정됨

② RTO로 유입되는 가스는 폭발범위하한의 25% 이하를 유지하도록 희석공기와 함께 포집하여야 하나 탱크로부터 배출되는 가스의 농도 및 유량계산의 오류 또는 포집시스템의 결함으로 추정됨

③ 시운전 또는 RTO를 재가동할 경우는 RTO에 연결된 포집배관을 모두 차단한 상태에서 RTO의 온도변화를 모니터하면서 농도가 낮은 곳부터 순차적으로 개방하여야 하나 배출포집구를 모두 개방한 상태에서 시운전을 실시함으로써 순간적으로 고농도의 VOC 가스가 유입되어 사고가 발생함

4) 재발방지 대책

① 덕트 내부에서 폭발이 발생할 경우 설비 보호용 파열판을 설치하여 폭발압력 해소가 필요함.

② 흡입 덕트에 가스농도측정기를 설치하고 농도가 폭발하한계(LEL)의 25% 이상 유입 시

희석용 공기 공급 설비 설치

③ 예비송풍기를 설치하여 송풍기 고장 시 덕트 내부에 가스가 체류하여 농도가 높아지는 것 방지

④ 송풍기 고장 등 비상시에 덕트 내부의 가스를 긴급하게 방출할 수 있는 긴급방출밸브 설치

⑤ 송풍기는 소각설비 출구 측에 설치(다만, 블레이드 및 케이싱을 점화원으로 작용할 우려가 없는 경우이거나 가연성가스 농도가 LEL의 25% 이하로 유지될 수 있는 경우 예외)

⑥ 설계적합성 재검토 및 소각로 운전절차 적합성을 재검토하여 보완

2.3 사고사례 : MEK 저장탱크 흡착탑 화재로 인한 지붕 파열

1) 사고개요

① 일시 : 2002년 5월 25일 10 : 50경

② 인화성물질을 저장 및 판매하는 탱크터미널에 MEK 저장탱크 상부에 설치된 흡착탑에서 화재가 발생하여 MEK 저장탱크 지붕이 파열되는 사고가 발생함

2) 사고상황

① 1991년 12월경 대기환경관리법에 따라 대기오염방지시설인 흡착탑을 탱크 상부에 설치

② 사고 전 3월 22일 흡착탑의 활성탄 교체작업 후 4월 30일부터 MEK를 저장하였으며 5월 25일 흡착탑의 화재로 인해 저장탱크 지붕이 파열됨

3) 사고원인

① 흡착탑 내부에 충진된 활성탄과 MEK의 발열반응으로 발화가 발생

② 활성탄은 무정형탄소로서 큰 내부 표면적을 갖는 흡착제로써 내부 표면에 존재하는 탄소 원자의 관능기가 액체와 기체를 흡착함

③ 내부 불순물이 산화, 중합에 촉매 역할을 하며 착화온도는 500℃ 정도이나 용제가 흡착될 경우 200℃ 이하로 낮아짐

④ MEK, MIBK 등의 케톤화합물의 경우 표면에서 산화분해가 일어나며 발열이 발생하며 발열량이 축적되면 온도가 상승하며 이것이 다시 반응을 촉진하여 착화점에 이르게 됨
⑤ 설계상 활성탄 교체 주기는 38일이나 교체 주기를 넘긴 상태에서 운전을 지속함에 따라 활성탄이 착화되어 탱크 상부의 MEK 증기로 전파되어 탱크가 파손됨

4) 재발방지 대책

① 활성탄 흡착탑을 설치할 경우 흡착탑과 저장탱크 사이의 벤트 배관에 화염방지기 설치
② 저장탱크에는 질소와 같은 불활성가스 밀봉 시설설치
③ 활성탄 교체 주기 준수
④ 흡착탑은 온도계를 설치하여 내부 온도관리
⑤ 케톤류의 가스가 존재할 경우 케톤류의 과산화염이 생성되어 저온에서 자연발화 위험이 있으므로 연소처리 등 기타 안전한 방법으로 변경

2.4 사고사례 : 석유화학공장 축열식 소각로 폭발사고

1) 사고개요

① 일시 : 2006년 8월
② 석유화학의 제품탱크 및 폐수처리장에서 발생하는 폐가스를 처리하기 위해 설치된 축열식 소각로에서 폭발이 발생

2) 사고상황

① 해당 소각로는 폐수처리장에서 지속적으로 유입된 점성이 있는(Sticky) 물질로 인해 소각로 세라믹의 막힘현상으로 축열식 소각로로 유입되는 풍량이 대폭 줄어들면서 Bed 온도가 상당 부분 상승하여 온도경보가 빈번히 발생하였음
② 사고 당시 폐수처리장에서 유입되는 풍량이 적은 반면, 대부분의 풍량이 제품저장탱크에서 유입되도록 설계되었으며 축열재의 파울링으로 인해 풍량이 대폭 줄어들면서 VOC 배출원에서 희석공기가 줄어들어 고농도의 가스가 소각로로 유입되었으며, 특히 하절기에 공정에서 설계 농도 이상의 폭발성 가스가 유입되어 소각로에서 폭발 사고가 발생함

3) 사고원인

① 소각로 온도가 상승한 상태애서 축열재 파울링으로 유입풍량이 대폭 감소하면서 축열재 베드의 온도증가로 알람이 빈번하게 발생하였으며 신호를 무시하고 운전을 지속함
② 소각로 입구에 유입가스의 농도를 감시할 수 있는 장치가 설치되어 있지 않아 농도변화를 감지할 수 없었음

4) 재발방지 대책

① 소각로 하부의 세라믹 필터 주기적 청소/교체를 통한 파울링 해소
② 운전원 재교육 및 소각로 입구 농도 감시장치 설치

2.5 사고사례 : 정유공장 축열식 소각로 폭발사고

1) 사고개요

① 일시 : 2007년 2월
② 석유제품탱크 및 폐수처리장에서 발생하는 폐가스를 처리하기 위해 설치된 축열식 소각로에서 고농도 VOC 유입에 따른 조치과정에서 폭발이 발생함

2) 사고상황

① 고농도 VOC 유입으로 소각로 온도가 상승하여 Hot Gas Bypass Valve가 100%까지 개방(Open)되고도 노 내부의 온도가 상승하자 유입원 중 VOC 농도가 높을 것으로 예상되는 폐유저장탱크(Slop Oil Tank)에 설치된 VOC 포집 밸브를 잠근 후 소각로의 온도변화를 주시함
② 이후 소각로의 온도가 정상으로 회복되고 Hot Gas Bypass Valve가 자동으로 닫힘(Close) 상태로 복귀하게 됨
③ 이에 따라 잠가두었던 폐유저장탱크(Slop Oil Tank)에 설치된 VOC 포집 밸브를 개방하자 소각로 내부에서 폭발이 발생함

④ 폭발로 인한 압력으로 축열식 소각로 구조물 손상, 전단에 설치된 스크러버의 내부 장치물 손상, 송풍기 손상, 폭발방산구가 파손됨

3) 사고원인

① 폐유저장탱크(Slop Oil Tank) 의 VOC 배출량 계산 시 정상상태만 고려하여 축열식 소각로 설계에 반영하였으나 설계농도 이상의 VOC 유입으로 인해 소각로 비정상운전 및 사고 초래

② 고농도 VOC 유입원을 차단한 후 다시 유입시킬 경우 축열식 소각로의 온도 상승 원인을 철저히 규명하고 그 원인을 제거한 후 유입시켜야 하나 원인 규명 및 인과관계 예측이 미흡하였음

③ VOC 차단을 위해 설치된 밸브가 22인치의 대구경 밸브이지만 개폐을 조절할 수 없는 완전 개방(Wide open) 또는 완전 닫힘(Full close) 형태로 VOC를 유입시키기 위해 밸브를 개방할 경우 배관내에 축적된 VOC 가스가 한꺼번에 유입되어 폭발을 유발함(대부분의 축열식 소각로 사고유형 임)

2.6 사고사례 : 화학공장 축열식 소각로 폭발사고

1) 사고개요

① 일시 : 2012년 6월

② 화학공장 제품탱크, 출하시설, 폐수처리장 및 몇 개의 공정에서 배출되는 40여 개의 배출원에서 VOC 가스를 포집하여 소각 처리하기 위해 축열식 소각로를 설치함

③ 소각로 설계 당시 40여 개 배출원에서 배출되는 유기물 양은 축열식 소각로 무연료 운전농도의 1 / 2 수준이었음

④ 사고의 원인이 된 반응기의 유기물량은 고농도로 무연료 운전농도 이상으로 높아 다량의 희석공기를 이용하여 LEL 25% 이하로 초집하도록 설계됨

⑤ 그러나 반응기에서 배출되는 유기물량은 반응기의 운전 방법에 따라 소각로의 설계용량을 초과하는 운전 상황이 발생할 수 있는 상황이었음

⑥ 실제로 운전방법 변경이 이루어진 시점에 고농도 가스가 배출되어 소각로가 폭발하는 사

고로 이어짐

2) 재발방지 대책

① 소각로 설계 시 다양한 운전 케이스(Case)를 고려하지 않아 설계용량 대비 과다한 VOC가 유입되어 발생한 사고이므로 별도의 처리설비 신설
② 기계적으로 소각로 설계농도 및 풍량 이상으로 배출되는 가스는 소각로로 유입되지 못하도록 설비를 신설

2.7 사고사례 : 전자부품 생산 공정 축열식 소각로 폭발사고

1) 사고개요

① 일시 : 2014년 8월
② 전자부품 생산 시 발생하는 유해가스를 처리하기 위해 축열식 소각로를 설치하여 운영
③ 소각로로 유입되는 가스 성분 중 연소 시 실리카(SiO4)가 생성되는 물질이 포함되어 있었음
④ 이로 인해 연소과정에서 생성된 실리카(SiO4)가 축열재 상부를 덮어 포집풍량이 감소하고 열교환 효율이 감소함
⑤ 풍량 및 열교환 효율이 감소함에 따라 축열재 베드 내 편류가 발생하여 국부적으로 온도가 상승하였으며, 축열재 하부까지 열이 축적되어 소각로 하부에서 유입가스가 점화되어 화재가 발생함
⑥ 설치된 소각로는 축열재가 막힐 경우를 모니터링할 수 있는 차압계나 온도 모니터 장치가 설치되지 않아 비정상 운전상태를 인지할 수 없었음(투자비용 절감목적으로 모니터링용 계장설비를 최소화함)

2) 재발방지 대책

① 소각로 운전에 필수적인 계장설비 설치 및 연동장치(Interlock) 재구성
② 축열재 배열을 변경함으로써 실리카에 의한 오염(fouling) 최소화
③ 주기적으로 축열재 하부 필터층 청소 및 교체

2.8 사고사례 : ABS 공장 축열식 소각로 정상운전 중 사고사례

1) 사고개요

① 일시 : 2020년 1월 28일 19시 05분

② ABS 생산공정의 축열식 소각로에 고농도 VOC 유입에 의해 굉음과 함께 인입 덕트에 설치된 폭발방산구가 1차 파열하였고, 폭발에너지가 VOC 송풍기로 이동하여 2차 폭발이 발생함

③ 1, 2차의 충격으로 일부 배관이 파단되었으며, 급격한 압력이동으로 진동이 발생하여 배관 일부가 찌그러짐

2) 사고상황

① 대기방지시설로 설치된 축열식 소각로의 정상운전 중 발생한 사고이며, 소각로에 연결된 특정 배출구에서 고농도 VOC가 유입됨에 따라 소각로 내부의 축열재가 과축열된 상태에서 사고가 발생함

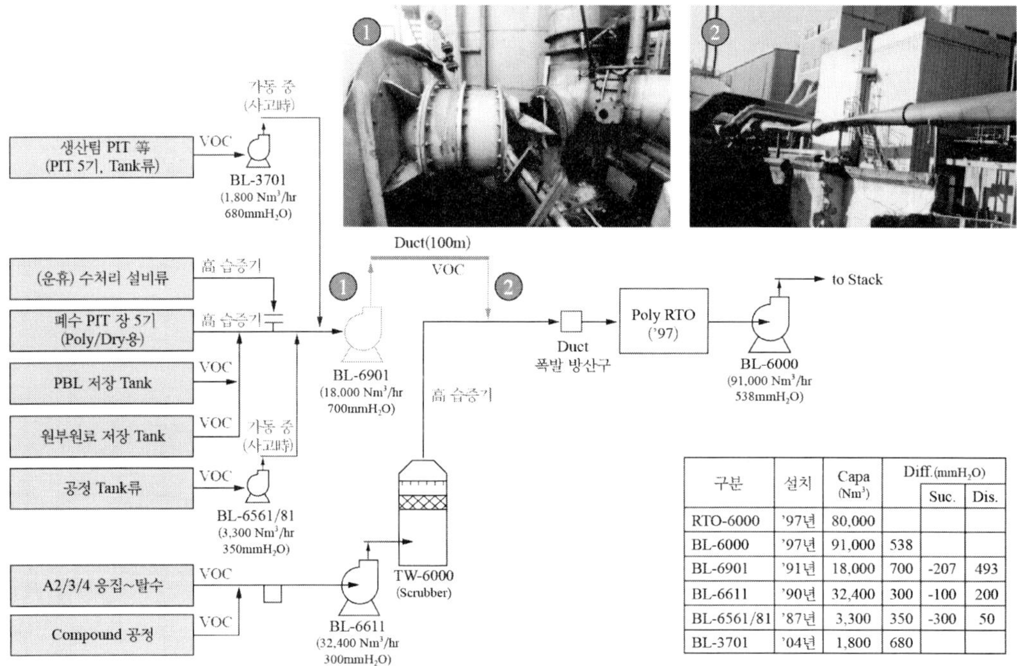

구분	설치	Capa (Nm^3)	Diff.(mmH_2O)		
				Suc.	Dis.
RTO-6000	'97년	80,000			
BL-6000	'97년	91,000	538		
BL-6901	'91년	18,000	700	-207	493
BL-6611	'90년	32,400	300	-100	200
BL-6561/81	'87년	3,300	350	-300	50
BL-3701	'04년	1,800	680		

그림 10.5 사고 축열식 소각로 구성도 및 설비 손상 현황

② 당시 공정 정기 청소, 퍼지 작업으로 폐수 집수조 및 폐유탱크에서 고농도의 증기가 유입된 것으로 추정

3) 사고원인

① 축열식 소각로에 연결된 특정 배출구에서 고농도 VOC가 배출되었고, 이에 따라 축열식 소각로의 축열재가 과축열 되는 Heat Sink(축열재 하부까지 과축열)가 발생하여 점화열원까지 도달

② 소각로 유입가스는 축열재를 통과하면서 승온 된 후 노 내에서 산화가 이루어져야 하나 축열재의 과축열로 인해 소각로 하부에서 유입가스 중 점화온도가 낮은 물질이 점화 및 폭발로 이어짐

③ 고농도 VOC 유입 시를 대비한 Hot Gas Bypass 시스템의 동작범위 설정 부적합 및 축열식 소각로의 온도 상승에 따른 가동 정지

④ 연동시스템(Shut-Down Interlock System)의 무력화(Interlock Bypass)가 또 하나의 원인으로 추정

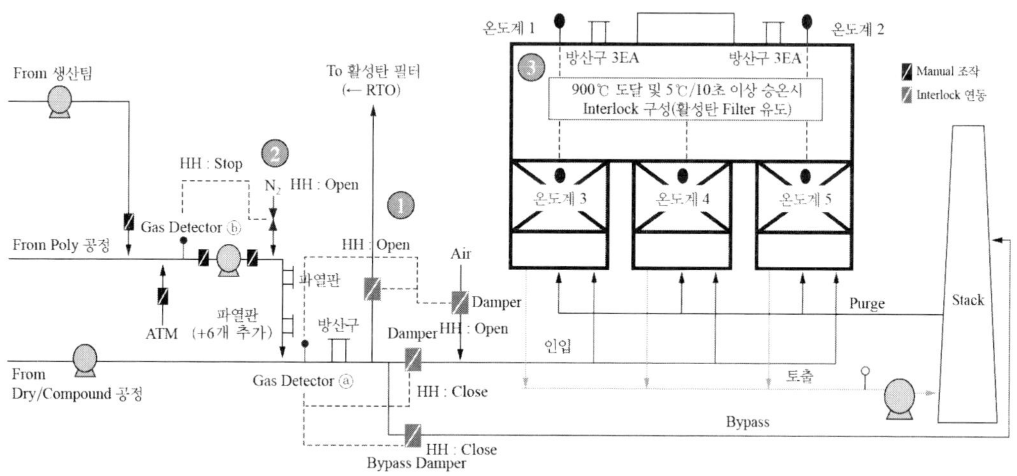

그림 10.6 재발방지를 위한 안전대책 수립도

4) 재발방지 대책

① 유입 배관에 서로 다른 타입의 가스농도 감지기를 설치하여 설정 농도 이상 VOC 유입 시 축열식 소각로 유입을 차단하고 흡착탑을 통해 배출하도록 시스템 구성
② 송풍기에서의 스파크로 인한 점화, 폭발을 방지하기 위해 임펠라에 테프론 코팅 및 송풍기 작동중지 시 불활성기체 자동투입장치 설치
③ 사고 시 압력해소를 위해 폭발 방산구 추가 설치

2.9 사고사례 : 전남 여수 소재 OO산업

1) 사고개요

① 일시 : 2021년 12월 13일 13시 36분경
② 인화성 액체 저장탱크의 휘발성 유기화합물(VOC) 처리 배관설치 작업 중 원인 미상으로 화재 / 폭발이 발생하여 3명이 사망하고 탱크가 전소되는 사고가 발생함

2) 사고상황

① 인화성 액체 저장탱크에서 배출되는 휘발성 유기화합물(VOC)을 포집 처리하기 위해 배관 설치 공사가 진행 중

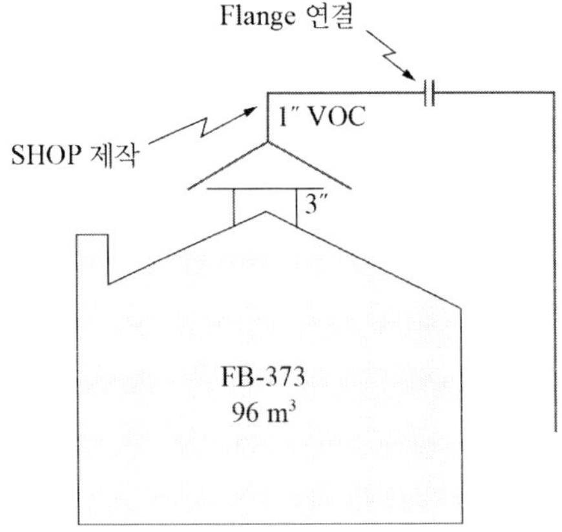

그림 10.7 사고 당시 작업 개략도

② 탱크의 VOC 포집배관은 탱크와 직접 연결하지 않고 포위식 후드타입으로 설치되기 때문에 탱크의 내용물을 비우지 않은 상태에서 작업이 진행됨
③ 배관은 현장에서의 화기작업 없이 작업장에서 제작 후 현장에서 조립하는 형태로 수행됨.

3) 사고원인

① 탱크 상부에서 배관 조립 과정에서 원인 미상의 정전기 또는 기계적 스파크로 인해 탱크에서 배출되는 가스가 점화되어 폭발한 것으로 추정됨

2.10 사고사례 : 염산 저장탱크 누출사고

1) 사고개요

① 일시 : 2021년 7월 16일 23 : 50
② 울산 울주군 소재 ○○케미칼(주) 옥외 염산저장탱크(1기) 하부 연결 배관 플랜지 체결부분 손상으로 염산(농도 35%) 5.5 m^3 누출
③ 인근 주민 내원 진료(11명)의 인명피해 및 사업장 인근 산림 및 농작물 고사 피해 발생

2) 사고상황

① 염산저장탱크는 2019년에 설치되어 염산을 저장하기 시작했으며, 화학물질관리법 자체점검 규정에 따라 저장탱크 하부 배관, 액위, 펌프 등 누수 여부를 주 1회 점검함
② 염산은 총 설비용량 100 m^3 중 사고 당시 저장용량은 80% 수준이었음
③ 염산저장탱크에서 유색의 기체가 공기 중으로 미량 새어 나오면서 누출이 시작됨(CCTV로 확인)
④ 누출된 플랜지 연결부위가 바닥 면으로부터 약 30 cm 떨어진 시설 하부에 위치하여 연결부의 유지보수, 점검 또는 사고 시 응급조치에 다소 어려운 구조로 설계, 설치됨
⑤ 사고 당시 화학보호복을 착용한 대응 요원이 볼트 체결을 위해 접근하였으나, 작업공간이 확보되지 않아 누출 차단 시간이 지연됨

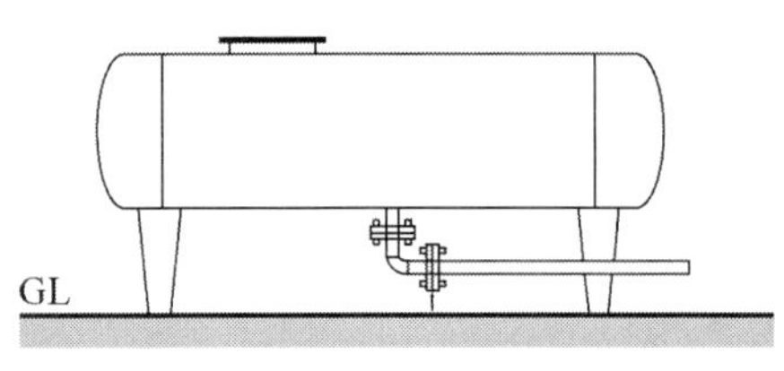

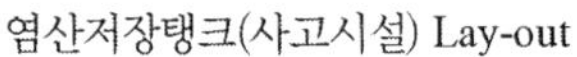

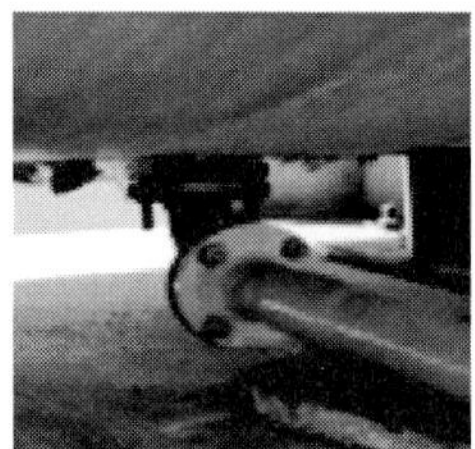

염산저장탱크(사고시설) Lay-out　용기하부 연결부　노출부위(플랜지)

그림 10.8 사고시설 하부 배관 상태

3) 사고원인

배관 플랜지 연결 볼트의 화학적 부식, 노후화 등 복합적 요인에 의한 손상

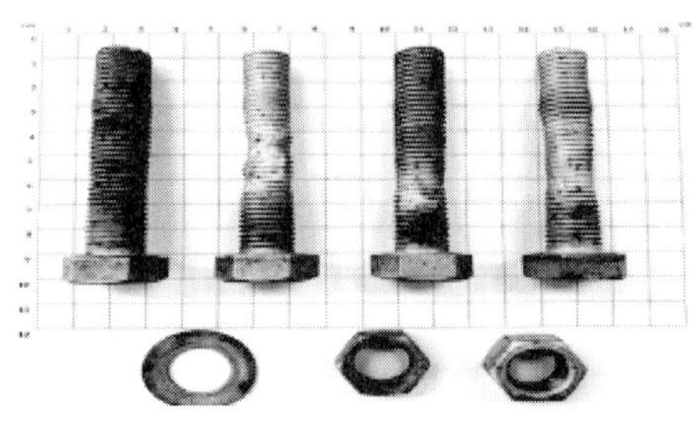

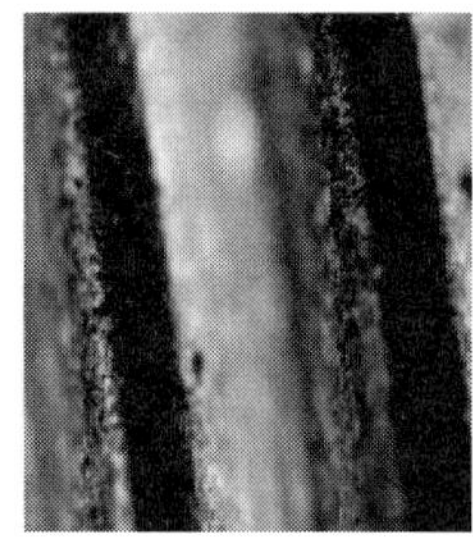

사고부위 플랜지 체결용 부품　정상볼트 나사산(표면)　손상볼트 나사산(표면)

그림 10.9 사고부위 플랜지 및 볼트 상태

4) 예방대책

① 플랜지 접속부 등 부식성 화학물질 취급공정에서는 내산성 재질을 사용하는 등 취급물질의 특성을 고려한 재질 사용

② 플랜지 체결 후 플랜지 면의 간격을 확인하고 볼트, 너트, 가스켓에 대한 주기적 점검실시

③ 토크렌치(torque wrench), 볼트 텐셔너(tensioner) 등을 이용한 볼트 조임 실시 및 아이마킹(I-marking) 방법을 이용한 풀림 확인

④ 화학설비 설계, 설치 시 플랜지·밸브 등의 수리·점검·보수를 위한 작업공간 확보

2.11 사고사례 : 광학매체 원료 제조공정 반응기 누출사고

1) 사고개요

① 일시 : 2021년 8월 9일 18 : 41

② 충북 청주시 소재 ○○○켐(주) 광학매체 원료 제조 공정에서 반응기 내 과망간산을 투입하는 과정에서 이상 반응으로 인해 내부 혼합물이 역류, 반응기 외부로 누출

③ 반응기 1기 부분 손상의 물적 피해 및 작업자 4명 부상의 인명피해 발생

2) 사고상황

① 사고발생 시설은 반응기 내부에 교반기가 부착된 회분식 반응기(설비번호 R-G305)로써 반응기 재질은 탄소강이며, 내부 및 교반기 등은 유리 라이닝(Glass lining) 처리된 구조임

② 제품 생산을 위해 원재료 투입, 승온, 상압 증류, 반응, 냉각 등의 절차로 진행되며, 사고는 첫 단계인 원료투입 단계에서 이상 반응에 의해 발생함

③ 4인 1조로 구성된 작업자들이 물과 삼차부틸알코올 투입(16시 1분경)하고, 이 혼합물을 60℃로 승온 함. 또한, 과망간산칼륨 용기들을 이 혼합물에 투입하기 위해 반응기 주변으로 이동시킴(~17시 30분)

④ 반응기 내부에 1차 투입 물질인 물(1,250kg)과 삼차부틸알코올(976 kg)이 혼합, 승온 된 상태였으며, 이후 반응기 맨홀 개봉 후 과망간산칼륨(약 675 kg)을 투입함(총 1,096 kg 투입 예정)

⑤ 투입 방식은 25 kg 용기에 담긴 과망간산칼륨을 순차적으로 반응기 맨홀에 투입하는 방식으로 진행함

⑥ 17시 35분경 과망간산칼륨 용기 투입시작 이후 약 6분이 경과된 시점에 26번째 용기를 투입(약 675 kg 용량)한 직후 반응기 내부 혼합물이 맨홀을 통해 외부로 분출되어 약 1분 동안 지속됨(17시 41분)

⑦ 반응기 내부 전체 원료 투입량 2,900 kg 중 약 2,500 kg의 혼합액이 외부로 누출된 것으로 추정되며, 사고 당시 반응기 내부 온도는 약 60℃ 수준이었음(물, 삼차부틸알코올 혼합 후 승온 온도)

그림 10.10 사고발생 공정 및 반응기

3) 사고원인

① 과망간산칼륨의 비정상적 분해반응 또는 반응열과 돌비(Bumping)※ 현상에 의한 혼합물 분출

- 삼차부틸알코올 재생과정에서 유입된 메탄올 등 외부 불순물에 의한 과망간산칼륨 비정상 반응
- 원료투입 중 씰오일(seal oil) 리저버(reservoir) 파손으로 글리세린 유입에 의한 과망간산칼륨의 비정상적 분해
- 반응기 내부 온도상승으로 인한 기포 생성, 생성된 가스의 크기 확장으로 인한 돌비현상 발생

※ 돌비(Bumping) 현상이란 액체가 끓는점 이상에서 외부 불순물 또는 이물질의 유입 등에 의해 갑자기 끓어오르는 과열 현상으로, 외부 물질의 유입으로 급격한 온도와 압력 상승이 이루어지면서 거품이 형성, 용기 외부로 액체를 내뿜는 현상임.

4) 예방 대책

① 반응기 오일 리저버(oil reservoir) 내 윤활유로써 투입되는 원료물질과 반응성이 없는 물질로 대체

② 공정 중 이상 반응을 유발할 수 있는 외부 불순물의 유입 차단

③ 반응기 내 이상 반응 감지를 위한 온도경보시스템 또는 교반기 작동 이상감시장치 도입

④ 반응기 내 원료 투입량 조절을 위한 호퍼(Hopper) 설치, 고체 원료가 덩어리 형태로 투입되지 않는 시스템(예, 그물망)을 설치하되 정전기가 발생하지 않는 재질로 선정

2.12 사고사례 : 아산화질소 제조 반응기 폭발사고

1) 사고개요

① 일시 : 2021년 4월 7일 05 : 45

② 충북 진천 소재 (주)○○알디 아산화질소(N_2O) 제조공장 내 질산암모늄(NH_4NO_3) 열분해 반응기 온도 조절 실패로 반응기 내부 폭발

③ 반응기, 주변 배관 및 샌드위치 판넬 손상 등 물적 피해 발생

2) 사고상황

① 질산암모늄(92%, 120℃)을 저장탱크에서 반응기로 이송하여 반응기에서 240~250℃로 가열, 열분해하여 아산화질소를 생산하고, H_2O, NOx, CO_2 등 불순물을 제거하여 고순도 아산화질소를 제조함

② 중앙통제실(공장동 내부)에서 직원 A가 모니터링하며 근무 중이었고, 당시 공정은 고순도와 저순도로 분기하기 전 생성된 아산화질소를 저장탱크에 저장하는 공정을 운전 중이었음

③ 3시간 간격으로 공정 로그(log)를 기록을 확인하고 있었고, 사고 당일인 '21. 4. 7.(수) 00시 00분 및 03시 00분 직원 A가 모니터링 및 현장 확인 결과 로그 기록은 이상 없었음.

④ 2021년 4월 7일 05시 45분 폭발, 폭발 시 반응기 액위, 압력, 온도가 급격히 상승되어 폭발함

구분	액위	압력	온도
정상범위	40~60%	24 mbar 이하	247~252℃
폭발시점 계측기록	75%	623 mbar 이상	270℃

⑤ 폭발 시 근무 중이던 직원 A가 놀라 공장 밖으로 나오고 생산팀장에게 연락(05시 48분)하여 상황 전달 후 반응기로 연결된 질산암모늄저장탱크 메인밸브를 차단하고 근처에 거주하던 직원 B가 공장으로 달려와 전기(동력계통)를 차단함(05시 50분)

⑥ 생산팀장이 공장장에게 보고(05시 55분) 후 직원 소집(06시 30분 소집완료), 직원 소집 후 2차 사고예방을 위해 해당 구역 및 주변 구역 전기시설 및 유틸리티(Utility)시설 상태를 확인하고 고압가스계통 밸브를 잠금(06시 40분)

그림 10.11 반응기 폭발에 따른 사고피해 현황

3) 사고원인

① 차압식 액위 송신기(Level transmitter) 오작동으로 반응기 내 질산암모늄 용액의 온도 조절 실패, 급격한 열분해반응으로 반응기 내부 폭발

정상 레벨트랜스미터

사고 레벨트랜스미터

그림 10.12 반응기에 설치된 액위 송신기

4) 예방대책

① 질산암모늄 열분해 반응기에서 정상 작동이 가능한 비접촉방식액위 송신기로 교체하여 부식으로 인한 오작동 가능성 제거

② 액위 감소에도 온도조절이 가능하도록 질산암모늄 냉각코일 설치 위치를 조정하여 반응기 하부 동체(Bottom head)부터 감싸는 구조로 변경

③ 급격한 열분해 반응에 대응하는 반응기의 소요배출용량을 산정하고 반응기의 소요배출용량보다 높은 정격배출용량을 가진 안전밸브 설치

2.13 사고사례 : 광개시제 제조공정 폭발 · 화재사고

1) 사고개요

① 일시 : 2021년 3월 18일 01 : 52

② 충남 논산 소재 ○○테크놀러지(주) P1 공장동 반응기에서 광개시제 여과공정 중 이상 반응에 의해 반응기 내부 물질 월류 후 화재·폭발

③ P1 공장동의 폭발로 인한 화재 전이 사고로 6개 건물동이 모두 전소하는 물적 피해 및 사망자 1명, 부상자 9명의 인명피해 발생

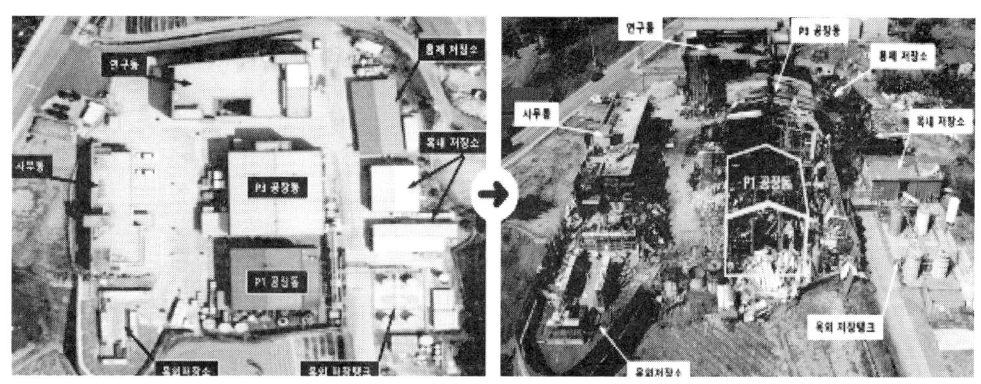

그림 10.13 폭발·화재사고 전후 공장 현황(좌: 사고 전, 우: 사고 후)

2) 사고상황

① P1 공장동은 LCD, OLED 분야에서 핵심 기초소재인 디스플레이 감광제용 광개시제(Photo-Initiator)를 생산하는 공장임

② 공정은 반응 ⇒ 정제 ⇒ 제품화 단계를 거쳐 고체상의 분말 형태인 A03(광개시제 명칭) 제품을 생산하며, 반응을 다수 회에 걸쳐 진행하고 1차 정제를 통해 순도 샘플링 검사를 실시하여 99.9%의 순도에 도달하지 않을 경우 재차 정제공정을 통해 적정 순도가 나올 때까지 진행함

③ '21.03.17.(수) 17 : 30분경 P1 공장동에서 화학제품(A03) 생산을 위해 반응공정을 거친 후 고순도(99%) 정제작업(Hot Filter)을 시작함

④ '21.03.17.(수) 23 : 41분경 P1 공장동 내부로 전동지게차(작업자 D)가 팔레트 위에 적재

물(염화알루미늄 포대)을 싣고 진입하였으며 작업자 C는 염화알루미늄이 들어있는 검정색 비닐을 손에 들고 같이 들어옴

- 지게차가 염화알루미늄 포대 팔레트를 저울 위에 올려놓자 작업자 C는 들고 있던 염화알루미늄 비닐을 같이 계량하기 위해 팔레트 위에 올려놓음

⑤ '21.03.18.(목) 00 : 43분경 Housing Filter 막힘 현상이 발생함을 인지하고 반응기 하단의 공급 밸브를 잠근 후 HF-1(Housing Filter-1)과 HF-2(Housing Filter-2) 내부의 정제물 제거 작업을 시작함

- 막혀있는 Housing Filter를 확인하기 위해 작업자가 HF-1과 HF-2의 덮개를 해체한 후 내부를 확인한 결과 HF-1이 정제물에 의해 막혀 있음을 확인함
- HF-1의 막힘 제거를 위해 필터를 제거한 후 HF-1을 작업자 3명이 거꾸로 든 후 쏟아지는 정제물을 비닐로 조장 작업자 B가 받음
- 조장 작업자 B가 받아낸 정제물 비닐을 작업자 C가 사고발생 반응기 옆에 위치한 다른 반응기 하부에 내려놓음

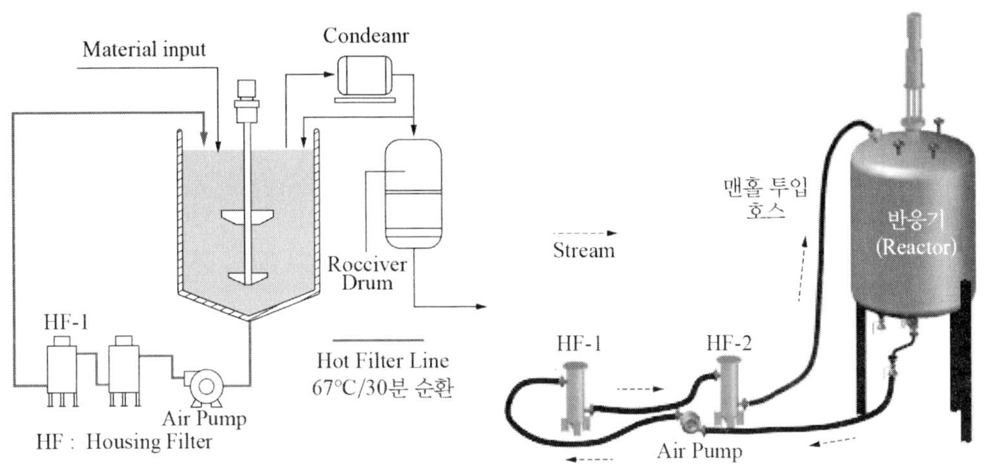

그림 10.14 정제공정 Hot Filter PFD 및 작업 Scheme

⑥ 작업자 E는 계량 저울 옆에 있는 작업자 D가 놓아둔 염화알루미늄비닐을 Housing Filter 막힘 보수작업 시 수거한 정제물 비닐로 오인하고 반응기에 재투입하기 위해 2층 반응기 상부로 계단을 이용해 올라감

⑦ 조장 작업자 B가 반응기 맨홀을 열자 작업자 E가 비닐에 들어 있던 염화알루미늄을 투입했고 반응기 내부의 이상반응으로 액상의 원료가 약 77초 동안 맨홀을 통해 분출됨.

⑧ 반응기 이상 반응으로 내부에 저장되어 있던 액상 용액 물질이 맨홀을 통해 대량 분출되었으며 이로 인해, 1층 및 2층 바닥에 액체풀(Pool)이 형성됨

⑨ 폭발사고의 발생 패턴을 다음과 같이 예상할 수 있음

- 증기운(Vapor Cloud)이 P1 공장동 내부에 형성되기 시작
- 형성된 증기운은 2층보다 1층 작업장에 높은 농도의 증기운이 형성되고 증기운의 체적은 지속적으로 팽창함과 동시에 증기운의 농도가 상승
- 시간이 지날수록 작업장 내부에서 지속적으로 증기운의 체적은 팽창하고 증기운의 농도는 상승
- 반응기 분출사고 후 약 22분이 지난 시점에서 공장동 내부에 체류 중인 혼합물질의 증기운이 P1 공장동 내부의 일부 점화원과 접촉하여 폭발이 발생
- 폭발은 사고발생 반응기가 위치한 하단지점에서 가장 급격하게 발생된 것으로 추정

3) 사고원인

1차 정제작업 후 2차 정제작업인 Hot Filter 작업에서 여과된 정제물 대신 염화알루미늄($AlCl_3$)을 반응기 내부에 잘못 투입하여 사고 발생

3D시뮬레이션

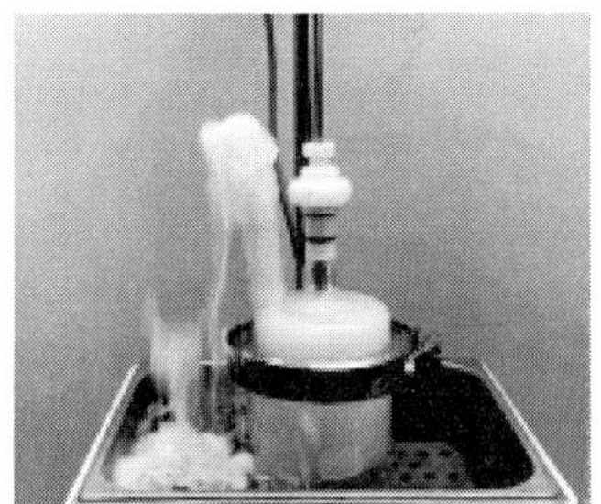

반응실험

그림 10.15 염화알루미늄 투입 시뮬레이션 및 반응실험

4) 예방대책

① 공장 내 취급물질을 전용 용기에 담아 보관하고 용기에는 해당 물질의 명칭을 표시
② 호퍼(깔대기 형태 V자형 도구) 등을 설치하고, 반응기 내부에 불활성가스를 주입하는 등 투입 방법을 개선하여 연소될 수 있는 위험분위기가 조성되지 않도록 조치
③ 사고가 발생한 Hot Filter 작업을 적절한 작업 단계로 구분하여 위험요인을 발굴하고 개선하도록 작업 위험성평가를 실시

3 화재·폭발 사고 예방 방안

화학공장에서 화재·폭발사고 예방을 위해서는 무엇보다 설비 Reliability 측면에서 예측 및 예방정비가 이루어져야 한다. 생산운전조건 및 물질의 특성을 고려한 손상메커니즘(Damage Mechanism)를 검토해야 하며, 이에 근거하여 부식과 방식 등에 대한 위험성을 평가해야 한다. 통계적으로 보면 화학공장에서는 배관설비에서 사고가 가장 자주 발생하게 되는데, 이는 각종 이음매 및 배관 자체의 부식으로 인한 원인 등으로 누출이 발생한다. 배관 재질에 대한 기준 마련과 검토가 충분히 이루어져야 하며, 공정 운전변화에 따른 수시로 바뀌는 정체구간(Dead leg) 관리도 매우 중요하다. 특히 겨울철의 동파방지(Winterizing)도 관리적 측면에서 살펴야 할 범위이기도 하다. 펌프 씰(Seal)을 이중씰(Double Seal)로 교체하고 저장탱크의 지붕(Roof)와 쉘(Shell)접합부위를 이중씰로 구성하든지 하는 각 설비별 충분한 최신의 방호장치를 강구하여 적용하는 것이 필요하다. 그럼에도 불구하고 누출을 대비하여 각종 누출이 예상되는 밸브, 플랜지 등 접합부 근처에 가스누출검지경보기를 설치하되 최근에는 Fire & Gas Mapping Study를 통해 최적의 가스검지기 설치위치와 대수를 제시하는 평가도 수행할 수 있다. 화학공장에서는 LDAR(Leak Detection And Repair)시스템을 운영하는 것도 좋은 방안이다. 이러한 시스템은 최근 가연성증기/가스를 조기에 감지하는 기술과 장비가 지속 발전해 왔다. 화재도 즉시 감지하여 초기대처를 신속하게 할 수 있도록 하는 불꽃감지기(Flame Detector)도 설치하여 운영하는 것도 필요하다.

화학공장에서는 정비 또는 비정기적으로 다양한 작업이 있다. 화기작업, 굴착작업, 밀폐공간 작업, 고소작업, 전기작업, 중량물작업, 방사선작업 등이다. 이러한 작업 어느 하나라도 작업자에게 위험성에 노출되지 않은 작업이 없을 정도다. 따라서 화학공장에서는 모든 작업에 대해 사전 위험성평가와 안전작업계획서를 마련하고 작업자에게 정확한 위험성 및 작업안전절차에 필요한 정보를 제공하며 교육이 이루어져야 한다. 관리감독자는 작업 전 작업자가 안전하게 작업할 수 있도록 작업환경을 조성해야 하며, 안전한 상태인지를 확인해야 한다. 특히 화학설비 내 가연성물질의 차단과 에너지격리(LOTO : Lack Out Tag Out)를 명확히 해야 한다.

그림 10.16 휴대용가스검지기 가스측정

그림 10.17 Drain Catch Basin Sealing

IOGP(International Oil & Gas Producers; 국제석유가스생산자협회)에는 화학공장에서 발생한 수많은 사고를 분석하여 Life Saving Rules(인명보호규칙)을 발표해 오고 있다. 과거 18가지에서 최근 2018년도에는 9가지의 Rules로 재·개정하여 발표하였다. 이 Rules은 화학공장에서 이루어지는 각종 작업의 위험에서 작업자의 생명을 보전하는 아주 기본적이고 필수적이면서 최소한의 안전수칙을 우리에게 제시하여 준다. 이러한 기본 수칙을 국내 모든 화학공장에서는 기본 안전수칙 규정으로 정하여 잘 활용하기를 제안한다.

Life Saving Rules은 모든 조직 및 구성원에게 쉽게 인식시키고 이에 대한 원칙이 지켜지지 않는지를 감시함으로써 안전리더십과 안전문화를 동시에 확립하는 프로그램으로 인식하기를 바란다. 해당 사업장의 위험성을 고려하여 추가하거나 변경하여 사용할 수도 있다.

안전장치 해체금지

- 인터록 등 안전제어장치 불능 또는 해제 전 반드시 승인
- 중요 안전장치 및 운전절차 반드시 숙지
- 안전절차 및 방호수단(Safety Barrier) 회피 시 사전 허가

위험구역 접근금지

- 비산물, 중량물에 접근, 압력방출, 낙하물 등 위험구역 피하기
- 위험구역 설정 및 접근금지
- 잠재적으로 낙하가 가능한 장소나 물체를 보고, 사전조치 실시

밀폐공간 출입

- 밀폐공간 출입 사전 반드시 승인을 받음
- 에너지격리 확인 및 가스농도 측정 (작업 전/휴식 후 작업 재개 전)
- 적정 호흡보호구 확인 및 점검
- 감시자 배치, 구조 계획 및 작업자 출입 통제 확인

중량물작업 안전

- 중량물 작업반경 내 통제구역 설정 및 리프팅 계획 수립
- 인증된 중장비 및 승강벨트 사용과 사전 안전검사 수행
- 신호수 배치 및 작업구역 통제

교통안전

- 안전벨트 착용
- 제한속도 준수
- 운전 중 스마트폰 사용 금지
- 교통안전규정 준수

작업허가서 승인

- 작업허가서 승인 및 작업실시
- 작업 위험성평가 실시 및 작업 전 위험 인지
- 적정 보호구 착용
- 작업허가절차 숙지 및 준수
- 작업내용(상태) 변경 시 작업을 중지하고 위험성평가 재실시

안전장치 해체금지

- 작업 전 에너지공급원 차단 및 격리 (에너지 Zero)
- LOTO(Lock-Out Tag-Out) 실시
- 에너지 차단 및 완벽히 되었는지 확인 및 점검

고소작업 안전

- 고소작업 시 안전장비(안전대, 걸고리) 검사 및 착용
- 작업도구 낙하 방지용 낙하방지망 설치
- 승인 또는 지정 된 곳에 걸고리 장착

화기작업 허가

- 가연물과 점화원 식별 및 통제
- 작업 전 가연물 제거 또는 격리 확인
- 화기작업 전 가스농도 측정 및 지속적 가스농도 모니터링

그림 10.18 IGOP의 Life Saving Rules(인명보호규칙)

인용 및 참고된 문헌

2021년 주요 화학사고 사례집, 화학물질안전원, 2021.

KOSHA GUIDE P-107-2016, 최악의 사고시나리오 및 대안의 사고 시나리오 선정지침, 한국산업안전보건공단, 2016.

KOSHA GUIDE P-4-2012, 공장건물의 위험관리에 관한 기술지침, 한국산업안전보건공단, 2012.

KOSHA GUIDE P-66-2012, 연소소각법에 의한 휘발성유기화합물(VOC) 처리설비의 기술지침, 한국산업안전보건공단, 2012.

OSHA GUIDE D-24-2012, 화학설비의 안전설계 일반기준에 관한 기술지침, 한국산업안전보건공단, 2012.

PSM 효과 및 미래전략, 안전보건공단 연구, 2001.

고용노동부, 산업안전보건법, 국가법령정보센터, 2023.

구미 불산가스 누출사고, 위키백과, https://ko.wikipedia.org/, 2023.07

국민정책참여단 중장기 정책제안 토론회 자료집, 국가기후환경회의, 2020

권현길, 공정안전관리제도, 산업안전보건교육원, 2014.

김영도, 화공안전기술사, 예문사, 2014.

대기배출사업장 미세먼지 배출허용기준 도입을 위한 타당성 연구(Ⅰ), 국립환경과학원, 2016.

선박에서의 오염방지에 관한 규칙, [별표26] 유증기 배출제어장치의 안전기준, 2021.

소각설비(RTO) 화재·폭발 예방 매뉴얼, 안전보건공단, 2021.

온산 소방서, 폐수집수조 화재/폭발사고 조사 의견서, 2015.

이영순, 이근원 등 공역, 화학공정안전, 동화기술, 2020.

폐가스처리설비(스크러버) 화재·폭발 예방 매뉴얼, 한국안전보건공단, 2015.

폐수집수조 내 인화성가스 폭발사고 사례 연구, 한국산업안전보건공단, 2015.

폐수집수조 폭발사고 조사의견서, 한국산업안전보건공단, 부산지역본부 중대산업사고 예방 기술센타, 2015.

폐수처리장 집수조 화재사고 사례 및 예방대책, 호남권 중대산업사고 예방센타, 1997.

폐수처리장 화학사고 예방, 영남권 중대산업사고 예방센타, 2015.

한국생산기술연구원 국가청정생산지원센터, 산업환경규제, 2021.

화학공장 폐수집수조의 안전조치에 관한 기술지침, KOSHA GUIDE P-148, 2015.

화학물질안전원, 사고 영향범위 산정에 관한 기술지침, 2021.

화학물질안전원, 화학사고예방관리계획서 작성매뉴얼, 2021.

화학물질안전원. 사고시나리오 선정 및 위험도 분석에 관한 기술지침, 2021.

화학물질안전원고시 제2020-5호~11호, 유해화학물질 제조·사용시설 설치 및 관리에 관한 고시, 2020.

환경부, 화학물질관리법, 국가법령정보센터, 2021.

Ale, B.J.M., Piers, M., The assessment and management of third party riskaround a major airport. J. Hazard. Mater. 71, 1-6., 2000.

American Industrial Hygiene Association, The AIAH 2004 Handbook for ERPG'sand WEEL's, first ed. AIHA Press, Virginia., 2004.

Amin, M.T., Khan, F., Amyotte, P., A bibliometric review of process safety and risk analysis. Process. Saf. Environ. Prot. 126, 366.381., 2019.

Baalisampang, T., Abbassi, R., Garaniya, V., Khan, F., Dadashzadeh, M., Modelling an integrated impact of fire, explosion and combustion products during, 2019.

BAT Guidance Note On Best Available Technique for Oil and Gas Refineries (EPA, 1st Edition)

Bottelberghs, P.H., Risk analysis and safety policy developments in the Netherlands. J. Hazard. Mater. 71, 59.84., 2000.

Cameron, I., Mannan, S., Nemeth, E., Park, S., Pasman, H., Rogers, W., Seligmann, B.2017. Process hazard analysis, hazard identification and scenario definition : are conventional tools sufficient, or should and can we do much better Process. Saf. Environ. Prot. 110, 53.70., 2017.

Carpenter, D.O., Arcaro, K., Spink, D.C., Understanding the human health effects of chemical mixtures. Environ. Health Perspect. 110, 25.42., 2002.

Carson, P., Mumford, C., Hazardous Chemicals Handbook, first ed. Butterworth-Heinemann, New York., 2013.

Christou, M., Gyenes, Z., Struckl, M., Risk assessment in support to land-use planning in Europe : towards more consistent decision? J. Loss Prevent. Process Ind. 24, 219.226., 2011.

Clifton A Ericson II, Hazard Analysis Techniques for System Safety, WILEY-INTERSCIENCE, 2005.

Cozzani, V., Bandini, R., Basta, C., Christou, M., Application of land use planning criteria for the control of major accident hazards. J. Hazard. Mater. 136, 170.180., 2006.

Crowl, D.A., Louvar, J.F., Chemical Process Safety : Fundamentals with Applications, fourth ed. Pearson Education, Inc., Boston., 2019.

Darbra, R.M., Palacios, A., Casal, J., Domino effect in chemical accidents : main features and accident sequences. J. Hazard. Mater. 183, 565.573., 2010.

Delvosalle, C., Fievez, C., Cornil, N., Nourry, J., Servranckx, L., Tambour, F., Influence of new generic frequencies on the QRA calculations for land use planning purposes in Wallon region(Belgium). J. Loss Prevent. Process Ind. 24, 214.218., 2011.

Duffield, S., Major accident prevention policy in the European union : the major accident hazard bureau and the Seveso II directive. In : IChemE Symposium Series No 149., pp. 1., 2003.

Duijm, N.J., Acceptance criteria in Denmark and the EU. https : / / www2.mst. dk / udgiv / publications / 2009 / 978-87-7052-920-4 / pdf / 978-87-7052-921-1.pdf, 2009.

EU Council Directive 96 / 82 / EC on the Control of major accident hazards involving dangerous substances(Article 12), 1996.

EU Directive 2012 / 18 / EU, on the control of major-accident hazards involving dangerous substances, amending and subsequently repealing Council Directive 96 / 82 / EC, 2012.

H. Han, S. Kim, J. Park, G. Kim, Seungho Jung, Risk Mitigation Study for Hydrogen releases from Hydrogen Fuel Cell Vehicles, International Journal of Hydrogen Energy, Dec, 2023.

Hartmann, S., Klaschka, U., Interested consumers' awareness of harmful chemicals in everyday products. Environ. Sci. Eur. 29, 29., 2017.

Heo, S., Kim, M., Yu, H., Lee, W., Sohn, J.R., Jung, S., Moon, K.W., Byeon, S.H., Chemical accident hazard assessment by spatial analysis of chemical factories and accident records in South Korea. Int. J. Disaster Risk Reduct. 27, 37.47., 2018.

HSE Land Use Planning principle(Annex 3)

ILO Code of Practice, Prevention of major industrial accidents(Section 2, 2.7.1, 5, 9.1.2), 1991.

ILO Convention No.174, The prevention of major industrial accidents(Article 17), 1993

Incinerators and Oxidizers Chapter 2(November 2017 US Environemental Protection Agency)

Integrated Pollution Prevention and Control BAT on Emission from Storage(July 2016, European Commission)

J. Kwak, S. Park, J. Park, H. Lee, Seungho Jung, Risk Assessment of a Hydrogen Refueling Station in an Urban Area, Energies, pp.1-18, 2023.

Khan, F.I., Abbasi, S.A., Major accidents in process industries and an analysis of causes and consequences. J. Loss Prevent. Process Ind. 12, 361.378., 1999.

Khudbiddin, M.Q., Rashid, Z.A., Yeong, A.F.M.S., Alias, A.B., Irfan, M.F., Fuad, M., Hayati, H., Prevention of major accident hazards(MAHs) in major hazard installation(MHI) premises via land use planning(LUP) : a review. IOP Conf. Ser : Mater. Sci. Eng. 334, 012033, 2018.

Koteswara Reddy, G., Yarrakula, K., Analysis of accidents in chemical process industries in the period 1998-2015. Int. J. Chemtech Res. 9, 177.191., 2016.

Lee, H.E., Yoon, S.J., Sohn, J., Huh, D., Lee, B.W., Moon, K.W., Flammable substances in Korea considering the domino effect : assessment of safety distance. Int. J. Environ. Res. Public Health 16(6), 969., 2019.

Lee, K., Kwon, H., Choi, S., Kim, J., Moon, I., Improvements of safety management system in Korean chemical industry after a large chemical accident. J. Loss Prevent. Process Ind. 42, 6.13., 2016.

Lim, H., Lee, K., Health care plan for hydrogen fluoride spill, Gumi. Korea. J. Korean Med. Sci. 27, 1283.1284., 2012.

Manual of Petrolenum Measurement Standards Chapter 19.2 Evaporative Loss from Floating Roof Tanks(API, 3rd Edition, 2011)

National Research Council, Standard Operating Procedures for Developing Acute Exposure Guideline Levels(AEGL's) for Hazardous Chemicals, first ed. National Academy Press, Washington DC., 2001.

OECD Environment monograph No. 51, Guiding principles for chemical accident prevention, preparedness and response(Section 6, A.2.b), 1992.

OECD, OECD Guiding Principles for Chemical Accident Prevention, Preparedness and Response, second ed. OECD Environment, Health and Safety Publications, France., 2003.

Safety Analysis of Process of Regenerative Thermal Oxidizer for Treatement of Industrial Organic Waste Gas(Lc Ying, Jiang Jun, Wang Xiaoming, ISAIEE2020)

Safety risk in VOCs treatemnt process of oil storage tank farms(Peng Wang et al 2018 IOPconf. Ser : Earth Environ. Sci 186 012059)

Tauseef, S.M., Abbasi, T., Suganya, R., Abbasi, S.A., A critical assessment of available software for forecasting the impact of accidents in chemical process industry. Int. J. Eng. Sci. Math. 6, 269.289., 2017.

Thermal Oxidizer Fire & Explosion Hazards(2001 IChemE Symposium Series No. 148)

transitional events caused by an accidental release of LNG. Process. Saf. Environ. Prot. 128, 259.272.

USA CFR Process Safety Management of Highly Hazardous Chemicals(1910.119)

USA Clean Air Act Prevention of accidental release(Section 112(r))

Yoo, B., Choi, S.D., Emergency evacuation plan for hazardous chemicals leakage accidents using GIS-based risk analysis techniques in South Korea. Int. J. Environ. Res. Public Health 16, 1948., 2019.

| 편저자 소개 |

• 이근원

아주대학교 환경안전공학과 교수, 화공안전기술사, 공학박사
한국가스학회 회장, 한국연구실안전전문가협의회 부회장
고용노동부 국가기술자격정책심의위원회 위원(산업안전)
(전) 한국산업안전보건공단 산업안전보건연구원 소장

저서 및 역서
화학공정안전(동화기술, 2020)
화학공정시설에서 방화 가이드라인(아주대 출판부, 2021)
실험실안전 길잡이(지우북스, 2024)

• 정승호

아주대학교 환경안전공학과 교수, 공학박사
한국가스학회 편집장, 한국위험물학회 국제부회장
(전) Air Products & Chemicals Inc., Principal Engineer(미국, Allentown)

저서 및 역서
화학물질안전개론(청송, 2020)
화학공정시설에서 방화 가이드라인(아주대 출판부, 2021)
실험실안전 길잡이(지우북스, 2024)

화학안전환경 입문

1판 1쇄 발행 2024년 1월 16일

편저자 이근원 · 정승호
발행인 서철종
발행처 도서출판 지우북스
주소 경기도 파주시 문발로 115 세종출판벤처타운 209호
전화 031-915-6670(代)
팩스 031-915-6671
이메일 jwbooks@nate.com
홈페이지 www.jwbooks.co.kr
출판등록 제406-251002017-000032호
ISBN 979-11-92639-16-1 93530

정가 28,000원